U0266225

推行河长制工作实践及典型案例分析

续衍雪　孙宏亮　魏明海　郜志云　井柳新　著

中国环境出版集团·北京

图书在版编目（CIP）数据

推行河长制工作实践及典型案例分析/续衍雪等著. —北京：
中国环境出版集团，2019.12
ISBN 978-7-5111-4139-2

Ⅰ．①推…　Ⅱ．①续…　Ⅲ．①河道整治—案例—中国
Ⅳ．①TV882

中国版本图书馆 CIP 数据核字（2019）第 238439 号

出 版 人　武德凯
策划编辑　季苏园
责任编辑　孙　莉
责任校对　任　丽
封面设计　彭　杉

出版发行　中国环境出版集团
　　　　　（100062　北京市东城区广渠门内大街 16 号）
　　　　　网　　址：http://www.cesp.com.cn
　　　　　电子邮箱：bjgl@cesp.com.cn
　　　　　联系电话：010-67112765（编辑管理部）
　　　　　发行热线：010-67125803，010-67113405（传真）
印　　刷　北京中献拓方科技发展有限公司
经　　销　各地新华书店
版　　次　2019 年 12 月第 1 版
印　　次　2019 年 12 月第 1 次印刷
开　　本　787×960　1/16
印　　张　18.25
字　　数　276 千字
定　　价　65.00 元

本书编委会

主　　编：续衍雪

副 主 编：孙宏亮　　魏明海　　郜志云　　井柳新　　郑荣伟

编写人员：刘建厅　　姚瑞华　　巨文慧　　杨文杰　　杨晶晶

　　　　　刘锦华　　李彦彬　　张泽中　　王　冰　　刘琛璨

　　　　　李文杰　　胡万元　　张雨航　　项　颖

前　言

　　江河湖泊是地球的血脉、生命的源泉、文明的摇篮，四大文明古国的发祥地均在大江大河流域。我国江河湖泊众多，水系发达，近年来经济的快速发展，人类活动对水环境、水资源的过度影响，导致了江河湖泊水环境质量的下降，部分河流河水黑臭，对人体健康以及周围生物造成了严重的威胁。

　　习近平总书记强调，河川之危、水源之危是生存环境之危、民族存续之危，要大力增强水忧患意识、水危机意识，重视解决好水安全问题。按照总书记的指示精神，在总结各地成功经验的基础上，党中央、国务院于2016年12月联合下发《关于全面推行河长制的意见》，明确要求在全国①全面推行河长制，建立省、市、县、乡镇四级河长体系。总书记更是在2017年元旦讲话中提到"每条河都要有河长了"。

　　全面推行河长制是以习近平同志为核心的党中央从人与自然和谐共生、加快推进生态文明建设的战略高度作出的重大决策部署，是落实绿色发展理念的内在要求，是解决我国复杂水问题、维护河湖健康生命的有效

---

① 本书中所提及的"全国"河长制相关数据仅包括31个省（自治区、直辖市），我国香港、澳门及台湾地区数据暂缺。

举措，是完善水治理体系、保障国家水安全的制度创新。

河长制是从河流水质改善领导督办制、环保问责制所衍生出来的水污染治理制度，它有效地落实了地方政府对环境质量负责这一基本法律制度，为区域和流域水环境治理开辟了一条新路。河长制是解决水环境的一种利用行政手段进行河湖治理的机制，是自下而上、由地方经验发展到国家意志的治水战略，是一种极具中国特色的管理制度和模式的创新。

本书在此背景下，系统分析了推进河长制工作实践的理论基础，同时收集分析全国各地在河长制工作开展过程中的典型案例，为其他地区提供借鉴。

本书分为上下两篇：

上篇主要论述河长制工作实践，从河长制产生的背景入手，结合相关文件精神及工作实际，对河长制概念及内涵进行了梳理，并从不同角度挖掘了河长制的理论基础。从目前全国推行河长制的现状出发，总结提炼出以组织机构、重点任务以及长效机制维护为主要内容的河长制管理支撑体系，在广泛调研的基础上对现行的河长制推行过程中遇到的困难与问题进行了分析总结，最后提出了相应的优化措施和改革建议。

下篇是典型案例分析，针对组织构架、考核体系建立、监管执法、"互联网+"、补偿机制建立、民间参与、河道采砂管理七个方面分别收集各地的典型经验做法、分析主要成效与案例启示，为其他地区河长制工作开展提供经验借鉴。

本书基于水专项"北运河流域水质目标综合管理示范研究项目"子课题"北运河落实河长制技术支撑方案研究"（编号：2018ZX07111003-005），

既有关于河长制工作开展的理论基础，又有典型案例分析，是一部对河长制从理论到实践进行全面解读的著作，可为我国河长制工作更好地开展提供较好的参考和借鉴。

本书各章的主要编写人员为：

上篇

第 1 章：续衍雪、刘建厅

第 2 章：姚瑞华、张雨航

第 3 章：王　冰、刘琛璨

第 4 章：刘建厅、郜志云

第 5 章：李彦彬、杨晶晶

第 6 章：孙宏亮、魏明海

第 7 章：李文杰、刘锦华

第 8 章：张泽中、续衍雪

下篇

第 9 章：郜志云、郑荣伟

第 10 章：井柳新、巨文慧

第 11 章：魏明海、郑荣伟

第 12 章：杨文杰、项　颖

第 13 章：巨文慧、孙宏亮

第 14 章：杨晶晶、姚瑞华

第 15 章：胡万元、张泽中

本书在编写过程中，得到了生态环境部环境规划院水环境规划部王东主任和赵越副主任、河海大学唐德善教授、中国水利学会李贵宝教授级高工的大力支撑，也得到了华北水利水电大学、浙江同济科技职业学院、北京化工大学、北京市北运河管理处、北京市河长制办公室、河北省河长制办公室、天津市河长制办公室、河南许昌市河长制办公室、河南潢川县河长制办公室和郑州华水信息技术有限公司等单位大力帮助，在此特别感谢。

作　者

2019 年 12 月

目　录

上篇　推行河长制工作实践

下篇　推行河长制典型案例分析

上篇　推行河长制工作实践

第1章 绪 论

1.1 河长制出台背景与意义

1.1.1 河长制出台背景

江河湖泊是地球的血脉、生命的源泉、文明的摇篮，四大文明古国的发祥地均在大江大河流域。地势平坦、土地肥沃、水源充足是发展农业的前提，气候温和、温度适宜、物产丰富为人类定居奠定了基础。正因为农业的兴旺发达，才强有力地推动了经济的发展，逐步形成了诸多大中小城市，才使得古代文明应运而生，人与自然和谐共生。

但是随着人口的剧增以及工业化时代的到来，人类为了追求利益最大化，而忽视了对大自然的保护，尤其是对水资源的保护，造成人类聚集区污水横流、河水黑臭，对人体健康以及周围生物造成了严重的威胁。因此，许多国家走上了"先污染后治理"的道路，中国也不例外。

我国江河湖泊众多，水系发达，流域面积 50 km² 以上河流共 4 500 余条，总长度约 150 万 km；常年水面面积 1 km² 以上的天然湖泊有 2 800 余个，湖泊水面总面积约 7.8 万 km²。我国的水资源总量位居世界第四，但人均水资源量仅为世界平均水平的 1/4，属于名副其实的贫水国家。

习近平总书记强调，河川之危、水源之危是生存环境之危、民族存续之危；

要大力增强水忧患意识、水危机意识，从全面建成小康社会、实现中华民族永续发展的战略高度，重视解决好水安全问题。李克强总理指出，我国水资源时空分布不均，是世界上水情最为复杂、治水任务最为繁重、江河治理难度最大的国家；江河湿地是大自然赐予人类的绿色财富，必须倍加珍惜。

在这样的大背景下，在总结各地成功经验的基础上，党中央、国务院于 2016 年 12 月联合下发《关于全面推行河长制的意见》，明确要求在全国全面推行河长制，建立省、市、县、乡镇四级河长体系。

1.1.2 河长制意义

全面推行河长制是以习近平同志为核心的党中央从人与自然和谐共生、加快推进生态文明建设的战略高度作出的重大决策部署，是落实绿色发展理念的内在要求，是解决我国复杂水问题、维护河湖健康生命的有效举措，是完善水治理体系、保障国家水安全的制度创新。

第一，全面推行河长制，是落实绿色发展理念、推进生态文明建设的必然要求。党中央高度重视生态文明建设，作出一系列重大战略部署，把江河湖泊保护摆在重要位置。《中共中央　国务院关于加快推进生态文明建设的意见》明确提出，各级党委和政府对本地区生态文明建设负总责，各有关部门要按照职责分工，密切协调配合，形成生态文明建设的强大合力。江河湖泊具有重要的资源功能、生态功能和经济功能，是生态系统和国土空间的重要组成部分。坚持绿色发展理念，必须把河湖管理保护纳入生态文明建设的重要内容，大力推行河长制，切实强化党委、政府和各有关部门保护河湖的责任，促进经济社会可持续发展。

第二，全面推行河长制，是解决我国复杂水问题、维护河湖健康生命的有效举措。近年来，各地积极采取措施，加强河湖治理、管理和保护，取得了显著的综合效益。但随着经济社会快速发展，我国河湖管理保护出现了一些新问题，如河道干涸湖泊萎缩，水环境状况恶化，河湖功能退化等，对保障水安全带来严峻挑战。解决这些问题，亟须大力推行河长制，推进河湖系统保护和水生态环境整体改善，保障河湖功能永续利用，维护河湖健康生命。

第三，全面推行河长制，是完善水治理体系、保障国家水安全的制度创新。河湖管理保护涉及上下游、左右岸、不同行政区域和行业，情况十分复杂，因此需要地方党委、政府切实履行主体责任，各相关职能部门形成工作合力。为此，需要大力推行河长制，建立健全河湖管理保护机制，明确责任分工、强化统筹协调，形成人与自然和谐发展的河湖生态新格局。

1.2　国内外研究进展

1.2.1　国内研究进展

河长制是在解决水环境危机的背景下产生的一种利用行政手段进行河湖治理的机制，从 2003 年首次提出到现在已经 16 年，河长制从个别地方政府的自发行为到全国范围的强制全面推行，更多的是实践经验，越来越多的水利、生态环境、信息技术、经济与管理等学科领域的专家学者围绕其内涵、特征、发展历程、功能作用、理论基础、法律依据、公众参与等内容开展了相关研究。

根据文献数量年度分布状况发现，河长制研究大致可以分为两个阶段：一是萌芽探索阶段（2008—2015 年），此阶段河长制研究文献开始出现，但文献数量不多，其中 2008 年 4 篇，2013 年突破 20 篇，2015 年 57 篇；二是积极探索阶段（2016—2019 年），此阶段河长制研究文献呈现爆发式增长，2016 年文献数量净增 2 倍有余达到 177 篇，2017 年又翻 4 倍，达到 961 篇，尤其是 2018 年文献数量一举上升到 1 045 篇，这一现象表明国家和地方政府均高度重视河长制的研究，学术理论探讨吸引了各专业专家学者浓厚兴趣。

从政策层面看，党中央、国务院下发《关于全面推行河长制的意见》；习近平总书记更是在 2017 年元旦讲话中提到"每条河都要有河长了"；2016 年 12 月 12 日，水利部、环境保护部出台《贯彻落实〈关于全面推行河长制的意见〉实施方案》；水利部办公厅出台《关于全面推行河长制工作制度建设的通知》；2017年各省成立河长制工作领导小组并出台一系列推进河长制的相关政策。这些政策刺激了2017年文献数量的飞速增长。研究层次也有大幅度提升，国家社科基金达52项，国家自然科学基金达24项，其他各类国家级科研高等项目和各省基金达27项。

从研究内容来看，当前，河长制已经上升到国家意志层面，并在全国进行推广实施，学术界对其关注亦逐步增多，随着各地探索实践的逐步深入，河长制研究文献数量进入快速增长期。通过对整个领域文献高频关键词的分析可挖掘出该领域的研究热点。通过对关键词的分类，可以进一步明确当前河长制研究的两大热点领域：

第一，河长制理论研究领域，包括河长制的理念、内涵及与水生态文明、生态文明的关系；

第二，河长制效用分析研究领域，探讨河长制实施的作用及面临的挑战。

左其亭从水文学、水资源、水环境、水法律4个方面建立了河长制的理论基础及框架；程雨燕从生态服务视角对全面推行河长制的理论基础进行了阐述，她认为，生态服务本是河长制的应有之义，通过"受益人"概念激发地方政府参与河湖治理的积极性；王灿发从1989年颁布的《中华人民共和国环境保护法》、2000年修订后的《大气污染防治法》、2008年2月修订的《水污染防治法》等文件中寻找了河长制的法律依据；李慧玲认为应急情形下的制度创新，用规范性文件形式赋予河长职权，打上了人治烙印，必须通过修订《水法》和制定地方性法规进一步规范河长制，强化河长制考核、问责机制，拓宽公众参与和社会监督方式才能达到水环境综合治理的最终目的；戚建刚等基于行政法角度，指出行政法建构河长制的目标是为了实现整体性治理，克服河湖行政执法碎片化现象；刘芳雄，何婷英，周玉珠等认为"河长制"存在非法治性的困境，应该从法治化建设的高度，不断完善现有"河长制"的不足，强化对领导干部的法治教育；史玉成认为应当从法律和政治两个角度对"河长制"的规范建构进行考量，通过制定环境政策、完善环境法律、引入多元共治，实现"河长"职责的明晰化。在长效机制方面，周明儒认为，河长制在推行过程中存在逻辑错位、"人治"之嫌等内生弊端，必须完善与细化相关的法律法规，引导河长制走制度化道路才能保障河长制的长效化；王利、陈国鹰等从水生态补偿角度入手，对激发河湖治理相关各方的积极性与长效机制进行了研究；周建国，熊烨从政策文本和江苏省实践河长制2个维度探索目前我国河长制改革的方法；沈坤荣，金刚从政策效应的视角分析我国目前的河长制，指出地方政府在推行河长制过程中存在治标不治本的现象；柴巧霞，张筠浩通过对微博中与河长制有关的文章进行数据分析，发现虽然河长制的议题数量在总体上呈现上升趋势，但政府仍然是最主要的发声群体，普通用户虽然发声愿望较强，但参与愿望不强，反映出当前环境政策的传播仍然只侧重于对河长制的政策介绍，缺乏对政策的深度解读和对政策执行的民主监督与及时反馈；任敏指出跨部门协同的河长制可以在一定程度上解决"权威缺漏"问题；徐艳晴，周志忍从流域水环境的跨区域特征与协同需求、结构性、程序性协同方面，建立了一个跨部门协同的框架；姜明栋，沈晓梅，王彦滢等利用十年的空间面板数据，建立了成效评价体系，对江苏省河长制的差异进行分析；熊烨，周建国运用 QCA 方法（定性比较分析法）探索了对河长制专一程度的影响要素；沈晓梅，姜明栋基于 DPSIRM 模型，建立了河长制综合评价指标体系，揭示了社会经济发展对水环境带来的负面效应；马慧琳以内蒙古自治区河长制作为研究对象，利用整体性治理理论和公共资源治理理论分析了内蒙古自治区河长制工作存在的问题、剖析原因，并给出相关对策建议。

从实践层面看，信息化建设在河长制工作中得到了积极的应用。2018 年 1 月12 日，水利部印发了《河长制湖长制管理信息系统建设指导意见》和《河长制湖长制管理信息系统建设技术指南》。上述 2 个文件要求的河（湖）长制管理信息系统建设内容主要包括管理数据库建设、管理业务应用开发、技术规范编制和基础设施完善 4 个方面。河长制要快速见效，必须将工作焦点落实在"信息化管理平台"的建设上，将信息化手段作为抓手，加速河长制的综合信息管理平台建设，为"河长制"的快速推进以及完善和落实提供强有力的信息化平台支撑。

浙江省在全国率先上线了五级（省、市、县、乡、村）全覆盖的河长制信息化平台。截至 2019 年 5 月，全国 31 个省（自治区、直辖市）以及大部门市县均搭建了河长制管理信息平台。其中，北京市河长制管理信息平台、河北省河长制管理信息平台、广东省河长制管理信息平台、陕西省河长制管理信息平台、河南省潢川县采砂管理信息平台都达到文件要求，并且运行良好，在所辖区域内广泛应用。

总体来讲，河长制在实践中取得了巨大的成功，学术界和政府部门对河长制的理论基础、法律支撑、长效机制以及河长制信息化管理平台等方面也进行了大量的研究和理论探讨，有力地促进了河长制的全面推行。

1.2.2　国外研究进展

目前，国外没有"河长制"概念，在水资源综合治理、协调利用方面，国际上相对应的是流域综合管理的概念。例如，美国为治理水质恶劣的密西西比河，于 1879 年成立密西西比河委员会，统筹协调航运、防洪、发电、供水、灌溉、娱乐等功能，而后于 1997 年成立了富营养化工作组，成员单位包括生态环境局、农业部、内政部、商务部、陆军工程兵团和 12 个州的农业环保部门。

英国泰晤士河的污染治理经历了大约 120 年的时间。1848 年，英国成立了专门负责水污染治理的"大都市排污委员会"，后来又成立了都市工务局，两次尝试都没有改变泰晤士河严重污染的状况，均以失败而告终。直到 1974 年，英国成立了泰晤士河水务管理局，对全流域进行统一管理，严格控制各个污染源的排放，治理才初见成效。另外，英国通过议会立法、民众参与等方式也有效地促进了水污染治理。

欧洲多瑙河—黑海区域水污染的治理是跨国协作的典范。多瑙河流经 10 多个欧洲国家后流入黑海，为统一协调沿线国家，多瑙河国际保护委员会（ICPDR）宣布成立，在全球环境基金的协调下，沿线国家及全球环境基金签订了合作协议，共同为多瑙河—黑海区域水污染的治理贡献力量。委员会通过开设大型的区域水环境论坛等活动，引导政府和民众达成共识，形成有效的社会参与机制。

1.3　研究方法与创新

1.3.1　研究方法

本书以全面推行河长制管理支撑体系为核心，采取整合式取向的研究方法，包括文献分析、问卷调查、实证研究和实地调研及半结构化访谈等。

（1）文献分析法

通过对国内外文献资料的收集和梳理，归纳出全国各省（自治区、直辖市）政府就全面推行河长制进行的组织机构的构建、运行机制和制度的建立、公众参与和存在问题与挑战等方面取得的成效，在以往研究成果的基础上确立该课题的理论视角和分析框架。

（2）问卷调查法

通过设计河长制调查问卷，有助于提高本研究对河长制推行过程中存在的不足与问题的识别，准确掌握河长制制度和相关政策的改进方向；加深对现状和问题的认识，明确各省在推行河长制过程中出现的障碍和问题；探索河长制的现状及各因素相互关系，从公众参与多角度看待河长制的实施效果。

（3）实证研究法

从研究现状来看，优秀典型案例依然存在待挖掘的领域，公众参与、投融资和协调联动等机制，迫切需要用实证研究的方法进一步揭示多主体参与对河长制实施效果的影响机制。

（4）实地调研与访谈法

在问卷调查的基础上，对全国 20 多个省（自治区、直辖市）进行实地调研对河长制推行省市级别河长与河长办工作人员、县级河长与河长办工作人员进行深度访谈，克服对河长制理论支撑不足的问题，增进研究的客观性和实践性。

1.3.2 研究创新

河长制是我国理论联系实际而产生的一种新生河湖保护管理制度。我国学术界研究河长制历史较短，亟须形成一个完整的体系，本书的编写是在学术领域系统性研究河长制制度创新与发展的尝试，具有一定的创新性。

①利用伦纳德·怀特行政思想和华盛顿合作定律进行河长制组织体系优化，给出河长精简、河长制办公室设置在党委或政府办公室、河长制办公室岗位设置与人员队伍建设等的优化方案。

②利用"协同"理论分析河长制在协调联动过程中的协调作用，构建河长制河湖治理的责任机制，建立健全部门联合执法机制，推动全面推行河长制向更有实的方向迈进。

③利用"社会参与"和"协同"理论，分析公众参与河长制的内容、路径、保障措施，构建河长制多层次、全方位的公众参与机制，进而不断地构建全员参与河湖治理的责任机制。

④利用绩效考核理论，在把河长制工作考核分为上级总河长对下级总河长考核、总河长对分河长考核、党委政府对同级河长制工作成员单位考核以及流域型河长制考核四类的基础上，构建了四类河长制考核指标体系。

⑤案例集成创新。运用实地调研和对比分析方法，分析河长制考核、河长制执法监管、"互联网+河长制"以及河长制补偿机制等典型案例，进而剖析河长从有名到有实的案例特色和案例启示。运用实地调研和交叉学科研究方法，剖析"互联网+河长制"等市县因地制宜地全面铺设智慧河长监管平台。案例集成有利于实现河长制推行的实践应用创新。

第2章　河长制概论

2.1　河长制起源

河长制的产生和发展就是我国在解决复杂水问题方面进行的一场自我革命的过程，河长制首先由地方政府主动提出，然后在全国全面强制推行，具体分为 4 个阶段。

（1）萌芽阶段（第一阶段）

2003 年之前，浙江省湖州市长兴县大力发展民营企业，其中纺织印染业、养殖业等耗费大量的水资源且排放超标污水，造成县域内河流湖泊严重污染，使历史上的江南"鱼米之乡"深受黑水臭气的困扰。

长兴县委和县政府下定决心要改变现状。全县共有河道 547 条，其中跨乡跨村的河道 314 条，还有 86 条作为乡镇和村之间的行政区划线。村镇之间治理时间不同步、标准不统一，责任主体不明确，很多部门能管、但却没有人管，这正是全国很多地方"九龙治水"不利的缩影。2003 年 10 月，此时正值浙江省启动千村示范、万村整治工程之际，中共长兴县委办公室、长兴县人民政府办公室联合印发《关于调整城区环境卫生责任区和路长地段、建立里弄长制和河长制并进一步明确工作职责的通知》（县委办〔2003〕34 号），在全国率先提出建立河长制，任命了一批河长，由此拉开河长治河的序幕。

（2）发展升级阶段（第二阶段）

1998 年，国务院发起太湖水污染治理"零点行动"，通过打捞再进行无害化处理、利用鲢鱼吃蓝藻的食物链工程、向湖内投放吸附蓝藻的黏土等方式对太湖进行治理。在随后的 9 年，太湖治理先后投入上百亿元资金，但是收效甚微，甚至有越治理问题越严重的态势。2007 年，因多种因素累积，最终造成太湖蓝藻泛滥，无锡当地自来水气味恶臭、颜色发绿，市民只能购买纯净水饮用。

严峻的现实，迫使当地政府将治理太湖的重心由技术性转向行政管理。水质恶化导致的蓝藻暴发，问题表现在水里，但根子是在岸上。要想解决这些问题，不仅要在水上下功夫，更要在岸上下功夫；不仅要本地区治污，更要统筹河流上下游、左右岸联防联治；不仅要靠水利、环保、城建等部门切实履行职责，更需要党政主导、部门联动、社会参与。2007 年，无锡市印发了《无锡市河（湖、库、荡、氿）断面水质控制目标及考核办法（试行）》，明确要求将 79 个河流断面水质的结果纳入各市（县）、区党政主要负责人政绩考核。2008 年，中共无锡市委、无锡市人民政府印发了《关于全面建立"河（湖、库、荡、氿）长制"，全面加强河（湖、库、荡、氿）综合整治和管理的决定》，明确了组织原则、工作措施、责任体系和考核办法，要求在全市范围推行河长制管理模式。

2008 年，江苏省政府办公厅下发了《关于在太湖主要入湖河流试行"双河长制"的通知》，15 条主要入湖河流由省市两级领导共同担任河长。从此，河长制从无锡市地级市的层面上升到江苏省省级的层面。

（3）省市试点阶段（第三阶段）

江苏的河长制实践得到各省的积极响应。2013 年，中共浙江省委、浙江省人民政府出台《关于全面实施"河长制"进一步加强水环境治理工作的意见》，由此河长制在浙江省迅速推进。此后各地纷纷效仿，水利部于 2014 年对河长制做了推荐。截至 2016 年《关于全面推行河长制的意见》出台之前，全国 25 个省（自治区、直辖市）已经开展了河长制探索，其中北京、天津、江苏、浙江、福建、江西、安徽、海南 8 个省（市）专门出台相关文件，其余 17 个省（自治区、直辖市）

在不同程度上试行河长制。

（4）全面推行阶段（第四阶段）

2016 年 12 月 11 日，中共中央办公厅、国务院办公厅印发《关于全面推行河长制的意见》，自此，河长制要求在全国范围内推进。2017 年元旦，习近平总书记在新年贺词中发出"每条河流要有'河长'了"的号令。同年 6 月，河长制被写入《中华人民共和国水污染防治法》。截至 2018 年 6 月底，全国 31 个省（自治区、直辖市）均已建立了河长制，比预期时间提前了半年。截至 2019 年 8 月，全国共有各级河长 120 多万名，河长体系延伸到了村一级。

2.2 河长制概念内涵

河长制，从字面上看，至少包含 3 个方面的内涵："河"、"长"、"制"。首先是"制"，顾名思义，"制"就是机制，表明"河长制"的本质就是一种机制，是一种利用河长进行河湖治理的协同机制；其次是"河"，表明"河长制"这种机制治理的主体是"河"，目前已延伸到与河流沿岸相关的领域；最后是"长"，表明"河长制"这种机制责任的主体是各级地方组织的党政领导。

河长制是从河流水质改善领导督办制、环保问责制所衍生出来的水污染治理制度。它有效地落实了地方政府对环境质量负责这一基本法律制度，为区域和流域水环境治理开辟了一条新道路。

2.3 河长制主要特点

河长制是自下而上、由地方经验发展到国家意志的治水战略，是一种极具中国特色的管理制度和模式的创新，其主要有 4 个方面的特点。

（1）领导负责，高位推动

各级河长均由相应地方组织的党政负责同志担任，目的就是突出河长制的重要地位，督促提醒各级党政负责同志要坚决贯彻落实党中央关于生态文明建设的重要指示，坚持"绿水青山就是金山银山"的理念，把更多的经历转移到管水治水工作中，时刻绷紧保护好人类赖以生存的水生态环境这根弦。

（2）考核问责，压实责任

河长制搭建了一条从省级到乡级共"四级"的纵向责任链条，大部分地区甚至把责任延伸到了乡村一级。各级地方的党政领导同志成为落实河长制的关键节点，每个节点都划分了明确的管辖范围以及主体责任。通过建立综合考评及奖惩机制，实行严格的考核问责制度，倒逼干部作风转变，层层压紧压实责任。

（3）部门联动，协同整治

河长制同时编织了一条多个相关职能部门协同联动的横向运行网络。我国的水问题复杂，涉及水利、生态环境、国土、农业、工业、林业、公安等相关部门，这些部门之前已经建立了与水相关的管理制度，但是相互之间缺乏沟通协调，各自为政，导致有些政策意见不一致甚至相违背，遇到复杂的水问题时出现无法可依、互相推诿的现象。河长制的出台避免了以上尴尬局面的出现，按照规定，各级地方组织建立了河长制办公室或者河长制工作处，涉及的职能部门均是其成员单位，充分发挥各自的优势，共同协商议事，统一思想，综合治理，根治了过去"九龙治水"的诟病。

（4）正本清源，系统治理

问题在河里，根源在岸上。全面推行河长制，不仅要对侵占河道、围垦河湖、非法采砂、电鱼毒鱼等行为进行整治，还要对沿岸的重点污染企业进行转型升级，对街道垃圾及时清理以防随雨水涌入河道等。河湖治理涉及上下游、左右岸、不同区域和行业，因此，河长制是一项复杂的系统工程，需要多方协同、多措并举进行系统治理。

2.4　河长制指导思想

河长制的出台和实施是全面贯彻党的十八大和十八届三中、四中、五中、六中全会精神、深入学习贯彻习近平总书记系列重要讲话精神的重要体现。河长制紧紧围绕统筹推进"五位一体"总体布局和协调推进"四个全面"战略布局,牢固树立新发展理念,认真落实党中央、国务院决策部署,坚持节水优先、空间均衡、系统治理、两手发力,以保护水资源、防治水污染、改善水环境、修复水生态为主要任务,在全国江河湖泊全面推行河长制,构建责任明确、协调有序、监管严格、保护有力的河湖管理保护机制,为维护河湖健康生命、实现河湖功能永续利用提供制度保障。

2.5　河长制基本原则

①坚持生态优先、绿色发展。牢固树立尊重自然、顺应自然、保护自然的理念,处理好河湖管理保护与开发利用的关系,强化规划约束,促进河湖休养生息、维护河湖生态功能。

②坚持党政领导、部门联动。建立健全以党政领导负责制为核心的责任体系,明确各级河长职责,强化工作措施,协调各方力量,形成一级抓一级、层层抓落实的工作格局。

③坚持问题导向、因地制宜。立足不同地区不同河湖实际,统筹上下游、左右岸,实行一河一策、解决好河湖管理保护的突出问题。

④坚持强化监督、严格考核。依法治水管水,建立健全河湖管理保护监督考核和责任追究制度,拓展公众参与渠道,营造全社会共同关心和保护河湖的良好氛围。

本章小结

　　本章内容围绕河长制的概念展开，首先理顺了河长制从地方政府萌芽到在全国范围内全面推行的发展历程，然后对河长制的内涵与主要特点进行了归纳总结，最后对河长制的指导思想和基本原则进行了说明。

第3章　河长制的理论基础

河长制是我国在治理河湖的实践中创立的一种创新机制，其有效地改善了长期以来困扰我国政府的复杂水问题。目前来看，虽然河长制从最初的以地方政府为主，发展到今天的企业、公众等积极参与其中，但是行政手段的色彩还是更加明显。这些地方政府的成功经验，能否在全国得到推广，是否符合社会的发展规律和具有长效性，还需要进一步在实践中总结提升为理论，进而更好地用来指导实践。

3.1　生态优先、绿色发展理论

2005 年 8 月，时任浙江省委书记的习近平提出"两山论"。2016 年，习近平总书记在关于做好生态文明建设工作的批示中指出，"生态文明建设是'五位一体'总体布局和'四个全面'战略布局的重要内容"，要做好这项工作，必须"树立绿水青山就是金山银山的强烈意识。"在经过多次阐释和深化之后，党的十九大报告中又将"坚持人与自然和谐共生"的"两山论"定义为新时代中国特色社会主义思想和基本方略，成为指导中国社会建设、中华民族永续发展的千年大计。

生态环境保护始终是习近平总书记的重大关切、下大力抓的战略工程。2019年，习近平总书记在第 3 期《求是》杂志发表《推动我国生态文明建设迈上新台阶》的重要讲话，科学概括了新时代推进生态文明建设必须坚持的"六项原则"：坚持人与自然和谐共生、坚持绿水青山就是金山银山、坚持良好生态环境是最普惠的民生福祉、坚持山水林田湖草是生命共同体、坚持用最严格制度最严密法治保护生态环境、坚持共谋全球生态文明建设。

生态兴则文明兴，生态衰则文明衰，生态文明建设是关系中华民族永续发展的千年大计。中国共产党第十九届中央委员会第四次全体会议公报指出："必须践行绿水青山就是金山银山的理念，坚持节约资源和保护环境的基本国策，坚持节约优先、保护优先、自然恢复为主的方针，坚定走生产发展、生活富裕、生态良好的文明发展道路，建设美丽中国。要实行最严格的生态环境保护制度，全面建立资源高效利用制度，健全生态保护和修复制度，严明生态环境保护责任制度。"这些都为实现可持续发展奠定了坚实的基础。

3.2 可持续发展理论

可持续发展理论指的是既满足现代人的需要，又不影响后代人满足其需要的的发展。联合国世界与环境发展委员会在1987年发表了《我们共同的未来》的报告，报告中正式提出了可持续发展概念，主要包含以下几个方面的内容：

一是共同发展。地球是由多个子系统构成的一个层级复杂的巨系统，每个国家或地区都可以被看作这个巨系统中一个单独的子系统，各子系统之间相互作用，不可分割。巨系统中最重要的就是要保持其完整性，各个子系统之间有着密切的联系并相互作用，只要其中一个子系统发生问题，就会对其他子系统产生直接或间接的影响，并引发巨系统的整体变化，最为突出的就是表现在整个地球生态系统中的变化。因此，协调发展、整体发展才是可持续发展所追求的，也就是我们所谈的共同发展。

二是协调发展。可持续发展源于协调发展，它包含多个层面的协调：既有经济、社会与环境系统之间的整体性协调，又有世界、国家和地区各个地理空间层面之间的综合性协调，还有各个国家、各个地区之间经济与环境、资源、人口、社会以及内部层面各个阶层之间的全面协调。

三是公平发展。世界经济水平在发展的过程中一直存在一定的差异，这是任何时期都不能忽视的。如果这种差异是由于不公平、不平等的发展而引起或者是加剧的，那么就会由某个局部地区影响其他多个地区的发展，进而影响整个世界的可持续发展。因此，可持续发展理念所倡导的公平发展包括空间和时间两个维度，即一个国家或地区的发展不能损害其他国家或地区的发展，以及当代人的发展不能损害子孙后代的发展。

四是高效发展。可持续发展不仅关注公平问题，也注重效率问题。可持续发展的效率与经济学中的效率有所不同，它除了包含经济学意义上的效率之外，同时还包括自然资源和环境损益两个层面的含义。因此，经济、环境、资源、人口、社会等各个环节整体协调下的有效发展才是可持续发展理念所追求的高效发展。

五是多维发展。人类社会的发展是全球范围内的，各个国家与地区的发展水平存在一定的差距，同时不同国家与地区之间还存在不同的政治体制、不同的文化背景以及不同的地理环境等差异。但是可持续发展是一个系统性、综合性的理念，其本身就蕴含着多元选择、多元模式的内涵，在实际发展过程中应该考虑到各个地域的接受程度。因此，各个国家和地区在可持续发展全球目标的指引下，在实施整体性战略过程中，应该充分结合各国及各地区的实际情况，走多样化、多模式的可持续发展道路。

在可持续的生态发展方面，可持续发展需要协调社会发展、经济建设与自然之间的关系。在社会发展的同时，必须确保自然资源的可持续利用和环境成本，还要保护和不断改善地球的生态环境。因此，可持续发展强调发展是有限的，没有限制就没有持续的发展；可持续的生态发展强调环境保护，要从人类发展的源头去解决环境问题。

3.3 怀特行政组织思想

美国著名学者伦纳德·怀特（Leonard D. White，1891—1958）首次将公共行政管理学思想系统化、理论化，为公共行政管理学搭建了一套较为完整的理论框架。怀特认为，在范围广泛的行政事务和纷繁复杂的行政现象中，必须运用科学的方法来建立知识系统和理论原则，以便为组织机构及其工作人员的管理和执法活动提供行为规范和理论指导。行政行为是有组织的管理活动，组织机构是行政管理的主体，有效的行政管理来自有效的组织体系建构，怀特对此进行了深入研究并提出一些重要的组织建设及管理思想。

怀特认为，政府的行政效率从根本上来说是以行政组织中的责任与权力的适当分配为基础的，在怀特看来，责任与权力分配的确切意义就是每个行政人员必须特别赋予一种固定任务。在这种情况下，行政效率取决于行政组织的合理建构。怀特从原则上提出了权责分配应注意的主要问题，并进一步研究了权责分配的措施和方法：首先，将同一目标的行政事务、权力和责任归同一行政部门；其次，权责的分配与行政任务相一致，与部门、人员等级相一致；最后，权责分配可以按区域、行政工作性质、行政方法、行政程序的不同加以分配。美国著名行政学家威洛比（William Franklin Willoughby，1867—1960）对此观点加以论证，他指出，按照上述方法进行分部化并分配权责，在组织管理上可发挥极其重要的作用。

在构建优良行政组织机构的标准上，怀特指出，要获得行政高效率，必须具备良好的行政组织机构，应达到以下标准：

①行政组织机构能够获得最优秀的人才；

②机构成员应有一致的责任及适当的权利；

③将行政人员区分为政务人员和事务人员，明确各自的权责及任务，以职务划分为原则，确定指标；

④设置协调机构专门从事综合协调工作；

⑤对组织机构的管理效率进行精确、合理的测量，以断定其行政效率的高低，判定组织机构的优劣。

3.4　怀特人事行政思想

伦纳德·怀特尤其擅长公共人事行政管理问题的研究。他对人事行政管理中从人员的考试录用、职位分类、分级与工资，到职务的晋升、惩戒与罢免以及退休等各个环节均做了探讨。怀特认为，人事管理有两大支柱：一是人才选拔；二是职务分类，两者缺一不可。现代人事岗位管理就是建立在这两个基础之上的。组织机构选拔人才的方式方法应当科学化、多样化，既可以采用笔试和口试的方法，也可以采用操作实验、工作试验和心理实验的方法。怀特特别强调，组织机构的人才选拔应根据行政工作的需要而定，各种考核方式应当标准化、科学化，其目的是通过筛选为行政管理工作选拔出真正优秀的人才。关于职位分类、分级与工资的制定方面，怀特认为，任何人事岗位都应当建立在职位分类的基础之上。在怀特看来，职位分类对于实行工资管理具有重要意义，表现为：①实行同岗同酬，同一等级的岗位人员享受统一等级的报酬；②工资的多少应根据完成的工作量来确定；③必须按照现代标准改进工资政策，实行公平的报酬。关于岗位晋升的问题，怀特认为晋升制度应建立在考核和功绩的基础上。他指出，首先需建立岗位人员日常工资效率记录制度，将岗位人员日常的工资效率作为能否晋升的重要依据；其次，规定工资优秀者优先晋升职务，将职务晋升制度奠定在岗位人员的考绩和功绩基础之上；再次，确保能力出众的人才得到提拔与重用，由于人事岗位有限，应保障最有效率、最有价值的人员得到晋升，这样才能使晋升制度发挥其应有的导向作用；最后，怀特主张应当扩大晋升选拔人才的范围，传统的晋升机制多在机构内部实现，导致出现晋升中选才受限的困境，应当实施开放型的晋升制度，引进竞争机制，将晋升的机会留给真正有才能的人。怀特指出，岗位人员的职务晋升有几个依据：先进的工作经历、出众的工作成绩、达到晋升考核的标准、领导综合判定后的选择。应结合加以运用以期得到满意的结果。

3.5 华盛顿合作定律

人与人之间的合作不仅是人数上的累积，也是影响其合作效果的因素。华盛顿合作定律揭露了合作中的复杂关系，简单理解就是一个人敷衍了事，两个人相互推诿，三个人则无法成事。在人与人的合作中，假定每个人的能力都是 1，那么 10 个人的合作结果就可能比 10 大，也可能比 1 小。由于人在社会环境中不是静止不动的，一个组织或群体成员齐心协力时工作效率能够得到明显提高，而相互排斥时则事事难成。在传统的管理学理论中，有效的组织机构在运行过程中普遍致力于减少人力的过度消耗，而不是集中力量提高单一个体的效能。因此，华盛顿合作规律主张：管理的主要目的不是让团队成员做到最好，而是避免内耗过多。

组织力量的发挥强调组织成员之间的协作，而避免受到社会惰化作用的影响。所谓社会惰化作用，是指当社会组织合力实施某种社会行为时，组织中的每个成员所付出的劳动力，会比其独自实施该社会行为时明显削弱。在组织机构中，受社会惰化作用的影响，群体工作效率的降低，直接形成了华盛顿合作定律的结果。社会惰化作用形成的原因有 3 个方面：一是从工作评价来看，个体工作业绩不记名，努力程度不测量；二是从社会认知来看，个体认为其他成员不努力，所以自己也不愿努力；三是从组织目标来看，组织目标不明确，工作动力不够。经研究发现，当人们知道他们的努力程度可以鉴别出来时，便不再发生社会惰化作用，如果人们认为他们能够对群体做出特殊贡献，并且由于任务很难，每个人都需要付出努力时，社会惰化作用也不会发生。

华盛顿合作定律影响了群体关系，降低了组织效能。破解华盛顿合作定律，必须明确成员分工，落实成员责任，以降低旁观者效应；采用激励机制，实行目标管理，以避免社会惰化作用；注重素质结构，重视组织沟通，以减少组织内耗现象。当组织成员的工作被认为没有多大意义，或者不知道自己要达到什么目标时，他们就有可能偷懒，从而导致华盛顿合作定律现象。在这种情况下，实行目标管理是破解华盛顿合作定律的最佳选择。所谓目标管理，指的是根据组织成员的工作性质与分工，共同设置任务目标，在实践中实行整体控制，并达成任务目标的管理方法。实施目标管理能够为组织成员指引正确的工作方向，提高组织成员的凝聚力，激励组织成员的工作动力，促进组织成员之间的团结合作，以避免组织机构过度内耗和社会惰化。

3.6　彼得原理

彼得原理是美国学者劳伦斯·彼得（Laurence J. Peter，1919—1990）在对组织机构中人员晋升的相关现象进行研究后得出的结论：在组织机构中，由于普遍倾向于对在某个岗位上能力相匹配的人员进行晋升提拔，从而导致得到晋升的人员总是被提拔到其不能胜任的岗位。因此，彼得原理也被称为"向上爬"理论。每个人在层级组织里都会得到晋升，直到不能胜任为止。彼得原理是劳伦斯·彼得在总结了无数个组织机构中人员不能胜任其晋升岗位的失败案例的基础上分析归纳得出的理论，其具体内容是：在不同层级的岗位制度中，每个组织成员都习惯于投身到其能力不能相匹配的岗位晋升过程中。彼得指出，每个组织成员由于在原工作岗位上其自身能力得到充分发挥与普遍认可，首先，会被提拔到更高的工作岗位；其次，如果该员工依然能胜任新晋升的岗位则将继续得到提拔，直至被提拔到与其能力不相匹配的岗位。因此，最终的结果是组织机构中不同层级的工作往往由与其能力不相匹配的员工来完成的。至于组织成员如何实现加速晋升的目的，有两种方法：一方面是来自上层的主导，即借助更高的权力或领导关系等从上层实现；另一方面是自我的努力，即通过提升自身的能力和进步等达到更高的岗位，而前者在实践中更为普遍。需要注意的是，彼得原理的假设条件是：

时间足够长，且层级组织里有足够的阶层。对于组织机构而言，如果一定比例的成员被提拔到与其能力不相匹配的岗位，将直接导致机构运行效率低下的结果，使组织机构陷入领导者能力平庸、丧失竞争力的窘境。如果员工被提拔到其不能胜任的岗位，不仅不能激发其工作动力，还将影响自身的进步与发展，同时对组织机构带来不可挽回的损失。

3.7 整体性治理理论

20 世纪 90 年代后信息技术的迅速发展和广泛应用，使政府管理模式发生了一定的转变。整体性治理理论的先驱登力维认为，信息化时代的治理更加强调服务的重新整合，整体且协调的决策模式以及电子行政活动的广泛数字化。因此，他认为整体性治理理论是基于政府内部机构和部门的整体运行。它是以公民需求为治理导向，以信息技术为治理手段，以协调、整合、责任为治理机制，对治理层级、功能、公私部门关系及信息系统等碎片化问题进行有机协调与整合，不断从分散走向集中、从部分走向整体、从破碎走向整合，为公民提供无缝隙且非分离的整体型服务的政府治理图式。

整体性治理理论的意义主要包括以下几个方面：

一是着眼于公众需要，以公众服务为中心，强调政府在社会管理和公共服务领域的职能，通过多种合作方式促使公共服务各主体为公众提供无缝隙的公共服务，将民主价值和公共利益放在首位。

二是强调其整体性，依托现代信息技术，建立一个联合治理机构，充分发挥政府的战略协作和统筹服务的作用，使政府、市场与社会之间形成合力，通过不断合作、协调运转构建一种新型的治理网络。

三是以综合组织为载体，提倡一种横向的综合组织结构，这种综合组织建立在官僚制等级基础之上，强化了中央对政策过程的控制能力，为跨部门联系与合作提供了便利。

四是提供了一套全新的治理方式与治理工具。整体治理理论是基于整体性的原则，运用网络信息技术，将各种信息整合起来，使公共行政业务与程序不断透明化，进而提升公共行政的效率与效力，不断强化政府作为综合服务提供者的作用。

目前，整体性治理理论已成为当代西方政府改革的主流趋势。运用整体性治理理论，对于推进河长制的有效实施，提高水环境治理能力有着重要的现实意义。在河长制运行的实践过程中，整体性治理主要体现在 3 个方面：一是纵向层面上不同层级之间的治理。例如，河长制的推行以党中央、国务院统一部署，各级党委、政府主导，设立省、市、县、乡、村五级河长，形成一级抓一级，层层抓落实的工作格局。二是横向层面上同一层级之间的治理。例如，水资源涉及多个职能部门，水治理就需要同级各职能部门之间的通力协作，进行跨部门间的信息共享与资源整合；同时各流域、各行政区域间也需要协同合作才能共同推进水治理。三是整合政府机构与非政府组织之间的关系。水环境治理不能仅仅依靠政府，还需要社会组织、社会团体、公众等共同参与，进行整体性治理。

3.8 行政协调思想

行政协调是行政主体为了达到一定的行政目标而引导行政组织、部门、人员之间建立良好的协作与配合关系，以达到共同的目标的管理行为。美国行政学家怀特认为，行政协调思想主要包括以下五个方面：一是精简机构进而减少协调工作的数量和难度。怀特认为，"协调的困难性是行政单位数目增加，因此，现代行政发展的新趋势是缩减行政部门的数目，一方面归并工作性质相近的各行政单位，另一方面缩减多种独立局。"二是设置行政协调机关。他明确指出："为了实现各部门之间的相互协调，应该设置政府委员会以利于行政协调工作的有效开展。"三是要通过精密的协调来获得较好的协调结果。在怀特看来，政府在行政管理过程中要通过行之有效的协调行为，"及时调和各部门或各机关之间的活动，以求确保采取最经济和最有效的方法"来获得较好的协调效果,进而提高行政效率。四是在协调过程中,行政首长的裁定就是最后的决定。怀特认为,在行政管理中不可避免地会遇到矛盾和冲突,为了及时有效地协调"首长的裁定就是最后的决定。但遇到有首长裁定不合理时可向上申诉"。五是实行协调的原则。他指出:"协调机关的组织原则是对任何事件均由主管会制定完整的政策,用以领导相关的各部。规划这种政策是附设专门的协调委员会……各部有专人参加……形成联合规划中之一的协调部分,应用这种方案,可使各部在独立行动中,获得合作的行政效能"。

目前我国所推行的河长制,正是行政协调思想在实践中的应用。河长办公室的设立正如怀特行政思想中所提到的第二点内容,河长制办公室作为设置的行政协调机构,保证行政协调工作的顺利开展。河长制办公室一方面对各级河长办的工作进行总体规划和部署,上对总河长负责,下对基层河长工作进行监督,同时对其他参与的成员单位之间的工作总体协调与督办。同时,河长制实行的党政负责制也遵循行政协调思想,在河湖管护中各机构之间遇到矛盾与冲突时,由总河长进行协调并作出最后的裁定。

本章小结

本章对河长制理论基础进行梳理。理论来源于实践,同时理论又用来指导实践。本章从河长制产生、发展、组织结构优化、运行机制完善等方面,梳理支撑河长制科学有序运行的理论依据,主要有生态优先、绿色发展、可持续发展理论、组织体系优化理论、整体性治理理论和行政协调理论等。

第4章　河长制管理支撑体系的建立

河湖治理是一项系统工程，涉及人类生产和生活的各个方面，需要政府、企业、公众转变观念、达成共识、齐抓共管，必须建立一套科学、合理、可操作性强的长效机制。本书参照国家有关文件精神，基于对河长制的认识和理解，提出构建以"组织体系—任务体系—保障体系"为框架的河长制管理支撑体系。

4.1　河长制组织体系

河长制的组织体系，《关于全面推行河长制的意见》中有明确的规定，即全国全面建立省、市、县、乡镇四级河长体系。各省（自治区、直辖市）设立总河长，由党委或政府主要负责同志担任；各省（自治区、直辖市）行政区域内主要河湖设立河长，由省级负责同志担任；各河湖所在市、县、乡镇均分级分段设立河长，由同级负责同志担任。县级及以上河长设置相应的河长办公室，具体组成由各地根据实际确定。河长制组织体系结构如图4-1所示。

根据水利部公布的数据显示，截至2018年7月17日，全国31个省（自治区、直辖市）明确了省、市、县、乡四级河长30多万名，其中省级领导担任河长的有402人，有59位是省（自治区、直辖市）的党政主要负责同志；29个省（自治区、直辖市）将河长制体系延伸到了乡村一级，设立了村级河长76万名。

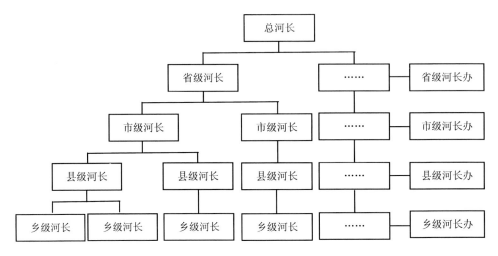

图 4-1 河长制组织体系结构

4.2 河长制任务体系

4.2.1 水资源保护

加强水资源保护。落实最严格水资源管理制度，严守水资源开发利用控制、用水效率控制、水功能区限制纳污三条红线，强化地方各级政府责任，严格考核评估和监督。实行水资源消耗总量和强度双控行动，防止不合理新增取水，切实做到以水定需、量水而行、因水制宜。坚持节水优先，全面提高用水效率，水资源短缺地区、生态脆弱地区要严格限制发展高耗水项目，加快实施农业、工业和城乡节水技术改造，坚决遏制用水浪费。严格水功能区管理监督，根据水功能区划确定的河流水域纳污容量和限制排污总量，落实污染物达标排放要求，切实监管入河湖排污口，严格控制入河湖排污总量。

4.2.2　水域岸线管理

严格水域岸线等水生态空间管控，依法划定河湖管理范围。落实规划岸线分区管理要求，强化岸线保护和节约集约利用。严禁以各种名义侵占河道、围垦湖泊、非法采砂，对岸线乱占滥用、多占少用、占而不用等突出问题开展清理整治，恢复河湖水域岸线生态功能。

4.2.3　水污染防治

落实《水污染防治行动计划》，明确河湖水污染防治目标和任务，统筹水上、岸上污染治理，完善入河湖排污管控机制和考核体系。排查入河湖污染源，加强综合防治，严格治理工矿企业污染、城镇生活污染、畜禽养殖污染、水产养殖污染、农业面源污染、船舶港口污染，改善水环境质量。优化入河湖排污口布局，实施入河湖排污口整治。

4.2.4　水环境治理

强化水环境质量目标管理，按照水功能区确定各类水体的水质保护目标。切实保障饮用水水源安全，开展饮用水水源规范化建设，依法清理饮用水水源保护区内违法建筑和排污口。加强河湖水环境综合整治，推进水环境治理网格化和信息化建设，建立健全水环境风险评估排查、预警预报与响应机制。结合城市总体规划，因地制宜建设亲水生态岸线，加大黑臭水体治理力度，实现河湖环境整洁优美、水清岸绿。以生活污水处理、生活垃圾处理为重点，综合整治农村水环境，推进美丽乡村建设。

4.2.5　水生态修复

推进河湖生态修复和保护，禁止侵占自然河湖、湿地等水源涵养空间。在规划的基础上稳步实施退田还湖还湿、退渔还湖，恢复河湖水系的自然连通，加强水生生物资源养护，提高水生生物多样性。开展河湖健康评估。强化山水林田湖系统治理，加大江河源头区、水源涵养区、生态敏感区保护力度，对三江源区、南水北调水源区等重要生态保护区实行更严格的保护。积极推进建立生态保护补偿机制，加强水土流失预防监督和综合整治，建设生态清洁型小流域，维护河湖生态环境。

4.2.6 执法监管

建立健全法规制度，加大河湖管理保护监管力度，建立健全部门联合执法机制，完善行政执法与刑事司法衔接机制。建立河湖日常监管巡查制度，实行河湖动态监管。落实河湖管理保护执法监管责任主体、人员、设备和经费。严厉打击涉河湖违法行为，坚决清理整治非法排污、设障、捕捞、养殖、采砂、采矿、围垦、侵占水域岸线等活动。

4.3 河长制保障体系

为贯彻落实党中央、国务院关于全面推行河长制的决策部署，建立健全河长制相关工作制度，根据《关于全面推行河长制的意见》及实施方案要求，结合各地实践经验，水利部研究提出了全面推行河长制相关工作制度清单，共包含六项制度，构成了全面推行河长制各项工作顺利开展的保障体系。

4.3.1 河长会议制度

河长会议制度主要任务是研究部署河长制工作，协调解决河湖管理保护中的重点难点问题，包括河长会议的出席人员、议事范围、议事规则、决议实施形式等内容。

4.3.2 信息报送制度

信息报送制度需明确河长制工作信息报送主体、程序、范围、频次以及信息主要内容、审核要求等。

4.3.3 考核问责与激励制度

考核问责，是上级河长对下一级河长、地方党委政府对同级河长制组成部门履职情况进行考核问责，包括考核主体、考核对象、考核程序、考核结果应用、责任追究等内容。激励制度，主要是通过以奖代补等多种形式，对成绩突出的地区、河长及责任单位进行表彰奖励，应明确激励形式、奖励标准等。

4.3.4 信息共享制度

信息共享制度包括信息公开、信息通报和信息共享等内容。信息公开，主要任务是向社会公开河长名单、河长职责、河湖管理保护情况等，应明确公开的内容、方式、频次等；信息通报，主要任务是通报河长制实施进展、存在的突出问题等，应明确通报的范围、形式、整改要求等；信息共享，主要任务是对河湖水域岸线、水资源、水质、水生态等方面的信息进行共享，应对信息共享的实现途径、范围、流程等作出规定。

4.3.5 工作督察制度

工作督察制度主要任务是对河长制实施情况和河长履职情况进行督察，应明确督察主体、督察对象、督察范围、督察内容、督察组织形式、督察整改、督察结果应用等内容。

4.3.6　验收制度

验收制度主要任务是按时间节点对河长制建立情况进行验收，包括验收的主体、方式、程序、整改落实等。

本章小结

本章基于《关于全面推行河长制的意见》文件精神，建立了河长制的管理支撑体系，一是组织体系，介绍了自上而下的金字塔形管理体系；二是任务体系，介绍了河长制的"六大任务"；三是保障体系，介绍了保障河长制顺利实施和实践效果所必需的会议、考核、监督、信息等管理支撑。

第5章　全面推行河长制的现状及困境

河长制工作在全国推行的两年多以来，取得了令人瞩目的成绩，但是，还存在着一些有待解决的困难与问题。

5.1　全面推行河长制的现状

5.1.1　河长制组织体系建设现状

2017 年，按照党中央、国务院全面建立河长制"四个到位"总体要求，全国 31 个省（自治区、直辖市）各级河长制均已建立，并印发了河长制工作方案，完成了省、市、县、乡四级河长体系的建立。省级设立总河长，市、县相应设立区域总河长，同时，省、市、县、乡均设立相应的分级分段河长，并全部完成了公告，见表 5-1。

各省（自治区、直辖市）也均开展了符合实际情况的河长制工作。在河湖长体系建设方面，天津市开展全面"挂长"专项行动，排查出未"挂长"开放水体（沟渠、景观水体、坑塘）7 086 个，现已全部完成"挂长"；辽宁省将全省国土面积划分为 8 个流域片区，由 8 位副省长担任流域片区河长，同时担任本流域片区跨省、跨市河流和市级以上界河的省级河长；江西省不仅确定了省级责任单位，还建立了国内第一家党政同责、区域和流域相结合的"4+5+4+3+3"全覆盖组织体系；湖北省将河长制进行一体部署，统筹推进，在全国率先构建了纵向"1+X"

和横向"1+N"模式的组织平台架构，以"总河长制办公室+分河长制办公室"协同推进河长制工作落实。

表 5-1 全国 31 个省（自治区、直辖市）省级河湖长统计

省（自治区、直辖市）	省级		省（自治区、直辖市）	省级		省（自治区、直辖市）	省级	
	河长人数	湖长人数		河长人数	湖长人数		河长人数	湖长人数
北京	17	41	安徽	12	7	四川	21	2
天津	4	4	福建	5	0	贵州	33	1
河北	9	2	江西	7	2	云南	7	9
山西	8	1	山东	10	10	西藏	15	7
内蒙古	5	4	河南	7	0	陕西	10	1
辽宁	24	0	湖北	11	7	甘肃	9	3
吉林	10	1	湖南	15	2	青海	5	5
黑龙江	14	2	广东	7	1	宁夏	4	0
上海	4	2	广西	6	0	新疆	9	6
江苏	12	0	海南	17	3	合计	343	125
浙江	6	2	重庆	20	0			

全国各省、市、县三级都建立了河长制办公室。为了更好地开展河长制工作，部分地方将河长办公室设置在政府部门；但是总体来看，目前河长办多设在各级水利部门，同时，市县级河长办工作人员中，部分市县工作人员数量或组成不能满足要求，且多是抽调人员或部分人员没有编制。

据华北水利水电大学 2018 年河长制工作评估抽查统计数据（每个省份抽查 3 个市，6 个区县）显示：抽查市、区县的人员配备来看，各省份市级河长办公室人员共 1 040 人，专职（在编）人员共 401 人，占 38.56%；专职（抽调）人员共 369 人，占 35.48%；兼职人员共 270 人，占 25.96%。核查的区县河长办公室人员共 1 316 人，其中专职（在编）人员共 380 人，占 28.88%；专职（抽调）人员共 541 人，占 41.11%；兼职人员共 395 人，占 30.01%。31 个省（自治区、直辖市）抽查市县办公室人员组成情况见表 5-2。

表 5-2 全国 31 个省（自治区、直辖市）抽查市县办公室人数统计

省（自治区、直辖市）	抽查市总人数			抽查区县总人数		
	专职（在编）	专职（抽调）	兼职	专职（在编）	专职（抽调）	兼职
北京	6	2	0	6	7	8
天津	30	0	15	5	18	0
河北	32	3	0	51	0	0
山西	16	2	9	3	2	38
内蒙古	9	7	6	3	6	11
辽宁	18	0	0	39	0	8
吉林	7	19	9	1	29	10
黑龙江	8	11	17	5	11	14
上海	8	4	0	4	24	0
江苏	9	7	10	11	17	9
浙江	0	43	0	0	65	21
安徽	6	11	24	8	23	46
福建	8	40	4	20	51	10
江西	3	13	0	8	14	10
山东	19	1	5	6	25	5
河南	3	19	0	0	32	5
湖北	10	9	0	35	17	2
湖南	19	6	18	24	29	6
广东	10	8	18	8	14	31
广西	5	23	9	3	43	18
海南	9	6	0	9	0	0
重庆	5	12	5	6	13	9
四川	15	2	0	17	18	8
贵州	30	6	0	30	12	6
云南	96	65	58	21	8	5
西藏	0	8	5	1	4	16
陕西	0	10	28	12	6	32
甘肃	14	4	9	33	3	13
青海	3	6	12	4	4	42
宁夏	3	10	6	7	30	4
新疆	0	12	3	0	16	8
合计	401	369	270	380	541	395

全国 31 个省（自治区、直辖市）均对公示牌的设立进行规定及要求，共设立各级河长公示牌共 80 余万块。

河长公示牌密度与我国水资源分布正相关，呈现出南多北少，东多西少的局面。总体上看"总河长设立和公告情况"和"河长设立和公告情况"均已基本完成。同时，各省份结合自身的实际情况及规定，明确了各级河长公示牌的类别及内容。但是，部分省市县存在河长制公示牌遮挡、损毁、内容不规范、电话无人接听或非河长办人员接听等问题。

5.1.2 河长制规章制度及机制建设现状

截至 2018 年年底，31 个省（自治区、直辖市）建立了省、市、县三级河长会议、信息共享、信息报送、工作督查、考核问责与激励、验收 6 项制度。同时，各省、市、县结合自己当地特点及工作需要，出台了一些配套制度与办法，如河长制年度考核办法、巡河、问责等制度。

河长制规章制度和法律法规建设的典型省份包括河北省、北京市、天津市、浙江省和江西省等。

河北省根据实际创新出台了《河北省河长制湖长制主要任务责任分工方案》《河北省河（湖）长巡查工作制度（试行）》《河北省检察院 河北省河湖长制办公室关于协同推进河（湖）长制工作的意见》《河北省河长名单公告制度》《省级河长信息公示牌制作安装标准》5 项制度。特别是以河北省委办公厅、省政府办公厅名义印发的《河北省河长制省级会议制度》《河北省河长制工作考核奖惩办法》《河北省河长制工作信息共享制度》《河北省 2017 年全面建立河长制工作考核验收实施方案》《河北省河长制湖长制主要任务责任分工方案》，更加强化了制度效力。河北省各市、县也结合实际探索出台了问题清单、责任追究、河道警长等多种制度。

北京市在 2018 年 10 月出台了《北京市河长职责（试行）》《北京市河（湖）长制约谈办法（试行）》与《北京市河长制湖长制月检查月通报制度（试行）》，推动河（湖）长认真履职，督促指导相关部门积极解决河湖管护相关问题。

天津市 2017 年年底不仅出台了 6 项河长制基本制度，还结合河长制运行情况制定出台了暗查暗访、有奖举报、社会监督员管理等 12 项工作制度，健全完善了河长制制度体系。各区均出台了 6 项工作制度，并结合工作实际出台了督察督办、新闻宣传、社会监督等工作制度，为天津市全面落实河（湖）长制工作提供了制度保障。

江西省为落实河长制工作，陆续出台或修订了《江西省水资源条例》《江西省湖泊保护条例》《江西省河道管理条例》《江西省河道采砂管理条例》《江西省实施河长制湖长制条例》等法律法规。特别是 2018 年江西省人民代表大会常务委员会先后颁布《江西省湖泊保护条例》《江西省实施河长制湖长制工作条例》两部地方性法规。该条例围绕实施河长制，结合工作实际，对河长制现有政策制度的有关规定、河长制实践中一些成熟的好经验好做法、一些需要法律作为保障的薄弱环节等，均在条例中以条款予以明确。2018 年，为进一步规范和完善制度体系，在已出台的河长制制度的基础上，增加了湖长制相关内容，形成了河长制湖长制等 6 项制度，同时制定出台了《江西省河长制湖长制表彰奖励暂行办法》。

在部门分工协作机制方面，各省份均明确了各河长制成员单位职责及分工，建立了部门联合执法机制或部门分工协作机制，部分省份各级水利部门作为河长制办公室牵头单位，履行组织、协调、督导等工作职责，各成员单位根据职能分工，各司其职，共同推进各项工作落实。

河长制工作创新方面，京津冀一体化较为突出。2018 年年底，北京市出台了《关于完善水环境保护执法联动工作机制的意见》，明确了水务、生态环境、城管、农业、规划等部门的执法范围，确定了联合执法的机制，完善行政执法和刑事司法衔接机制。联合执法威慑力初显，切实保障河湖治理保护成果，全年累计查处违法水事案件 4 507 件、罚款 1.22 亿元。为了积极推进区域间协作机制建设，按照国家关于在京津冀水源涵养区开展跨地区生态补偿试点工作的要求，河北省与北京、天津市多次协商、反复沟通，先后签订了《关于引滦入津上下游横向生态补偿的协议》《密云水库上游潮白河流域水源涵养区横向生态保护补偿协议》，推进京津冀生态保护协调发展。以联合行动整治南拒马河交叉河段非法采砂场为契机，建立京冀河长制协调联动机制，通过河长联合巡河、信息共享等，保障京冀边界河流水生态安全。部分市探索建立了流域合作共治、设立流域工作专班等工作机制，推动区域合作，加强边界河湖管护。

河北省立足河湖实际，联手京津，打造京津冀一体化框架下的河长制创新工作。张家口用好政府+市场"两只手"——流域综合治理永定河公司、张家口桥东区三员合一，一肩担三责（河湖管护员巡河员保洁员）；承德市开创了由人+无人机+卫星网络监控巡河的"三位一体"的时空全方位巡河方式，市委办公室出台《承德市乡村河湖管理员管理办法》从人、财、物三方面保障了乡村河长制"最后一公里"的通畅，并建立流域合作共治机制（河长办+海委）；秦皇岛市卢龙县打造的全国畜禽养殖废弃物资源化利用标杆模式，引入"膜堆肥技术""好氧发酵技术""厌氧发酵技术""黑膜沼气技术""病死畜禽无害化处理"，构建"分区禁与养、标准化建设、零散集大户、政府与市场、科技来致富、三产联合佳、卢龙出四化、治污又发家"的卢龙模式，同时卢龙县还利用土地流转政策流转临河耕地、河岸密植树、禁区多种草、过渡区种药，构建"三位一体化"的面源净化体系；秦皇岛抚宁区采用"流域垃圾一体化保洁"模式，种植加工甘薯治污的"集零为整、大规模化、治污明白纸、清洁联三产"模式。

在完善生态补偿机制方面，福建省建立主要流域的生态补偿机制和重点生态功能区财力支持机制，出台《福建省综合型生态保护补偿试行方案》；重庆市落实区县水环境防治责任，让受益者付费、保护者获益，由河流的上下游区县签订协议，以交界断面水质为依据双向补偿；黑龙江省齐齐哈尔市按"谁污染、谁补偿""谁保护、谁受益"原则，收缴生态补偿资金，按全年考核结果确定下一年度生态补偿预算安排，兑现补偿；安徽省黄山市设立新安江绿色发展基金，建立全国首个跨流域生态补偿绿色发展基金，首期规模达 20 亿元。

在河湖管护责任单位落实方面，各省份河道管理实行统一管理与分级管理相结合、下级管理服从上级管理的体制。对行政区域内由流域管理机构直接管理的河道，流域管理机构按照国家规定履行河道管理职责。县级以上地方政府水行政主管部门是本行政区域河道的主管部门。

在河湖管护责任单位落实方面江西省最为典型。江西省河长办积极发挥综合协调、调度督导、检查考核的平台作用，各省级责任单位依法履职，形成工作合力，构建了责任明确、协调有力、监督严格、保护有力的河湖管理保护机制。省委组织部将河长湖长履职情况作为领导干部年度考核述职的重要内容；省委宣传部主动谋划河长制专题宣传工作，中央主要媒体刊播河长制相关重要报道共计30篇（条）；省编办完善河长制职责及机构编制调整；省政府法制办积极推动《江西省湖泊保护条例》和《江西省河湖长制工作条例》立法；省发改委将水资源利用与保护、河长制相关工作纳入《江西省"十三五"社会经济发展规划》《国家生态文明试验区工作要点》《江西省流域生态补偿办法》；省财政厅积极保障河长制工作经费，2016—2018年省财政已累计安排下达河长制建设补助经费1.85亿元；省人社厅经中央批准设立河长制省级表彰项目，每3年表彰一次先进集体15个、优秀河长60名，并将河长制重点任务纳入省直部门的年度绩效管理指标体系；省审计厅将河长制纳入领导干部自然资源资产离任审计项目；省生态环境厅、水利厅、工信厅、农业农村厅、交通厅、住建厅、林业局等单位牵头负责相关专项整治行动，形成全省范围"清洁河湖水质、清除河湖违建、清理违法行为"的"清河行动"强大合力。南昌市委组织部将河长履职情况作为干部年度考核述职的重要内容；市委宣传部谋划河长制专题宣传工作；市编办完善河长制职责及机构编制调整；市发改委将水资源利用与保护、河长制工作纳入《南昌市生态文明建设2018年工作要点》；市财政局积极保障河长制工作经费；市人社局将河长制工作纳入市直部门年度绩效管理指标体系；市审计局将河长制纳入领导干部自然资产离任审计项目；市委农工部、工信委、农业局、水务局、林业局、采砂办等部门自觉履行行业责任，全力开展"清河行动"，公安、海事、港航、水政、渔政常态化开展联合执法，强力打击河道采砂、非法电网捕鱼等涉水违法行为，有力维护河湖健康。

在公众参与机制方面，31 个省（自治区、直辖市）河长制工作全程接受社会公众监督，省、市、县均设立监督投诉电话、意见信箱等接收群众意见。通过河长公示牌、媒体宣传、公益活动、宣传引导等多种形式，举办征文、摄影展、知识竞赛、科普活动等，不断增强社会公众参与监督的意识。

北京市上线了"北京河长"App，开通了"北京河长"微信公众号，实现了河长和河湖信息在线查询、河湖问题在线投诉举报等功能，更有利于接受社会监督。2017 年和 2018 年，北京市已经连续组织开展了两次"优美河湖评定活动"，两年共有 83 万人参与优美河湖公众认可度调查，共评选出 32 个优美河湖。区级建立公众参与机制并开展活动 229 次，公众参与 16 568 次。

天津市建立了微信公众平台"津沽河长"，出台河长制有奖举报办法，聘请 160 名市级社会义务监督员，让公众以多种方式了解、参与、监督河长制工作。在全市范围内开展河长制工作群众满意度问卷调查中，各区公众满意度均在 91% 以上。

河北省在构建公众参与机制方面进行了有益探索，沧州、保定、石家庄、邯郸等市组建了民间河长行动中心、志愿者巡河联盟，组织开展志愿者巡河、护河、清河行动，河长制进校园、进企业、进社区，张家口、辛集等市还设立了覆盖全市河湖的巡查员，落实资金补助，打通河湖巡查"最后一公里"。

浙江省充分发挥群众在治水工作中的主体作用，建立并完善公众监督、信息公开、社会共建、全民参与机制。广泛开展干部带头、群众投劳、村企结对等公益活动，依托工青妇和民间组织，建设治水义务监督员、治水志愿者队伍，大力推行企业河长、乡贤河长、河小二、河小青等，拓展"河长制"管理方式，构建党委政府主导、全民参与的治水、爱水、护水良好格局。2017 年 8 月，《今日浙江》杂志社、浙江省公共政策研究院、浙江大学公共政策研究院共同主办第四届浙江省公共管理创新案例评选活动，浙江省治水办（河长办）选报的"治水创举河长制"案例在评选中荣获特别贡献奖；9 月，浙江省慈善联合会主办的慈善热点事件年度评选中，十万"民间河长"善行义举参与"五水共治"，被评选为2017年浙江省十大慈善热点事件之一。9月29日，浙江省举办《浙江省河长制规定》发布宣贯活动，全省各地治水办领导，新闻媒体共200多人参加。

江西省河长制工作全程接受社会公众监督，省、市、县均设立监督投诉电话、意见信箱等接收群众意见。通过河长公示牌、媒体宣传、公益活动、宣传引导等多种形式，举办征文、摄影展、知识竞赛、科普活动等，不断增强社会公众参与监督的意识。各地均在政府网站公布河长湖长名单，及时更新各级河长制公示牌。2018年5月，共青团江西省委、江西省水利厅、江西省河长办公室共同设立了省、市、县、乡4级"河小青"志愿者组织体系，启动了全省性护河、爱河志愿者行动。各地河长办积极主动与青年志愿者进行对接，建立环保志愿微信群，倡导志愿巡河访河工作。同时，积极探索设立民间河长理事会、志愿河长、企业河长、优秀党员河段长等创新模式，聘请新闻媒体、社会监督员、河道志愿者对河湖管理保护进行监督和评价。如九江市聘请河湖志愿者和民间河长、吉安市组织志愿者巡河、玉山县成立民间河长理事会、靖安县实行河长认领制和河长制进学校等。

在资金投入机制方面，31个省（自治区、直辖市）是以整合项目资金、社会资本参与、金融机构支持等河湖管护多元化投入模式，逐步建立政府主导、市场调节、社会参与的多元化投入机制，促进河长制湖长制工作实施。

浙江省各级政府把环境保护作为公共财政支出的重点，进一步加大对水环境治理的财政支持力度。持续加大省级生态环保财力转移支付资金投入，重点支持污水处理、污泥处理处置、河道整治、饮用水水源保护、畜禽养殖污染防治、水生态修复、应急清污等项目，加强对各类水生态环境保护资金的整合，鼓励和引导社会资本参与水污染防治项目建设和运营，建立长效稳定的河湖保护投入机制。《关于全面实施"河长制"进一步加强水环境治理工作的意见》明确省财政厅负责河道水环境治理的资金支持和管理，协调落实"河长制"省级相关资金政策，监督资金使用情况。《浙江省全面深化河长制工作方案（2017—2020年）》明确省财政厅根据现行资金管理办法，保障省级河长制工作经费，落实河长制相关项目补助资金，指导市县加强治水资金监管。2016—2018 年，全省分别完成"五水共治"投资 811.3 亿元，1 069.9 亿元和 740.0 亿元。

天津市积极争取国家资金，同时加大市级资金投入，依据河长制相关规划，结合年度建设任务，科学测算年度资金需求，将河湖治理保护资金列入财政预算。2018 年，市财政安排河长制管理资金 1 000 万元，安排河湖管护以奖代补资金 3 384 万元，河湖保护和水环境治理资金 12.37 亿元；各区财政累计投入资金 15.95 亿元，确保按计划完成水污染防治、水环境治理、水生态修复等任务。

广东省坚持政府主导，积极发挥市场作用，不断完善河湖管护投入机制。一是落实河长制工作经费保障。2018 年，中央财政下达 7 663 万元水利发展资金专项用于涉河湖水利工程维修养护。省级财政于 2018 年、2019 年各安排 1 亿元河长制专项资金，除安排省级河长巡河资金 3 000 万元、河长制基础工作经费 2 000 万元外，还安排 5 000 万元对粤东、粤西、粤北欠发达市县河长制工作进行分类奖补，有效提高了基层河长制工作的积极性和河湖管护水平。据统计，2018 年省、市、县三级共落实河长制工作经费 5.50 亿元，其中纳入财政预算经费 5.06 亿元。二是加大河湖治理保护投入力度。充分发挥公共财政主渠道作用，2018 年省、市、县三级财政共投入 473.82 亿元，用于支持全省主要江河、中小河流治理及水系连通等项目建设，同时通过出资政策性基金、全面实行 PPP 等方式引入 122.45 亿元社会资金，参与河湖治理保护项目的建设、运营和服务。三是建立生态补偿机制。分别与相关省（自治区）签订粤桂九州江、粤闽汀江—韩江、粤赣东江流域生态补偿协议，加快推进跨省流域上下游水环境保护工作。

5.1.3 河长履职现状

（1）重大问题处理

河长制工作中重大问题处理包括以下几个方面：

一是总河长会议部署工作。全面推行河长制以来，各地省委、省政府高度重视，多次召开省级总河长会议、领导小组会议、专题会议，研究部署河长制工作。

按照确定的时间表、路线图，不断加强组织领导，强化责任落实，强力推进河长制工作。市、县认真贯彻落实上级精神，召开市级和县级总河长会议、专题会议部署工作。2017年以来，31个省（自治区、直辖市）的省、市、县级总河长均组织召开了至少1次的总河长会议，旨在深入贯彻中央、省全面推行河长制有关会议及文件精神，对行政区内河长制工作进行部署。

二是签发专项行动等工作部署。各省（自治区、直辖市）组织开展了河湖"清四乱"、污染防治、清水畅河净源、环境整治、黑臭水体、垃圾整治、采砂专项执法检查等多项整治行动。市、县河长办基本能够按照省（自治区、直辖市）专项行动部署，制定市、县级行动方案，由河湖长牵头组织，河长办统筹协调，通过组织、技术、资金、人力、机械、宣传动员等各方面保障力度，落实专项行动主题意旨和预期设想，基本达到了预期目标和效果。被水利部暗访发现问题的省份，基本按照问题进行了挂牌督办。

三是召开专题会议解决重大问题。各省（自治区、直辖市）以巡查河湖为抓手，结合中央各部委暗访督查意见，发现问题、解决问题，积极履职尽责，召开了1次及以上专题会议来解决重大问题，各市、县也多次召开了专题会议，研究部署河长制阶段性工作，解决河长制工作中的重大问题，推深做实河长制的格局。

（2）日常工作开展

各省、市、县根据中央指示精神及水利部文件要求，制定了河长巡河制度，省级河长巡河次数达到一年一次，市级、县级河长巡河次数达到一季度一次。各级河长基本能够切实履行职责，加强河道巡查，巡查过程中发现的问题，基本能够做到能当场安排解决的当场安排解决；不能当场安排解决的，限期提出处理意见或措施，并督导实施。

北京市委书记、市总河长蔡奇明确指出"河长制既是治水工作机制又是责任制，要一抓到底。"要求党政一把手必须把维护河湖健康作为重大政治责任，强化铁腕治水，把"老大难"河湖作为自己的责任田。北京市市、区两级分别组织召开总河长会议部署工作，市总河长签发总河长令、区级河长部署区级专项行动。

分级召开专题会议协调解决重大问题，对于突出问题进行挂牌督办。市、区两级均制定了河长考核方案，将各区和部门河长制工作开展情况列入绩效考核内容，作为地方党政领导干部综合考核评价重要依据。2018 年北京市级共召开总河长会议 1 次，市级河长签发专项行动（总河长令）1 次，召开专题会议协调解决重大问题 7 次；区级召开总河长会议 103 次，区级河长部署专项行动 75 次，召开专题会议协调解决重大问题 189 次，挂牌督办突出问题 136 个。北京市出台了《北京市河长职责（试行）》，进一步明确了各级河长的职责清单，要求村级河长每周巡河一次，街乡级河长每月巡河一次，市级河长每年巡河一次。2018 年市级河长巡河 63 人次，做出相关批示 103 件次；区级河长巡河 1 115 人次，发现解决问题 706 件；镇、村级河长巡河 15 万余人次（其中，镇级河长巡河率达到 100%，村级河长巡河率达到 90%），发现解决问题 2.2 万余件。

天津市委书记李鸿忠多次深入七里海、大黄堡、北大港、团泊湿地检查指导，推进七里海湿地保护区整治和大黄堡湿地保护修复，他强调要勇于直面问题，以啃"硬骨头"的精神，紧紧围绕国家级标准这个目标，以七里海湿地保护区治理为龙头，进一步推进大黄堡、北大港、团泊湿地保护区和于桥水库河口湿地生态保护；天津市委副书记、市长张国清多次深入七里海、大黄堡、北大港、团泊湿地和于桥水库检查指导工作，就全面落实河长制提出要求，强调要坚定不移走生态优先、绿色发展之路，注重涵养水源、提升水质，加大周边生态环境修复和保护力度；三名市级河长多次到独流减河、于桥水库、北运河、南运河、中心城区排水河道等重要河道、水库进行巡视巡查，同时带头开展明察暗访，重点协调解决黑臭水体治理等问题，推动河长制工作落实向纵深发展。各级河长坚持一线工作法，主动巡河，对发现的问题及时协调解决，2018 年市级总河长、河长累计巡河 17 人次，全市区级河长巡河次数累计 1 757 人次。

（3）河长考核方面工作

各省、市、县三级已基本开展河长制考核工作，着重对下级河长履职情况进行考核，同时对同级河长制组成部门开展考核。

　　浙江省根据《关于开展河长履职电子化考核的通知》要求，治水办（河长办）组织开展对包含河长基本信息、河长巡河达标情况、河长巡河记录、有效巡查轨迹和问题处理结案情况5个指标在内的河长履职情况进行考核，并对河长电子化考核情况进行通报，电子化考核工作情况纳入河（湖）长制工作年度考核。2017年3月，浙江省治水办（河长办）印发了《浙江省"五水共治"工作领导小组成员单位2017年度重点工作任务书》的通知，明确了各成员单位的年度重点工作。2017年12月，省政府办公厅印发了《关于开展2017年省政府直属单位目标责任制考核工作的通知》，明确了"五水共治"（河长制）工作由省治水办（河长办）组织实施考核。省治水办（河长办）印发了《关于开展省"五水共治"工作领导小组成员单位2017年度工作评价的通知》，明确了按照成员单位自评、成员单位间互评、设区市治水办（河长办）测评，以及省治水办（河长办）测评4个部分评价单位根据评价对象重点工作完成情况。

　　广东省委办公厅、省政府办公厅印发了《广东省全面推行河长制湖长制工作考核方案》，将最严格水资源管理和水污染防治行动计划实施情况纳入河长制考核体系，考核结果抄送纪检监察机关和组织人事部门，作为党政领导干部综合考核评价的重要依据。考核结果优秀的地级以上市，由省委和省政府予以通报表扬，省级有关部门将考核结果作为各地级以上市相关领域项目安排和资金分配优先考虑的重要参考依据。考核结果不合格的地级以上市，由省委和省政府予以通报批评，并由省级总河长约谈该市总河长。广州、汕头和佛山等地市已建立了考核等工作机制，率先启动了考核问责。特别是，佛山市查处南海区大布涌不履职、不尽责、不作为和监管不力的镇总河长、各级河长及相关责任人共16名。截至2018年年底，全省共有114名河长（不含自然村河段长）因治水工作推进不力而被问责，其中市级3人、县级8人、镇级36人、行政村级67人。

　　江西省在考核方面实现三类考核。第一，在对下级河长考核方面。2016年以来，江西省河长办按照省政府办公厅印发的《年度河长制工作要点》，逐年制定河长制考核细则，组织各相关责任单位对市、县两级河长制工作进行考核，考核结果以省政府办公厅名义进行通报，并列入省政府对市县科学发展或高质量发展考核体系，以及生态补偿的重要指标。同时，省级将河长制工作列入《江西省党政领导干部生态环境损害责任追究实施细则（试行）》，由生态环境部门一并开展约谈问责。在《江西省实施河长制湖长制条例》中，对河长湖长和责任单位履职情况、规定问责追责情形有了明确规定。2018 年，省级鄱阳湖湖长、省政府副省长胡强，对全省 3 个市、6 个县消灭劣 V 类水工作效果不理想的政府主要负责同志进行了约谈，取得了较好的效果。2018 年，省委组织部对各责任单位和领导干部履行河长制湖长制工作职责情况，作为班子和领导干部述职的内容之一，进行考核。第二，对省级责任单位考核方面。将省政府确定的责任单位牵头的清河行动内容，列入省政府对部门绩效考核的内容。第三，对市、县两级河长考核。总体上，各地考核工作与省级一致，同时体现各地特点，有创新性、针对性。萍乡市河长制考核在省级评分基础上，增设了县级河长履职尽责考核一项，两次考核得分情况提交市级总河长审定后计入本年度考核得分；针对河道采砂，吉安市政府召开集体约谈会议，集体约谈各县党政一把手、县水利局局长；萍乡市考核细则中对巡河做出明确要求，使其更标准、更规范，市县两级河长在巡河前制订巡河方案，对于问题常发河段进行重点巡查；铜鼓县出台了针对河长制工作的《乡镇场考评方案》《工作部门考评方案》和《河（库）警长、护河（湖）员考评方案》。峡江县印发了《峡江县河（湖）长制责任追究办法》，对河长制工作落实不到位乡镇进行问责和通报。

5.1.4 工作组织推进现状

在"一河（湖）一策"编制及"一河（湖）一档"工作方面，根据水利部《"一河（湖）一策"方案编制指南（试行）》和《"一河（湖）一档"建立指南（试行）》的要求，各地还结合实际情况，出台了相关规程，如黑龙江省制定了《黑龙江省河长制一河（湖）一档信息普调技术规程》、湖南省印发了《湖南省一河一策编制技术导则》。

浙江省在"一河（湖）一策"编制及"一河（湖）一档"建立方面一直走在全国前列。早在 2004 年，浙江省就启动开展了全省河湖名录摸底、排查、研究。2012 年，编制了全省水域保护规划，对全省各级河道进行划分。2013 年，第一次水利普查时，对流域面积 $50km^2$ 以上的河道进行核实确认。2017 年，结合 2012 年全省水域保护规划成果、2013 年全省河流基本情况普查成果、水域动态监测数据库，重新梳理并划分了省、市、县级河道名录，包括河道名称、所属流域、流经市、县（区）、乡镇、河道起讫点、走向、长度、流域面积等。2018 年 4 月底，省治水办（河长办）会同水利厅核定公布了全省 $0.5 km^2$ 以上及跨省、设区市湖泊名单，并指导各地核定公布了辖区内 $0.5 km^2$ 以下的湖泊（不含跨省、设区市湖泊）名单。围绕河长制六大任务，省治水办（河长办）制定印发了《浙江省"一河（湖）一策"编制指南（试行）》，指导全省各市县从河道概况、存在问题、治理目标、主要任务、保障措施等入手，组织编写《"一河（湖）一策"实施方案》，并提供了河道治理作战图、重点工程项目汇总清单、重点项目推进计划表的范例。2018 年 4 月，省治水办（河长办）组织召开省级河长联系单位"一河一策"（2018—2020）治理方案编制工作会议。省级和市县级河长的"一河一策"方案共计 3 168 份已全部编制完成并上传至省河（湖）长制管理平台。建立"一河（湖）一档"，全面涵盖河（湖）基本信息、河长基本信息、水质监测点及排污口信息、河（湖）整治信息等内容。全省各地共计 87 301 条（段）河道"一河一档"已全部建档完成并上传至省河（湖）长制管理平台。

北京市针对全市 425 条河积极开展基础性工作，将所有河湖按照市、区、乡镇（街道）、村分级分段，明确对应各级河长名单，编制完成 425 条河湖名录。按照"细化、量化、具体化、项目化"要求，2018 年编制完成了市级 14 个流域"一河一策"工作方案（年度方案和三年滚动方案），全市共核查问题 8 类 2 342 个，明确了"三查、三清、三治、三管"任务和措施。

截至 2018 年年底，全国共完成了省级 384 条河流和 104 个湖泊的"一河（湖）一策"编制，368 条河流和 109 个湖泊的"一河（湖）一档"建立。截至 2018 年年底，新疆维吾尔自治区区级的 1 条河流和 6 个湖泊还未编制"一河（湖）一策"；陕西省和山西省还未建立省级河湖的"一河（湖）一档"。全国 31 个省（自治区、直辖市）"一河（湖）一策"编制及"一河（湖）一档"建立工作情况见表 5-3。

表 5-3　全国 31 个省（自治区、直辖市）"一河（湖）一策"编制及
"一河（湖）一档"建立工作情况

省（自治区、直辖市）	省级河湖数量		"一河（湖）一策"编制情况		"一河（湖）一档"建立情况	
	河流	湖泊	河流	湖泊	河流	湖泊
北京	5	11	5	11	5	11
天津	39	5	39	5	39	5
河北	11	2	11	2	11	2
山西	8	—	8	—	0	—
内蒙古	5	4	5	4	5	4
辽宁	18	—	18	—	18	—
吉林	10	1	10	1	10	1
黑龙江	14	2	14	2	14	2
上海	7	2	7	2	7	2
江苏	15	13	15	13	15	13
浙江	6	2	6	2	6	2
安徽	3	9	3	9	3	9
福建	3	—	3	—	3	—
江西	6	1	6	1	6	1
山东	16	12	16	12	16	12
河南	15	—	15	—	15	—
湖北	11	7	11	7	11	7
湖南	13	2	13	2	13	2
广东	5	1	5	1	5	1
广西	4	—	4	—	4	—
海南	52	4	52	4	52	4
重庆	23	—	23	—	23	—
四川	11	1	11	1	11	1
贵州	14	1	14	1	14	1
云南	7	9	7	9	7	9
西藏	13	7	13	7	13	7
陕西	9	1	9	1	0	0
甘肃	9	3	9	3	9	3
青海	12	15	12	15	12	15
宁夏	7	—	7	—	7	—
新疆	9	6	8	0	9	6

在河湖长管理信息系统建设工作方面，全国 31 个省（自治区、直辖市）基本均开发了河长管理信息系统，基本实现各级河长办协同办公，确保了情况发布及时、信息查询准确、巡河轨迹可视、问题交办快捷、河长交流畅通、数据分析全面。部分省份开发了巡河手机 App，既可以随时准确掌握河长的巡河动态，又方便各级河长实时掌握责任河段水质状况、跟踪了解问题交办状态、及时回应群众反映。

北京市在 2017 年年初步实现了对河长和河流等信息进行采集、查询、统计分析和微信公众号、局内外网专栏功能。2018 年完成河长制管理信息系统、"北京河长" App 与微信公众号建设。市河长制办公室印发了《北京市河长制管理信息系统建设技术指导书》，指导各区信息化建设工作。

浙江省在 2017 年 5 月 26 日印发了《浙江省河长制管理信息化建设导则》，以统一标准、共享数据为目标，指导全省建立省、市、县三级河长制管理信息平台。2017 年年底，省级和 11 个设区市的河长制信息化管理平台全部建设完成。2018 年 1 月，启动省级河长制管理信息平台与国家河长制系统联调对接，3 月，所有河湖基础数据、工作进展数据、六大制度数据与国家平台实现共享。4 月，省治水办（河长办）印发了《关于做好河（湖）长制信息化近期重点工作的通知》，指导各地完善基础数据、拓展系统功能、加强动态信息报送。各级平台在原平台的基础上开发完善了湖长制模块，已基本实现"基础信息在线查询、动态信息在线监测、巡查问题在线处理、河长任务在线督导、河长履职在线考核"等功能，在全国率先实现了河长制信息化全覆盖，并实现河长履职电子化考核。

河北省河长制管理信息系统于 2018 年 11 月 18 日开始在邯郸、秦皇岛、承德、定州 4 市和石家庄市鹿泉、新乐 2 县上线试运行；12 月 19 日通过初步验收后开始全省试运行。截至 2018 年年底，平台注册用户 20 090 人，访问量 3 969 次，系统记录各级河长巡河 1 619 次。

江西省河长制河湖管理信息平台以河湖保护管理为核心，突出水污染防治、水资源保护、水生态维护、河湖健康保障等核心业务。围绕河长主治、源头重治、系统共治、工程整治、依法严治、群防群治的工作方法，以河长制专题数据中心、信息化网络、基础设施云为技术支撑平台，建立河湖保护管理的长效机制，加强对全省河湖的管护能力。此外，平台包含完整的事件处理流程，实现从事件上报、派单、处理、反馈、公示一体化的管护流程。不仅实现在事件处理的层面上的闭环，也能够充分保障公众的知情权，提升公众的参与度和满意度。市县积极打造"智慧河长"，以市带县的方式，开发河湖管护信息平台并陆续上线运行，如九江市河长制地理信息管理平台建设全面完成，实现了"一张图"管理；赣州市信息平台建设基本完成，逐步实现掌上治水，提高了河长制信息化、数字化水平。县、乡、村则建立河长办微信群和即时通信联络平台，及时发现和处理河湖水质污染，对重要水功能区、饮用水水源地、主要河湖断面和水库水质实施常态化监测和有效监控，作为各级河库长及乡镇责任落实考核依据并接受社会公众监督。

广东省有序推进全省河长制信息化建设。广东省河长办运用"互联网+"的思维，按照急用先行、便利互动原则，依托微信系统，已开发应用以河长管理和公众服务为支撑的"广东智慧河长"平台，充分整合水利、生态环境、国土等部门的信息资源，构建掌上治水圈，积极拓宽社会监督渠道，促进各级河长科学高效履职。目前，平台上线运行一年以来，已有 5.3 万用户加入平台，覆盖省、市、县、镇、村 5 级河长，建立起 1.6 万多个河长制相关部门，各级河长和有关部门通过登录平台巡河履职，实现河湖水质水量数据共享，建立了河长巡河、公众投诉、部门整改的全流程闭环式业务办理工作机制，社会关注度持续上升，掌上治水趋于常态化。

截至 2018 年年底，全国 31 个省（自治区、直辖市）中已完成河长管理信息系统建设的省份数量为 26 个；在市、县应用河湖长管理信息系统的省数量为 25 个。全国 31 个省（自治区、直辖市）河湖长管理信息系统建设见表 5-4。

表 5-4　全国 31 个省（自治区、直辖市）河湖长管理系统建设

省（自治区、直辖市）	管理信息系统情况	管理信息系统市县运用
北京	已建成	已应用
天津	已建成	已应用
河北	已建成	已应用
山西	已建成	已应用
内蒙古	已建成	已应用
辽宁	已建成	已应用
吉林	已建成	未应用
黑龙江	已建成	已应用
上海	已建成	已应用
江苏	建设中	未应用
浙江	已建成	已应用
安徽	已建成	已应用
福建	已建成	已应用
江西	已建成	已应用
山东	已建成	已应用
河南	建设中	未应用
湖北	已建成	已应用
湖南	已建成	已应用
广东	已建成	已应用
广西	已建成	已应用
海南	已建成	已应用
重庆	已建成	已应用
四川	已建成	已应用
贵州	已建成	已应用
云南	建设中	未应用
西藏	未建成	未应用
陕西	建设中	未应用
甘肃	已建成	已应用
青海	已建成	已应用
宁夏	已建成	已应用
新疆	已建成	已应用

在宣传与教育培训方面，各省、市、县均通过电视、网站、报纸、公众号等多种途径，加大河长制信息公开和宣传力度，畅通公众参与途径，形成全民保护河湖的社会氛围。各省、市、县河长办开展了形式多样的培训活动，一些地区的党委组织部也组织开展了河长制培训活动，取得了良好的培训效果。此外，一些省份为了更好地提升各级河长的河湖管理水平，与高校联合成立河长学院，加强河长制工作研究和培训，如浙江河长学院和河南河长学院。

北京市利用"世界水日，中国水周"时间节点，开展河长制主题宣传，展示建立河长制的阶段性成效。在国家级媒体报刊和市级媒体报刊开展了解读市总河长令、"清河行动"跟进报道以及基层河长典型事迹等多方面宣传。北京市水务局网站开辟河长制专栏进行政策宣传。市河长办汇总最新工作进展和经验典型，出刊《北京市河长制工作信息》40 期。通过微信公众号积极推送河长制信息，各区根据自身特点积极开展宣传工作。2018 年《人民日报》报道北京市河长制 1 次，中国水利报报道 5 次，《北京日报》报道 8 次，北京电视报道 6 次，通过人民网、《北青报》、《劳动午报》、《新京报》、《北京晚报》、《北京晨报》等其他媒体累计报道 19 次。2018 年通过网媒和纸媒累计刊发北京市河长制信息 13 894 条，通过新媒体和 App 发送河长制信息 11 285 条，有效展现了北京市河长制工作进展和河湖治理成效。

江苏省深入推进河长制系列宣传，从央媒到省媒，涵盖报纸、电视、网络、App、微信公众号等各类媒体，江苏河湖长制工作发声多、传播广，引起了社会较好反响。围绕重要时间节点，及时召开新闻发布会，有节奏地向社会公众展示江苏省河湖长制工作的新成效。中宣部组织"新时代 新气象 新作为"中央媒体采访团，对无锡河长制等工作进行集中采访，央广、央视等 10 多家央媒参加采访报道。2017 年 12 月，《人民日报》以彩页报道刊发了《江苏推出"河长""湖长"升级版》。2019 年 1 月，《人民日报》推出《美丽河湖：河湖长的一天》，报道江苏基层河长工作事迹。综合利用多种媒体平台，聚焦党政一把手，打造了"河长在行动"宣传品牌，2017 年在《新华日报》开设"总河长话治水"专栏，2018

年围绕河湖长制工作见行动见成效，推出了"河长制实现河长治"系列报道。联合江苏省委宣传部、团省委开展全省首届十大"河湖卫士"推选活动，用鲜活的人物故事、有形的正能量，倡导全社会共同树立绿色发展理念，共同参与生态河湖建设。联合水利部宣教中心、中国水利报社开展"江苏省首届最美民间河长、最美基层河长"推选活动，引导激励广大基层干部和人民群众积极投身河湖治理管护工作。积极做好水文化推介宣传工作，通过"两微一端"积极报送新闻信息。评选的 40 个最美水地标进一步传播了水文化，展示了水利工作成就，40 个最美水地标的目录和照片全部收录入《江苏年鉴（2018）》。

浙江省紧紧围绕"高标准推进五水共治"和"决不把污泥浊水带入全面小康"的总体要求，充分发挥群众在治水工作中的主体作用，运用新闻媒体、大型会议、主题活动等宣传载体，不断提升浙江河长制的知名度和品牌度，挖掘河长制工作的典型做法和经验亮点，进一步加强"五水共治""河长制"工作的宣传报道和舆论引导，有效统一了思想、凝聚了共识，为加快推进"五水共治""河长制"工作和美丽浙江建设提供了强有力的舆论保障。结合"碧水"行动、"污水零直排区"建设、美丽河湖建设和督查行动等重要工作，宣传治水典型经验和工作亮点。依托《中国环境报》《浙江日报》、浙江之声等媒体，撰写反映浙江探索改革措施推动水环境翻天覆地变化的《浙江四十载持续治水改革绘就美丽浙江画卷》和《改革开放看浙江特别报道——河长制，从这里走向全国》。2017 年以来，全省共刊播新闻报道 3 万余篇次，中央媒体刊发浙江相关稿件 1 000 余篇。

浙江省根据高标准深化河长制，省治水办（河长办）印发《关于做好全省河（湖）长制培训工作的通知》，并将河长制培训纳入各级组织部干部培训内容，作为凝聚共识、提升履职能力的重要手段。各地高度重视河长制培训工作，认真制订培训计划，将培训工作开展情况纳入对下级的督查考核内容。2017 年 7 月，省治水办（河长办）印发《关于组织召开全省河长制工作培训会的通知》，组织全省各市县及各开发区（产业集聚区）分管河长制负责人、河长制业务骨干 300 余人，重点围绕河长制工作方案编制、一河一策编制、信息化建设、河长制督查、剿灭劣五类水体行动经验做法、河长制零直排创建、河长制宣传、有关政策解释等方面进行培训。2017 年 12 月 28 日，省治水办（河长办）联合浙江水利水电学院挂牌成立全国第一个河长学院——浙江河长学院，为河长制的进一步深化提供了坚实的技术支撑和人员培训保障。依托浙江河长学院等师资力量，实现了各级河长、民间河长、治水办（河长办）干部培训全覆盖，2017 年以来累计组织开展培训 23 万余人次。

河南省河长办利用省内主流媒体、网站和用老百姓喜闻乐见的形式，在《河南日报》开辟"推行河长制 中原更出彩"专栏，集中宣传市、县河长制工作亮点；开展了"读诗经看大河"大型水生态文明公益行动，宣传各地河长制推行情况；启动了"保护母亲河 青年在行动""河小青"助力河长制等志愿服务活动；在省水利厅网页开辟河长制工作专栏，及时反映全省河长制工作动态，累计编发工作简报及河长制湖长制专报 74 期，并上线运行了省河长制微信公众号。各级河长办也积极利用微信公众号、网络信息发布平台等新媒体与传统媒体相结合宣传河长制工作。许昌市开展"印象曹魏故都 采风水润莲城"书法赛、郑州市设计制作河长制视觉形象识别系统标识，郑州、开封、漯河等市积极组织"河长制"进校园活动，商丘市组织河长制图文有奖征集活动，南阳市在电视台新闻频道开设《宛都播报》《河长风采》《护河卫士》三个专栏宣传河长制湖长制、并制作《行走碧水间》纪录片，在涓涓细语中传播水生态发展理念，在潜移默化中宣传河长制湖长制工作情况，营造了全社会关心关注河湖管理保护的良好氛围。各地以群众喜闻乐见的形式，积极宣传河长制工作，成效明显。

截至 2018 年年底，全国各省开展省级培训 141 次，培训人数 31 464 人，其中党委组织部组织 42 次，培训人数 15 689 人。31 个省（自治区、直辖市）开展培训情况见表 5-5。

表 5-5　全国 31 个省（自治区、直辖市）河长制湖长制培训情况

省（自治区、直辖市）	培训总次数						党委组织部组织培训次数					
	省级		3 个市		6 个县		省级		3 个市		6 个县	
	期次	人数	期次	人数	期次	人数	期次	人数	期次	人数	期次	人数
北京	2	6 110	11	478	—	—	2	6 110	125	4 666	—	—
天津	4	418	8	144	—	—	0	0	0	0	—	—
河北	2	450	4	3 244	11	1 201	1	100	0	0	1	80
山西	3	336	7	535	5	769	2	130	1	74	0	0
内蒙古	3	600	9	292	9	252	1	300	0	0	0	0
辽宁	3	590	6	229	12	603	1	600	1	30	2	38
吉林	3	1 000	5	1 312	12	872	2	200	2	1 060	2	551
黑龙江	3	600	14	3 522	12	1 992	0	0	1	626	2	530
上海	3	488	16	3 530	—	—	1	50	1	150	—	—
江苏	5	305	2	206	6	589	1	40	0	0	0	0
浙江	4	500	6	880	30	3 326	0	0	8	435	9	489
安徽	3	400	4	285	11	654	1	500	2	110	2	587
福建	5	750	24	1 386	24	1 386	0	0	0	0	4	1 032
江西	3	800	10	592	17	2 118	2	400	4	418	9	1 469
山东	5	1 200	14	836	36	2 761	2	500	1	52	8	296
河南	2	440	10	726	20	588	2	0	2	9	1	38
湖北	4	2 700	9	560	68	4 339	1	1 700	3	320	5	842
湖南	4	255	8	570	17	794	0	0	1	130	1	26
广东	4	650	14	2 306	15	830	1	322	2	110	0	0
广西	12	1 714	11	826	13	1 278	1	285	4	573	6	1 799
海南	9	360	4	760	17	1 353	6	240	1	536	2	122
重庆	5	3 900	8	631	—	—	1	3 300	33	451	—	—
四川	11	1 500	16	847	24	1 412	1	80	3	159	3	101
贵州	3	800	7	358	16	1 295	0	0	5	325	8	590
云南	3	470	3	240	25	2 427	1	28	0	0	10	420
西藏	6	530	5	395	2	163	4	320	0	0	0	0
陕西	2	200	5	631	8	445	1	100	1	68	2	46
甘肃	9	1 297	11	2 748	13	1 046	0	0	0	0	0	0
青海	6	840	13	545	10	529	3	300	2	73	0	0
宁夏	6	461	7	1 193	18	1 344	1	84	2	550	0	0
新疆	4	800	9	385	17	396	0	0	0	0	0	0
总计	132	32 375	271	30 914	451	35 361	38	15 609	202	10 766	74	8 955

5.1.5 河湖治理保护成效

全面推行河长制两年以来，水污染防治行动计划、城市建成区黑臭水体整治、全国河湖"清四乱"专项行动、河湖管理范围和水利工程管理与保护范围划定和河湖生态综合治理落实的卓有成效，全国河湖治理保护成效显著，老百姓的获得感、安全感和幸福感得到提升，群众对河湖满意度大幅度提高。

根据原环境保护部制定的《水污染防治行动计划实施情况考核规定（试行）》（环水体〔2016〕179号），全国31个省（自治区、直辖市）制定了适合本省份的水污染防治目标责任书和考核制度。表5-6为2017年全国31个省（自治区、直辖市）国控断面完成情况。

表5-6 全国31个省（自治区、直辖市）国控断面完成情况

省（自治区、直辖市）	优良水质断面			劣Ⅴ类水质断面		
	完成率/%	考核目标/%	是否完成	占比/%	考核目标/%	是否完成
北京	56.0	44.0	是	20.0	40.0	是
天津	40.0	25.0	是	25.0	55.0	是
河北	48.6	46.3	是	20.3	35.1	是
山西	58.6	48.0	是	22.4	17.2	否
内蒙古	53.8	57.7	否	3.8	7.7	是
辽宁	53.3	46.7	是	18.6	2.3	否
吉林	60.4	60.0	是	20.8	6.2	否
黑龙江	56.5	54.8	是	1.6	0	否
上海	90.0	40.0	是	0	0	是
江苏	68.3	66.3	是	1.0	1.9	是
浙江	84.6	73.8	是	0	0	是
安徽	75.2	70.8	是	1.89	1.9	是
福建	90.9	89.1	是	0	0	是
江西	92.0	82.7	是	0	0	是
山东	62.7	56.6	是	1.2	7.2	是
河南	63.8	53.2	是	1.1	15.9	是
湖北	86.0	84.2	是	1.8	7.9	是
湖南	90.0	86.7	是	1.7	0	否

省（自治区、直辖市）	优良水质断面			劣Ⅴ类水质断面		
	完成率/%	考核目标/%	是否完成	占比/%	考核目标/%	是否完成
广东	78.9	81.7	否	12.7	9.0	否
广西	96.2	96.2	是	0	0	是
海南	100.0	100.0	是	0	0	是
重庆	90.5	88.1	是	0	0	是
四川	86.2	80.5	是	1.1	3.5	是
贵州	89.1	85.4	是	0	7.3	是
云南	79.0	70.0	是	9.0	10.0	是
西藏	100.0	100.0	是	0	0	是
陕西	80.0	68.0	是	2.0	6.0	是
甘肃	94.7	89.5	是	0	2.6	是
青海	94.7	89.5	是	0	0	是
宁夏	73.3	73.3	是	0	0	是
新疆	89.4	74.5	是	1.2	4.3	是

从表 5-6 可以看出，全国 31 个省（自治区、直辖市）国控断面水质总体优良，年度目标要求达到 80%以上的有 13 个，占比 41.9%，12 个省份完成考核目标，广东省完成率比考核目标低 2.8 个百分点；年度目标要求在 60%～80%有 8 个，占比 25.8%，全部完成考核目标；年度目标要求在 60%以下的有 10 个，占比 32.3%，其中 9 个省份完成考核目标，仅内蒙古自治区未完成，比考核目标低 3.9 个百分点。

从图 5-1 和表 5-6 可以看出，全国规定消除劣Ⅴ类国控断面的考核目标为 0～55%，31 个省（自治区、直辖市）已消除比例为 0～25%，已完成考核目标的省（自治区、直辖市）有 25 个，占比 80.6%，其中，无劣Ⅴ类水体的省（自治区、直辖市）有 12 个，占比 38.7%。未完成考核目标的省有 6 个，占比 19.4%，分别为山西省、辽宁省、吉林省、黑龙江省、湖南省和广东省。

按照《水污染防治行动计划实施情况考核规定（试行）》确定的水源地水质判定办法，全国 31 个省（自治区、直辖市）对地级及以上城市集中式饮水水源水质进行了达标率评价。

全国 31 个省（自治区、直辖市）地级及以上城市集中式饮用水水源水质达标完成率为 100% 的有 17 个，占 54.8%；完成率为 80%~99% 的有 13 个，占 42.0%；完成率在 80% 以下的有 1 个，占 3.2%（见图 5-1）。

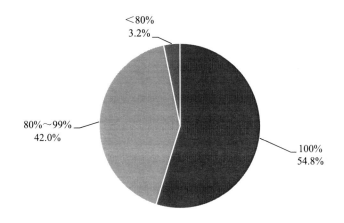

图 5-1　全国 31 个省（自治区、直辖市）地级及以上城市集中式饮用水水源水质达标百分数

对比各省份的完成目标，有 5 个省份未达标，分别为辽宁省、黑龙江省、湖南省、广西壮族自治区、广东省（见表 5-7）。

表 5-7　全国 31 个省（自治区、直辖市）地级及以上城市集中式饮用水水源水质达标情况

省（自治区、直辖市）	完成率/%	目标/%	是否完成	省（自治区、直辖市）	完成率/%	目标/%	是否完成
北京	100.0	100.0	是	湖北	100.0	100.0	是
天津	100.0	100.0	是	湖南	89.7	96.4	否
河北	100.0	100.0	是	广东	97.4	100.0	否
山西	92.0	92.0	是	广西	92.5	94.9	否
内蒙古	83.3	81.0	是	海南	100.0	100.0	是
辽宁	92.6	100.0	否	重庆	100.0	100.0	是
吉林	94.1	94.0	是	四川	100.0	100.0	是
黑龙江	51.5	77.1	否	贵州	100.0	100.0	是

省（自治区、直辖市）	完成率/%	目标/%	是否完成	省（自治区、直辖市）	完成率/%	目标/%	是否完成
上海	100.0	40.0	是	云南	97.2	86.1	是
江苏	100.0	100.0	是	西藏	100.0	100.0	是
浙江	100.0	90.0	是	陕西	100.0	96.3	是
安徽	94.6	94.6	是	甘肃	100.0	95.0	是
福建	100.0	100.0	是	青海	100.0	100.0	是
江西	100.0	100.0	是	宁夏	90.9	72.7	是
山东	98.1	98.1	是	新疆	87.1	87.0	是
河南	97.7	95.6	是				

在黑臭水体方面，全国 31 个省（自治区、直辖市）全部完成考核目标，黑臭水体完成率达到 100%的省（自治区、直辖市）有 10 个，占 32.3%；完成率为 90%～99%的省（自治区、直辖市）有 10 个，占 32.2%；完成率为 70%～89%的省（自治区、直辖市）有 11 个，占 35.5%（见图 5-2 和表 5-8）。

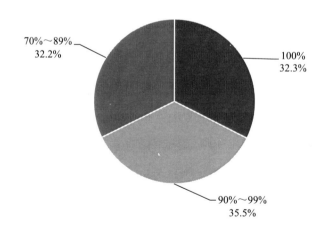

图 5-2　全国 31 个省（自治区、直辖市）黑臭水体目标完成百分比

表 5-8　全国 31 个省（自治区、直辖市）黑臭水体完成情况

省（自治区、直辖市）	完成率/%	考核目标/%	是否完成	省（自治区、直辖市）	完成率/%	考核目标/%	是否完成
北京	100.0	100.0	是	湖北	82.4	80.0	是
天津	96.2	90.0	是	湖南	95.0	90.0	是
河北	89.6	80.0	是	广东	80.0	78.2	是
山西	93.2	82.0	是	广西	92.1	80.0	是
内蒙古	100.0	80.0	是	海南	100.0	100.0	是
辽宁	91.4	90.0	是	重庆	100.0	100.0	是
吉林	95.0	80.0	是	四川	81.2	80.0	是
黑龙江	80.0	80.0	是	贵州	89.8	80.0	是
上海	100.0	67.0	是	云南	93.9	90.0	是
江苏	73.9	70.0	是	西藏	100.0	100.0	是
浙江	100.0	100.0	是	陕西	88.5	80.0	是
安徽	87.6	80.0	是	甘肃	94.0	80.0	是
福建	95.4	80.0	是	青海	100.0	90.0	是
江西	81.3	80.0	是	宁夏	84.6	80.0	是
山东	97.6	90.0	是	新疆	100.0	90.0	是
河南	100.0	100.0	是				

按照《水利部关于开展河湖管理范围和水利工程管理与保护范围划定工作的通知》（水建管〔2014〕285 号）要求，全国 31 个省（自治区、直辖市）开展了河湖管理范围划定，多个省（自治区、直辖市）在此基础上编制了工作方案和技术指南。截至 2018 年年底，全国有 12 个省（自治区、直辖市）已全部完成划界工作，占 38.7%；完成率为 50%～99% 的省（自治区、直辖市）有 8 个，占 25.8%；完成率在 50% 以下的省（自治区、直辖市）有 11 个，占 35.5%（见表 5-9）。多数省份按照工作方案正在积极推进中，并取得了一定进展，如湖南省水利厅联合省自然资源厅拟定《湖南省水利厅　湖南省国土资源厅关于做好全省河湖管理范围划定工作的通知》和《湖南省河湖管理范围划界方案编制导则》对河湖划界工作进行了技术指导，河湖划定工作完成 6.7%；贵州省按照分级负责原则，省管 14 条河流及瓮安河、锦江、松桃河完成划界及岸线利用规划工作，截至 2018 年年底，河湖划定工作完成率为 71.9%。内蒙古自治区和海南省的河湖划定是按照已划定

的公里数进行考核的，内蒙古自治区应划定 20 169.38 km，已划定 6 385 km，完成率为 31.7%；海南省应划定 2 715.58 km，已划定 1 980.98 km，完成率为 73%。

表 5-9　全国 31 个省（自治区、直辖市）河湖管理保护范围划定完成率情况

省（自治区、直辖市）	河湖管理保护范围划定		完成率/%	省（自治区、直辖市）	河湖管理保护范围划定		完成率/%
	应划定条数（或 km）	已划定条数（或 km）			应划定条数（或 km）	已划定条数（或 km）	
北京	473	448	94.7	湖北	335	335	100.0
天津	44	44	100.0	湖南	15	1	6.7
河北	94	94	100.0	广东	28	14	50.0
山西	7	4.5	64.3	广西	89	75	78.7
内蒙古	20 169.38 km	6 385 km	31.7	海南	2 715.58 km	1 980.98 km	73.0
辽宁	40	4	10.0	重庆	23	23	100.0
吉林	70	36	51.4	四川	12	1	8.3
黑龙江	231	231	100.0	贵州	32	23	71.9
上海	9	9	100.0	云南	2817	987	35.0
江苏	864	864	100.0	西藏	209	5	2.4
浙江	21	21	100.0	陕西	143	15	10.5
安徽	145	145	100.0	甘肃	117	22	18.8
福建	3	3	100.0	青海	56	3	5.8
江西	7	7	100.0	宁夏	7	4	50.0
山东	198	198	100.0	新疆	9	1	11.1
河南	222	70	31.5				

根据《水利部办公厅关于开展全国河湖"清四乱"专项行动的通知》（办建管〔2018〕130 号）要求，全国 31 个省（自治区、直辖市）结合实际情况，全面部署了河湖"清四乱"专项行动，并出台了相应的行动方案，对乱占、乱采、乱堆和乱建"四乱"问题开展专项清理整治行动。每月或每旬建立"清四乱"台账，采用销号方式逐一解决，对于重大问题，通过颁布河长令，纵深推进河湖"清四乱"专项行动。截至 2018 年年底，全国 31 个省（自治区、直辖市）"四乱"问题得到有效遏制，完成率超过 80% 的有 10 个省（自治区、直辖市），占 32.3%；完成率为 60%～79% 的有 15 个省（自治区、直辖市），占 48.4%；完成率低于 60%

的有 6 个省（自治区、直辖市），占 19.3%（见图 5-3 和表 5-10）。通过开展"清四乱"专项行动，全国河湖状况得到明显改善。

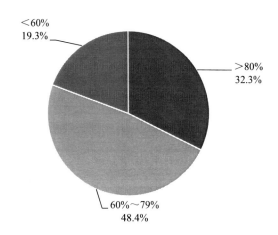

图 5-3　全国 31 个省（自治区、直辖市）"清四乱"完成率所占百分比

表 5-10　全国 31 个省（自治区、直辖市）"清四乱"完成率

省（自治区、直辖市）	总数/个	清理数/个	完成率/%	省（自治区、直辖市）	总数/个	清理数/个	完成率/%
北京	330	200	61	湖北	1 654	1 342	81
天津	230	82	36	湖南	2 112	1 301	62
河北	5 538	3 487	63	广东	7 422	2 388	32
山西	232	161	69	广西	2 527	1 544	61
内蒙古	2 647	1 683	64	海南	60	45	75
辽宁	921	410	45	重庆	430	328	76
吉林	7 419	2 698	36	四川	994	764	77
黑龙江	11 187	4 192	37	贵州	251	147	59
上海	66	41	62	云南	1 663	1 061	64
江苏	2 044	1 637	80	西藏	485	396	82
浙江	137	106	77	陕西	518	341	66
安徽	1 041	866	83	甘肃	602	531	88
福建	1 083	1 049	97	青海	89	79	89
江西	348	311	89	宁夏	292	188	64
山东	1 336	1 214	91	新疆	906	795	88
河南	1 650	1 209	73				

在河湖生态综合治理方面，各省（自治区、直辖市）坚持问题导向，组织开展河湖违法专项整治、非法采砂整治、固体废弃物清理、退圩还湖整治等河湖突出问题：

①河湖违法专项整治方面，江苏省河长办下达整治了省级领导担任河湖长的主要违法行为 1 250 项，截至 2018 年第一季度完成率达到 78.16%；

②非法采砂整治方面，江西省多次组织采砂专项执法行动，持续整治非法采砂问题，重点在赣江、鄱阳湖、长江等流域打击采砂行为，使下游非法采砂船舶得到整治清理，有效遏制了非法采砂势头的上升；

③固体废弃物清理方面，甘肃省排查了 3 338 条河流和 361 个湖库，清理了 2 800 多 km 河道，清理河道垃圾 390 多万 t，疏浚河道 6 200 多 km，河道整洁度得到大幅度提升；

④退圩还湖整治方面，湖南省组织开展长江岸线湖南段港口码头专项整治，分类实施关、停、并、转，8 个规模以上排污口全部实现达标排放，41 个排渍（涝）口完成整治销号，关闭泊位 42 个、渡口 12 道，暂停已建泊位 11 个，完成关停、设备拆除与复绿非法砂石码头 233 处。

全国 31 个省（自治区、直辖市）均组织开展了河湖生态综合治理修复工作，水资源较丰富的地区还开展了河湖水域围网肥水养殖整治工作，全国河湖生态系统经过综合治理后，得到明显改善。西藏自治区完成退耕还林、"两江四河"流域植树造林、人工造林面积达 21.39 万亩，全区已消除无树村 863 个、无树户 8.32 万户，占计划任务的 80%；所有湖泊继续实施禁渔休渔制度，开展鱼类增殖放流工作，截至 2018 年年底，西藏自治区未发生水污染事件；内蒙古自治区强力推动"一湖两海"生态综合治理，"一湖两海"生态综合治理初见成效，呼伦湖水位和湖面面积分别达到 542.6 m 和 2 056 km²；乌梁素海湖区水位提升，整体水质由劣 V 类提高到 V 类，局部达到Ⅳ类；岱海蓄水量增加了 2 000 万 m³，湖面面积增加了 6.9 km²。

采用问卷形式对河湖保护治理成效满意度进行调研。调查问卷主要包括河湖长的设立情况、河长公示牌情况、河湖治理情况等方面内容，参加调查人员涵盖农民、政府部门工作人员、企事业单位工作人员、自由职业者和学生等不同群体。从收回的问卷调查结果来看，满意度达到 90% 以上的有 16 个省（自治区、直辖市），占比为 51.6%；满意度在 80%~90% 的有 10 个省（自治区、直辖市），占比为 32.3%；满意度在 70%~80% 的有 4 个省（自治区、直辖市），占比为 12.9%；满意度在 60%~70% 的有 1 个，占比为 3.2%；满意度在 50%~60% 的有 0 个；未发现满意度低于 50% 的省份。其中，江苏省和安徽省的满意度达到 100%。

5.2　全面推行河长制的困难和问题

在中央及国务院有关部门的指导和各省（自治区、直辖市）主要负责人的坚强领导下，经过近两年的努力，各省（自治区、直辖市）已经全面建立并推行了河长制制度，并在推进河长制从"有名"向"有实"转变中取得了阶段性成果，各省（自治区、直辖市）河湖管理保护全面加强，综合治理加速推进，河湖面貌逐步改观。但是，河湖问题的产生时间已久，河长制工作还存在一些问题，具体分析如下：

5.2.1　市县办公室设置偏低、组织协调力弱

部分市县河长办公室设置在同级政府的某一职能部门内，甚至是部门内的某一科室下，由于河长办公室的级别偏低，因此无法高效协调各职能部门，而且一些职能部门科室冠以"以河长制牵头组织"名义下发通知，将工作任务推卸到河长办；一些市级河长办召开协调会议，得不到县区党委、政府的重视，经常安排水利相关部门的人员参会，形成无论开哪个职能部门性会议，参会人员还是清一色水利人的窘境。部分河长办为了提高会议召集效率和效果，往往借力于同级政府办或党办发会议通知。

5.2.2　河长制办公室队伍人员不稳定

大部分地区的河长办公室缺少编制，其抽调人员和兼职人员所占比例过高，导致工作队伍不稳定；市级河长办抽调和兼职人员占 60%以上，县区级河长办抽调和兼职人员占 70%以上。同时，抽调和兼职人员人员往往需兼顾原部门工作任务，导致工作压力过大，无法全身心投入河长制工作。

5.2.3　"最后一公里"通而不畅

由于受到行政编制数量的影响，部分地区河长制办公室机构人员多为兼职，这种现象在县一级河长办尤为严重。人员力量明显不足，机构运行不顺畅，工作协调难度大。上传下达出现"节点障碍"，日常工作协调出现"空档"。县级、乡级专项行动缺乏专业人才与技术支撑，农村垃圾和污水治理缺乏基础设施，专项任务多，各项专项任务的资金少，河长制工作"最后一公里"问题较为突出。

5.2.4　法律支撑体系不健全

个别地区出台了地方性的河长制规章制度，但内容各异、执行力不足，因此亟须水利部、生态环境部等部门出台相关法规制度，完善河湖管理保护体系，加强河长制法制化建设。

5.2.5　资金投入机制有待完善

整体而言，河长制工作日常办公经费能够得到基本保障，但"清四乱"等相关专项行动的经费投入还远远不能满足实际需求。为保证河长制工作的有序进行，解决河道多年来积累的问题杂症，需要较长的治理周期以及充足的经费。财力保障后劲不足，已成为制约河长制发展的"瓶颈"。

5.2.6 考核机制需要细化完善

河长制是一项新的管理制度,很多运行机制与管理制度都处于摸索创新阶段,存在一些不足和空白,特别是作为河长制工作管理抓手之一的监督考核。例如,一些省(自治区、直辖市)已出台的河长制考核办法缺少统一标准,有的未能与中央要求保持一致;缺乏流域性河长制考核标准。因此,亟须在对河长制相关文件剖析的基础上,凝练河长制考核机制建立的要点和方法,力争为河长制考核办法的完善提供一定参考和借鉴,为流域统一管理中河长制的有效实施提供保障。

5.2.7 河长制宣传和培训工作弱

通过走访调查发现,在不同的年龄阶段,都存在对河长制工作不了解的群众,河长制工作还没有在公众中得到完全普及。从调研结果来看,市县级河长履职尽责的情况要比乡村级河长好得多,部分乡村级河长对河长制认识不深、责任不明,存在不同程度地履职不到位情况,牵头谋划、综合协调、推动落实的作用发挥不够充分,压力传导逐级弱化,乡村整体工作推进还不平衡;亟须对县级、乡级和村级等基层河长进行培训。

总体上看,我国的河湖长期积累的突出问题和历史欠账较多,从根本上扭转河湖管理保护乱象、治理修复河湖生态任务十分繁重,河长制工作任重道远。仅2018年,水利部就普查出了6.7万个河湖"四乱"问题。党中央、国务院作出全面推行河长制重大部署,仅仅两年时间,还处在初级阶段,河长制体系刚刚全面建立,从"有名"向"有实"转变还在进行中;并且推行这项制度是一项全新的改革任务,很多工作需要边实践边摸索边完善。

本章小结

　　本章从河长制组织体系建立、规章制度与运行机制建设、河长履职、工作推进、河湖治理保护成效等方面出发，指出目前河长制工作还存在体制亟须优化、工作办公室队伍不稳、"最后一公里"通而不畅、资金投入支撑、法律支撑体系不健全、河长制考核机制需要细化完善与宣传培训工作有待加强7个方面的问题与困难。

第6章 河长制组织体系优化

6.1 河长制组织体系建设的内涵及意义

6.1.1 河长制组织体系建设的内涵

流畅的组织体系运行、明确的人员责任分工，是保障工作完成、取得最好效果的根本保障，任何重大工作都是单一个体难以完成的。国家历来高度重视党的组织建设，形成了包括党的中央组织、地方组织、基层组织在内的严密组织体系。习近平总书记在全国组织工作会议上强调指出，进入新时代、开启新征程，必须更加注重党的组织体系建设，不断增强党的政治领导力、思想引领力、群众组织力、社会号召力，把党员组织起来、把人才凝聚起来、把群众动员起来，为实现党的十九大提出的宏伟目标团结奋斗。河长制的能量同样来源于其完善的组织体系架构，所有的工作安排都需要依靠河长制坚实的组织体系来实现。各级河长组织部门必须学习领会习近平总书记有关组织工作的重要讲话精神，在全国范围内推行河长制组织体系的建设工作，并在实践中切实贯彻落实国家的河湖管理战略方针。

河长制地方组织体系建设完善与否，是河长制工作能否全面落实的关键。河长制地方组织应当充分贯彻上级河长组织制订的工作计划，在重大工作中发挥好各部门的协调组织作用，并引领社会力量广泛参与基层河长制的治理体系，充分发挥河长制的功能优势，把服务环境、造福群众作为河长制的出发点和落脚点，通过持续治理、修复、维持城市与农村的生态环境，不断增强人民群众的获得感、幸福感、认同感，以赢得社会各界对河长制的信任和拥护。并扎实推进河长制工作促进脱贫攻坚、促乡村振兴，联合广大群众共建美好家园。

落地才能生根、根深才能叶茂，河长制地方组织体系的根本任务就是保证国家河湖决策部署的贯彻落实，要切实做到有令即行、有禁即止，发挥好把方向、管大局、保落实的重要作用。河长制的基层组织体系是河长制的"神经末梢"，要充分发挥其在河湖治理中保驾护航的作用。所有基层河长都要强化自身的组织意识和组织观念，把具体的河长制工作贯彻落实到位，把河长制组织体系的建设落到实处。在实践中还应当与时俱进，采取新的思路不断优化河长制组织架构，全面系统推进各项河湖治理工作的有序进行。

建立健全河长制的组织体系，应当坚持树立基层组织工作的重要导向，集中力量加强河长制基层组织体系的建设。要以提升组织合力为工作重心，健全河长制基础组织，优化河长制办公室机构设置，理顺上下级河长隶属关系，突出组织体系联动功能，探索创新行政管理模式，充分发挥河长制的环境治理作用，以期顺利完成国家环境规划中的各项任务。同时还要加强各级河长组织的标准化、规范化建设，提升河长队伍质量，使各级河长工作在其完善的组织体系中事半功倍。

河长制组织体系是由指导理论、机构设置、人员配备、规章制度等基本要素构成的有机整体。2017年国家全面推行河长制以来，从逐步探索到日渐完善、从中央规划到地方实践，在我国特殊的河湖背景基础上逐步形成了具有创新治理特色的组织体系架构：指导理论是组织体系中的"精髓"，即马克思列宁主义、毛泽东思想、邓小平理论、"三个代表"重要思想、科学发展观、习近平新时代中国特色社会主义思想，一脉相承又与时俱进、不断发展；机构设置是组织体系中的"骨架"，即各级河长制办公室的主导部门与派出机构，各级河长组织机构在整个河长制组织体系中的地位不可替代，发挥着核心作用；人员配置是组织体系中的"细胞"，每一名河长个体都为其组织注入了源源不断的前进动力，帮助河长制实现自我修复、提升的目的，在组织体系内的每个工作人员都有自身的职责，这份职责是支撑河长制组织目标达成的关键；规章制度是组织体系中的"血液"，即贯穿河长制的机构设置、人员配备、工作模式等制约组织运行的行为准则与权力边界，既有临时性的政策文件，也包括强制力保障的立法，在实施过程中，每个层级必须要遵循其组织运行的规则，不能越级指挥，也不能下放权力，更不能懒政与不作为。

6.1.2　河长制组织体系建设的意义

江河湖泊是一切生命的血脉、文明的摇篮，也是经济社会发展重要的基础支撑。我国江河湖泊众多，水系贯通发达，水生态环境与国民的生活息息相关。因此，保护我国的江河湖泊关乎人民群众的生存发展与长期福祉。河长制组织体系的建设为贯彻落实环境质量行政区包干制度创造了有利的条件，科学完备的河长制组织体系是我国实现依法治水、改造环境、服务群众的依托和支撑，对于提高我国流域生态环境治理体系和治理能力现代化具有重要意义。

第一，河长制组织体系建设是弘扬优良传统、发挥特色优势的必然要求。国家历来高度重视各领域的组织体系建设，不断赋予组织体系建设更重要的内涵。凭借着组织体系严密牢固的优良传统，国家才能在各个历史时期凝聚力量，夺取一个又一个阶段性的胜利。由于党和国家长期以来一贯保持的独特政治优势，走向新的时期必须传承优良文化传统、充分展现各行各业的特色优势，使其组织体系建设的更加坚固有力。河长制是顺应时代要求，落实绿色发展理念，推进生态文明建设的重要举措，习近平总书记多次就生态文明建设作出重要指示，强调要树立"绿水青山就是金山银山"的治理理念。河长制将我国河湖治理与水环境保护放到工作的首位，并同样肩负着全面建成小康社会、实现中华民族伟大复兴的历史使命，各级河长组织应当守护好本级的责任领域，发挥河长制治理特色优势，引领社会各界维护好生态环境，及时发现生态环境中的突出问题并有效进行整改。将落实绿色发展理念、河湖管理保护纳入生态文明建设的核心内容，完善河长制组织体系的建设以促进经济社会可持续发展。

第二，河长制组织体系建设是科学健全组织网络、大力推进组织工作的有效举措。河长制的组织体系建设是一项长期的系统工程，需要统筹谋划、突出重点、稳中求进。总的思路是：坚持以习近平新时代中国特色社会主义思想为指导，深入贯彻新时代党的建设总要求和新时代党的组织路线，以党的政治建设为统领，以扩大覆盖为前提，以提升组织力为重点，以河长队伍建设为基础，以提高工作质量为保障，研究制订并落实好组织体系建设规划，为建设富饶美丽的生态环境提供坚强组织保证。党的十九大以来，河长制的组织体系建设虽取得了一定成效，但在某些方面仍存在薄弱环节，如一些地方组织执行河长制的路线方针政策不够坚决、治理效果不达标，组织工作不规范、协调作用不明显等，这些都是组织体系建设中亟须面对的问题，应当尽快落实加以解决。河长制组织体系建设的前提和基础就是"建"，其组织机构应当根据具体工作情况适时调整和优化，并根据实际工作需要和人员变动及时设立、整改或撤销，长期维持科学的组织规模，"机构臃肿"与"岗位不足"的组织现象都不可取。在组织优化过程中，要有效调整河长制内部机构设置以保障组织体系的稳定。此外，河长制各级组织关系的明确同样是建设的重中之重，必须处理好内部管理与外部协调的关系问题，明确各级组织机构职责，加强体系内的上下协作，真正发挥河长制组织体系的功效。

第三，河长制组织体系建设是提高管理质量、保障国家水资源安全的制度创新。河长队伍建设是河长制组织体系建设的核心内容，要进一步明确河长的政治考核标准，将考核结果作为各级河长政治晋升的重要依据，并探索发展河长考核的新方式，完善考核标准以提高河湖治理与管理的质量。应充分发挥河长学院的作用，加强各级河长组织的教育培训，激发各级河长在管理工作中的先锋模范作用，保障河长制运行的持久动力。河长制的组织体系既要大体量，也要高质量，既要突出河长队伍的综合能力，又要从严监督各级河长。习近平总书记深刻指出，河川之危、水源之危是生存环境之危、民族存续之危，要求从全面建成小康社会、实现中华民族永续发展的战略高度。近年来，一些省（自治区、直辖市）在河湖管理工作上积极改革创新，积累了先进的经验，在推行河长制方面普遍实行党政主导、高位推动、部门联动、责任追究等工作机制，取得了很好的效果，形成了许多可复制、可推广的成功管理案例。可见，维护国家水生态文明建设、保障水生态环境的可持续发展，应当充分发挥基层河长制组织体系的主导作用，全面推行河长制，不断提高管理质量，形成人与自然和谐发展的河湖生态治理新格局。

6.2 河长制组织体系建设

为进一步落实绿色发展理念，推进生态文明建设，完善河长制的水治理体系，首先要完成河长制组织体系的建设。根据《关于全面推行河长制的意见》中关于组织形式的规定：要求全面建立中国省、市、县、乡四级河长体系，各省（自治区、直辖市）设立总河长，由党委或政府主要负责领导担任，各省（自治区、直辖市）行政区域内主要河湖设立河长，由省级负责领导担任，各河湖所在市、县、乡均分级分段设立河长，由同级负责领导担任。为切实加强河长制的组织领导，现阶段我国已全面建成省、市、县、乡四级河长体系，其中 31 省（自治区、直辖市）把河长体系延伸到了村一级，建成省、市、县、乡、村五级河长体系，集中力量开展河湖突出问题专项整治行动，解决了大量涉及破坏河湖环境保护、河湖生态健康的突出问题，使地方水生态环境焕然一新，水资源得到明显改善。

6.2.1 各级河长设立情况

中共中央办公厅、国务院办公厅在《关于全面推行河长制的意见》中明确要求，到 2018 年年底前，在全国范围全面建立河长制。2018 年 6 月底，全国 31 个省（自治区、直辖市）已基本建立河长制，比《关于全面推行河长制的意见》规定截止时间提前了半年完成，成效十分明显。随着河长制组织体系的全面建立，各级河长名录陆续出台，百万河长已登记在案。按照习近平总书记"每条河流要有河长了"的重要指示，全国 31 个省（自治区、直辖市）所有江河的河长均已到岗，打通了河长制的"最后一公里"。截至 2018 年年底，全国已有 30 多万名四级河长和 2.4 万名四级湖长。省级河长 343 人，60 位省级党政主要负责人担任总河长；有 125 名省级湖长。组织体系延伸至村，设立 78 万多名村级河长、3.3 万名村级湖长，百万河长名副其实。

全国 31 个省（自治区、直辖市）的"省—市—县"三级均成立了河长制办公室。"河长制办公室"承担河长制的日常管理工作，负责制定河长制管理制度，以行政区域为单元设置，落实机构、人员、经费三方面具体工作。《关于全面推行河长制的意见》中要求县级及以上河长设置相应的河长制办公室，具体组成由各地根据实际确定。需要注意的是，各级河长、河长制办公室不能代替各职能部门开展具体工作。截至 2018 年 11 月 20 日，全国省级河长制办公室已全部设立。山西、四川、广西、浙江、海南、西藏 6 个省（自治区）由副省长（副主席）担任省级河长制办公室主任。北京、内蒙古、黑龙江、福建、江西、广西 6 个省（自治区、直辖市）在水利厅增设副厅级领导职数一名，担任省级河长办副主任。全国已有北京、山西、辽宁、上海、内蒙古、吉林、黑龙江、安徽、福建、江西、山东、湖北、湖南、广东、广西、海南、四川、贵州、宁夏、甘肃、河北 21 个省（自治区、直辖市）由机构编制委员会办公室发文成立专门机构承担河长制日常工作。全国目前已有 99% 的市级、97% 的县级设置了河长制办公室。

6.2.2　明确界定河长职责

各级河长负责组织领导相应河湖的治理和保护工作，对跨行政区域的河湖已明确界定相应的行政责任，基层河长组织负责协调上下游、左右岸实行联防联控；对相关部门和下一级河长履职情况进行督导，对目标任务完成情况进行考核，强化激励问责。《关于全面推行河长制的意见》作为推行河长制工作纲领性文件，明确了河长制的主要任务与工作职责，包括要求的水资源保护落实、河湖水域岸线管理保护、水污染防治、水环境治理、水生态修复、执法监管 6 个方面。

6.3 河长制组织体系优化

河湖治理是一项既紧迫又艰巨的工作，水资源保护与水生态文明建设更是一项长期任务。实践证明，河长制是一项科学的制度，全面推行河长制，建立河长制组织体系并不断优化，是保障河长制长效机制发挥、确保优良水资源、维系水生态可持续发展的有效途径。目前，全面推行河长制已进入全新的阶段，实现河长制组织体系优化的目标，必须推动河长制尽快从"有名"到"有实"的转变、从全面建立到全面见效的转变，实现河长制的名实相符。

6.3.1 河长制组织体系现状

6.3.1.1 各级河长履职情况

自河长制组织体系建设以来，百万河长已陆续履职，党政领导挂职上岗。各级河长通过巡河调研，掌握河湖的基本情况。截至目前，各省级河长已经巡河巡湖 926 人次，其中省委、省政府主要负责同志有 113 人次巡河；市、县、乡级河长巡河巡湖 210 多万人次。各级河长针对辖区内水环境存在的典型问题，全面开展河湖治理工作。河长制办公室积极联合各职能部门部署了入河排污口、岸线保护、非法采砂、固体废物排查、垃圾清除等一系列专项整治行动，已在全国各地取得明显成效，河湖生态环境得到改善。水利部建设与管理司指出，河长制实施后，河长已经开始履职，不少地方的河长都进行了巡河，组织开展了专项整治等相关活动，在保护水资源、改善水环境、修复水生态、强化水域岸线管理保护等方面都取得了很大成绩。

6.3.1.2 河长制组织体系运行成效

在河长制全面实施的背景下，初步形成了水环境的社会共治模式，其治理效果已得到社会各界的普遍认可。各地在优化河长制组织体系的基础上，进一步动员社会团体与人民群众积极参与河湖治理和保护，形成了一批自发组织的非官方河长模式，如"乡贤河长、党员河长、记者河长"等，还有一些地区依托地方公益组织自发成立的巡河护河志愿服务队，使河长队伍的规模得到进一步扩大。按照河长制的管理要求，必须在河段的醒目位置竖立河长公示牌，明确河长的管理范围，河流的起止范围，河流管护的目标任务及监督电话。我国水管理体制以决策迅速、组织高效而著称，但缺点是社会监督弱、易停留于形式。河长制的信息公开、监督举报形式有效弥补了社会监督不足的问题。随着河长制的全面推行与实施，我国的江河湖泊完成了从"单一治理"到"联合治理"的转变，河湖治理体系从"河长制"转变为"河长治"，推动解决了一系列水行政管理与水环境保护的疑难杂症，使河湖的状况逐步得到好转。例如，江苏省实施退圩还湖，目前已退出被占用的东太湖等湖泊水域近 200 km^2，浙江省通过实施"剿灭劣 V 类水"行动，河湖基本清除"黑、臭、脏"现象，云南省明确由市级领导担任 36 条出入滇池河道的河长，滇池的条河道景观及周边环境都得到了极大改善，部分河道水质明显好转。河湖环境的改善使广大人民群众的满意度与获得感持续攀升，河长制已得到社会各界的广泛赞誉。

河长制组织体系逐渐完备，责任分工明确，工作模式也由过去的"九龙治水"转变为现阶段的"河长治水"。河长制的出台，为国家找到了破解河湖治理和水环境防治难题的有效途径，规定由各级党政主要负责人担任河长，并承担起河湖治理与水环境防治的主要责任，上级河长再将具体工作层层分解到下级，积极发挥协调作用，使工作真正落实。河湖治理目前已成为各地党政主要负责领导的"责任田"，各地针对人民群众关心的河湖突出问题，积极开展专项整治行动，收到明显成效，河湖水域岸线逐步恢复，水质明显提升，水清岸绿的景象已开始显现。由于河湖水系的问题具有长期性与累积性，环境污染原因的复杂性，新老水问题集中显现，例如，一些河流特别是我国北部河流的开发利用已接近水环境承载能力的底线，已出现部分河道干涸，生态功能下降等。可见，河湖管理保护中还存在许多薄弱环节，河湖生态环境总体上未发生本质改变。河湖管理保护是一项长期的任务，解决这些问题，必须进一步优化河长制组织体系。

6.3.2　组织体系优化中的"有名"

虽然现阶段河长制的组织体系、人员结构、管理模式已初步形成，实现各级河长形式上的"有名"，但河湖管理保护是复杂的系统工程，不可能完全依靠河长制在短期内彻底解决。自河长制实施以来，百万河长已陆续上岗履职，却依然存在河长不作为、慢作为的现象。为防止河长制成为虚设，需要不断优化河长制的组织体系，从而实现各级河长实际意义上的"有名"。

第一，河长层级实现4～5级设置。2016年12月，中央提出全面推行河长制，仅截至2018年6月，全国31个省（自治区、直辖市）均已按照国家要求全面建立了河长制，构建了"省—市—县—乡"四级河长的组织体系，超额完成了河长制的组织架构，甚至还将河长制延伸至村级，形成"省—市—县—乡—村"五级河长的组织体系。各级河长的工作业务范围涉及水利、环保、农业、林业、住建、公安等，逐步实现一体化的河湖管理体系。

第二，河长制办公室实现独立设置。河长制涵盖了水资源保护、河湖水域岸线管理保护、水污染防治、水环境治理、水生态修复和执法监管等众多任务，涉及多个部门，各项工作综合性强、跨部门统筹协调要求高。然而经调研发现，全国地方上的河长制工作负责机构普遍设立或挂靠在水利部门，其行政级别低于水利部门。水利部门作为河长制实施工作中协调组织的重要部门，与各相关部门共同构成河长制的成员单位，但挂靠依附的组织构架不利于发挥河长制的组织协调机制，给河长制的运行带来了极大的障碍。因此，为有效发挥河长制组织功能，实现组织体系优化上的"有名"，各级河长制办公室必须独立设置。建议河长制办公室或者河长制工作处直接设立在相应的党委或政府办公厅的直接领导下，其行政级别应高于水利部门等河长制成员单位，便于河长制组织协调工作的高效实施。同时明确河长制工作机构职责，建立相关工作机制，对党委或政府负责，有利于发挥河长制办事机构的协调、监督等各项职能。如由各级党委组织部部长担任本级河长制办公室主要领导，发挥其工作优势以保障河长制工作的实施以及河长工作人员的自身发展。

第三，河长制实现专门立法。立法是河长制组织体系优化的重要途径，河长制作为全新的治水理念与工作模式，应当有相关法律、政策的支持，同时应当建立一套完善的法律法规体系与之匹配，通过法律途径赋予职能部门相应的权力和执法手段，以国家强制力的形式保障河长制组织体系的完备，从而实现各级河长实质上的"有名"。如 2017 年浙江省第十二届人民代表大会常务委员会第四十三次会议审议通过《浙江省河长制规定》，这是国内首个在省级层面关于河长制的地方性立法，有效保障了浙江省河长制的组织体系架构与相关工作的实施。地方应构建以部门规章、地方性法规及规范性文件为支撑的层次分明、专业结构配套的法规体系，并逐步形成河长制独立的法律体系，切实为规范河长行政行为和职责提供重要依据。通过立法规范河长组织机构设置及其职责，并且规定河长履职与部门执法的联动机制、河长履职与公众参与的联动机制及河长的考核和问责机制，全方位推动河长制的法制化宣传，加快推进依法治水与河长制法治化建设，切实保障河长制的稳步推进与长效发展。

6.3.3　组织体系优化中的"有实"

水利部部长鄂竟平指出，所谓"有实"，就是要解决河湖管理和保护中的顽疾。细化实化河长制任务、解决河湖问题，要聚焦管好"盆"和"水"：保护好盛水的"盆"，即做好河道湖泊空间及其水域岸线的管理保护；保护好"水"，即管理保护好河流湖泊中的水资源。具体而言，管好盛水的"盆"就是解决"乱占、乱采、乱堆、乱建"等"四清"问题，护好"盆"中的水，护好"盆"中的水就是防范"水多"、防治"水少"、整治"水脏"、减少"水浑"。严格规范河湖水域及岸线管理，依照相关法律法规界定河湖保护与管理的范围，实行涉水行为的全过程监管，从以下几个方面实现河长制组织体系优化中的"有实"：

第一，落实机构人员编制。随着河长制工作的全面实施，各地相继建立了各级河长制机构。经调研发现，河湖治理工作的力度在进一步加强，然而除北京等少数城市外，绝大多数地区河长制办公室的相关配套设施和人员配置都处于起步阶段，河长制办公室工作量大、人员编制严重不足的现象普遍存在，目前地方上解决河长制办公室人员编制不足问题的途径仅有部门间的人员借调。由于长期借调所造成的人员流动问题，直接影响了河长制的工作质量。因此，河长制办公室编制少、任务重的矛盾尤为突出，形成工作人员"有名无实"的现象。加之各级编制委员会办公室制定的"三定方案"短期内并不能有效解决人员编制问题，河长制组织体系优化的下一步工作亟须落实机构人员的编制。建议人员编制问题的解决应当分步骤、分阶段进行：现阶段应实现河长制办公室工作人员内部的借调形式，如工作人员从上、下级河长制办公室体系中进行借调，以保证河长制工作的专业性与连续性，有效避免人员重复培训的成本，节省新进人员熟悉工作的时间，完成河长制办公室人员的内部流转，并制定相关的内部晋升与奖励机制，以提升河长制办公室相关工作人员的工作热情与工作质量。

第二，加大财政投入力度。各级河长制办公室运行经费不足也是实践中的突出问题，河长制缺少统筹高效运用河湖治理各领域资金的有效途径。全面推行河长制工作尚处在初级阶段，中央财政资金的投入力度相对较弱，地方财政更难以支持河长制组织体系的正常运行。河长制的实施需要涉及多部门的协调工作，全国各地区的工作进程尚不均衡，包括项目立项、资金投入、工程建设在内的各项工作缺乏统一协调、系统推进的管理机制。应当严格统筹河湖治理专项资金，对各行业、各部门分散投入的治水资金进行综合管理，强化资金保障力度，加大各级财政投入，通过多渠道、多方式集中整合、规范运用，科学合理的资金投入是河湖管理保护工作有序、高效的重要保障。

第三，明确河长权责划分。河湖治理的具体工作一般由县级以下河长机构承担，全国各省目前已普遍建立"省—市—县—乡—村"五级河长的组织体系架构，而"县—乡—村"三级河长作为河长制工作的主要实施者，在实践中存在权责不清的情况，因此，需要进一步明确"县—乡—村"三级河长的权责：县总河长为全县推行河长制的第一责任人，负责全县河长制的组织领导、决策部署和考核监督，解决河长制推行及实施过程中的重大问题，领导县级河长制办公室工作；县常务副总河长协助总河长统筹协调督导考核河长制的落实推进，同时负责所辖河湖河长制实施工作，明确副总河长管理责任，协调解决实施过程中的重点和难点问题，督察相关部门、乡镇一级河长履行职责的情况，考核目标任务完成的情况；县副总河长负责组织领导相应河流的管理和保护工作，负责所辖河流"一河一策"的制定和实施，牵头组织对河湖治理中的突出问题依法进行清理与整治，协调解决所辖河流重点和难点问题，对跨行政区域的河流明确相应管理职责，协调上下游、左右岸、干支流实行联防联控，对相关部门和乡镇一级河长履职情况进行督导，对目标任务完成情况进行考核。乡镇（街道）的主要领导是其所属辖区内推行河长制工作的责任人，负责辖区内河长制组织领导和工作部署，协调解决河长制实施的重大问题，督查本级河长、相关部门和下级河长履行职责情况，考核目标任务完成情况，负责辖区河流"一河一策"的制定和实施，牵头组织对辖区内河湖治理中的突出问题依法进行清理整治，协调解决所辖河流重点和难点问题，协调上下游、左右岸、干支流、塘库内外实行联防联控，向县级河长反应突出和重点问题，联系相关部门，协调解决河长制实施过程中的重要问题，对村级河长履职情况进行督导。村级（社区）河长负责行政村（社区）内的河湖管理保护、日常巡查等具体工作，及时上报巡查信息，配合对突出问题依法进行清理整治，协调解决行政村（社区）内河长制实施具体问题。"县—乡—村"三级河长必须各司其职，共同承担地方河长制河湖治理的具体工作。

6.4　河长制组织体系实施路径对策

河长制作为解决河湖问题的全新路径，自试点以来已取得明显治理成效，但由于其过度依靠行政手段，组织体系运行也缺乏相应的法律依据，目前暴露出的如河长制组织体系中组织机构功能不全、职能重叠或缺失、组织权责不清、组织协调沟通不顺畅等问题已不容忽视。组织体系的优化需要考虑机构内外多方面的因素，建议通过以下几方面实施路径来推动河长制工作、优化其组织体系：

6.4.1 健全机构设置以充分发挥河长制办公室的作用

目前，全国各省、市、县均按规定建立了河长制办公室，但各级河长制办公室内部机构设置混乱的现象普遍，大多数基层河长制办公室甚至并无内设机构，仅依靠若干人员以工作组的形式承担各项工作，严重制约着河长制办公室应有作用的发挥。根据怀特的行政组织思想，行政效率必须建立在行政组织中责任与权力适当分配的基础之上，而河长制办公室现阶段由于缺乏合理的机构建设难以实现其组织体系中责任与权力的适当分配。因此，优化各级河长制办公室的机构设置和职能配置，深化机构改革，形成职责明确、依法行政的河长制治理体系，是河长制办公室下一阶段的首要任务。针对"省—市—县"三级河长制办公室内设机构的建设路径为基础，可根据各地区的实际工作情况，建议成立以下内设机构，具体见表 6-1～表 6-3。

表 6-1　省级河长制办公室内设机构建设

序号	内设机构名称	机构职能
1	综合工作处	负责承担省级河长制办公室的日常事务，制定各级河长制办公室工作任务，筹办组织省级总河长会议、河长会议、河长成员单位联席会议等会务工作，组织编制省级"一河（湖）一策"实施方案
2	协调联络处	负责牵头与省级成员单位如财政厅、交通厅、环保厅、国土厅、住建厅、农业厅、林业厅、公安厅、省发改委等职能部门之间的协同联动，同时本级负责政府与社会组织、政府与企业、政府与民众、与下级之间的协同联动
3	督察处	监督、协调各项任务落实，并对省级总河长、河长交办的事项进行跟踪督办，会同纪委、党政办公室对省级河长会议成员单位以及下级河长制工作开展情况进行督察
4	考核处	拟定河长制工作相关制度和考核办法，组织编制河长手册、河长工作清单和年度任务，负责下级河长制办公室的考核工作及接受上级河长制办公室的考核
5	项目统筹处	负责全省涉水项目操作过程中的物品、人员等资源的筹备、调动等的安排工作，统筹项目实施工作，进行项目进度管控，确保涉水项目的顺利完成
6	其他处室	各地区根据其基本工作情况设置

表 6-2 市级河长制办公室内设机构建设

序号	内设机构名称	机构职能
1	综合办公室	负责承担市级河长制办公室的日常事务，落实上级河长制办公室交办的工作任务，筹办组织市级总河长会议、河长会议、河长成员单位联席会议等会务工作，组织编制市级"一河（湖）一策"实施方案
2	协调联络科	负责牵头与市级成员单位如财政局、交通局、环保局、国土局、住建局、农业局、林业局、公安局、发改委等职能部门之间的协同联动，同时负责本级政府与社会组织、政府与企业、政府与民众、上级与下级之间的协同联动
3	督察考核科	监督、协调各项任务落实，对市级总河长、河长交办的事项进行跟踪督办，会同纪委、党政办公室对本级河长会议成员单位以及下级河长制工作开展情况进行督察。拟定考核办法，组织编制河长手册、河长工作清单和年度任务，负责下级河长制办公室的考核工作及接受上级河长制办公室的考核
4	项目统筹科	负责所辖河流涉水项目操作过程中的物品、人员等资源的筹备、调动等的安排工作，统筹项目实施工作，进行项目进度管控，确保涉水项目的顺利完成
5	其他科室	各地区根据其基本工作情况设置

表 6-3 县级河长制办公室内设机构建设

序号	内设机构名称	机构职能
1	综合办公室	负责承担县级河长制办公室的日常事务，落实上级河长制办公室交办的工作任务，筹办组织本级总河长会议、河长会议、河长成员单位联席会议等会务工作，组织编制县级"一河（湖）一策"实施方案
2	协调联络室	负责牵头与县级成员单位如财政局、交通局、环保局、国土局、住建局、农业局、林业局、公安局、发改委等职能部门之间的协同联动，同时负责本级政府与社会组织、政府与企业、政府与民众、上级与下级之间的协同联动
3	督察考核室	监督、协调各项任务落实，并对县级河长、河长交办的事项进行跟踪督办，会同纪委、党政办公室对本级河长会议成员单位及下级河长制工作开展情况进行督察。拟定考核办法，编制河长手册、河长工作清单和年度任务，接受上级河长制办公室的考核
4	其他部门	各地区根据其基本工作情况设置

完善河长制组织体系的建设，关键是充分发挥各级河长制办公室的平台功能：首先，河长制办公室承担河长制组织体系实施的具体工作，落实本级河长制定的各工作事项，是河长制的智囊团和指挥部；其次，各有关部门和单位按照其职责分工，协同推进河长制各项工作的开展；再次，河长制办公室组织开展河长制日常工作，承办本级河长会议，负责组织制定河长制管理制度，协调、交办、督查河长确定的事项，落实上级河长制办公室交办的工作事项，组织对下级河长制工作的监督、考核与评估；最后，河长制办公室应当全方位掌控所属辖区内的河湖治理状况，制定与细化本级河长制年度工作任务，及时处理公众举报的涉水案件，负责河长制信息平台建设，开展河道保护宣传。河长制办公室是各级河长的常设办事机构，负责落实河长制组织、指导、督导、考核等基本职能，核心作用是统筹所属辖区的河长制工作，整合各相关部门力量，增强治水合力。

6.4.2 精减各级河长数量以提升河长队伍质量

根据华盛顿合作定律的指导内容，河长制实现其先进河湖治理理念的目的，其根本不在于河长数量的简单叠加，而是在于各级河长相互配合协作以提高河长制工作效率和推进河长制组织体系优化。目前，我国"百万河长"虽然名副其实，但很少有从事水环境保护工作的经历及相关专业学历背景，河湖治理方面的人才相对匮乏，全年各级河长的岗位工作时间分配比例较小，仅依靠巡河等工作难以有效推进河长制发展进程。因此，应有计划地精减河长队伍人数，保障现有河长队伍逐步实现精英化发展，并实施有效管理，加强各级河长之间的责任分工与协作机制，以达到事半功倍的效果。

在对各级河长的培训方面，由于各级河长缺乏相应治理经验，在履行工作职责时出现能力、素质参差不齐的状况，河长制作为一项社会管理工作，必将在推行和完善的过程中遇到新情况、新问题。为更好地履行各级河长的工作职责，落实绿色发展理念、实现推进生态文明建设的目的，中组部、水利部要求各级地方政府都必须对河长进行系统培训。因此，成立专门的河长学院，进行针对河湖长的专门培训、政策制度研究等尤为必要。

以浙江河长学院与河南河长学院为例，作为全国首个河长学院，浙江河（湖）长学院于 2017 年 12 月 28 日成立，由浙江水利水电学院承办，水利部、浙江省水利厅、浙江省生态环境厅、省河长制办公室提供支持，履行组织培训、日常工作开展等职能。浙江省是全国河长制工作开展的先行者与"领头羊"，率先完成全省河长制信息化全覆盖，颁布施行了全国第一部河长制地方性法规，在全面建立"省、市、县、乡、村"五级河长体系的基础上，还把河长延伸到沟、渠、溪、塘等小微水体。浙江河长学院的成立，立足绿色发展和浙江治水，体现了新时代治水精神下的实践探索，为全面贯彻落实"绿水青山就是金山银山"的理念提供了新的尝试，是浙江省在全面深化河长制工作上的又一大创新。2018 年全年共开设 26 期培训班，已有 2 280 名浙江的各级河（湖）长参加了培训。

河南河长学院是全国第二家河长学院。2018 年 12 月 1 日，河南省水利厅与华北水利水电大学联合成立河南河长学院，定位为立足河南，服务全国，结合研究、咨询、培训等特色优势，为河湖长制的有效实施以及构建河湖治理的长效机制提供各级河长培训、政策研究支持、会议交流与专业咨询。河南河长学院自成立以来，从实际出发，科学规划发展蓝图，充分利用华北水利水电大学独特的学科资源和人才优势，构建培训、教学、科研、咨询、评估一体化办学模式，努力把河南河长学院打造成为培养河长的新基地、治水事业的新智库、河长制发展的新助力、广大河长互相学习的新平台。至今共开设 126 门河长培训课程，培训各级河长 3 500 余人。

全面推行河长制是以习近平同志为核心的党中央从人与自然和谐共生、加快推进生态文明建设的战略高度作出的重大决策部署，是破解我国新老水问题、保障国家水安全的重大制度创新。但在河长制实践过程中，一些河长囿于自身知识、能力及素质的不足，工作水平有待进一步提升。因此，必须明确河长队伍的建设目标，着力提升教育培训工作的针对性和实效性，使各级河长的教育培训工作更好地适应水生态文明建设的新趋势、新任务、新要求。应当积极探索河长制培训新途径，努力使河长学院成为服务地方乃至全国河长的示范培训基地。在培训内容上，也应坚持理论性、实践性、针对性相结合；在培训形式上，理论授课、研讨交流、现场教学穿插进行；在师资队伍上，向全社会公开遴选各类专家、学者及实务界人士，建立河长制专家库。构建以人文素养、专业理论、政策理论解析、现场教学和经验交流等课程体系，开展河长制的教学、研究等工作。

6.4.3 明确河长制办公室人员岗位以增强工作效率

根据怀特的人事行政思想，人事管理有两大支柱：人才选拔与职务分类，河长制办公室的人事岗位都未能实现，而彼得原理中的人员晋升提拔在河长制办公室的人事岗位情况中也难以落实。从调查市、区县的人员配备来看，市级河（湖）长办公室人员共 1 040 人，专职（在编）人员共 401 人，占 38.56%；专职（抽调）人员共 369 人，占 35.48%；兼职人员共 270 人，占 25.96%。区县河（湖）长办公室人员共 1 316 人，其中专职（在编）人员共 380 人，占 28.88%；专职（抽调）人员共 541 人，占 41.11%；兼职人员共 395 人，占 30.01%。可见，全国市、县级河长制办公室的岗位编制问题十分凸显。岗位编制是解决如何达到最佳状态的人岗匹配问题，通过岗位分析，为薪酬、福利及奖金制度提供设计标准和依据，为人力资源招聘、选拔、使用提供参照标准，为员工培训、发展规划提供客观依据，为绩效考核提供考核标准。调查数据表明，岗位编制数量不足，目前已成为制约河长制办公室组织机构完善的重要因素，在基层河长制办公室表现得尤为明显。长期以人员借调的形式弥补河长制办公室岗位编制不足，已导致人才队伍不稳定，工作积极性低下、晋升提拔机制难以实现，工作效率不高等问题。

基于现阶段河长制办公室的人员岗位问题，亟须明确河长制办公室人员岗位以增强工作效率。河长制办公室应当是为河长制组织体系培养行业精英与管理人才的重要场所，鉴于人员编制数量短期内难以改变，建议优化现有的人员借调制度以保障河长制办公室作用的发挥：首先，规定人员借调期限为 2～3 年，各地河长制办公室目前人员借调期限多为 1 年，增加人员流动率高的风险，不利于队伍稳定和人才培养，2～3年的借调期限能够增强团队凝聚力和人员归属感；其次，规定内部自上而下的借调形式，现阶段河长制办公室的借调人员工作关系复杂混乱，增加了岗位培训的时间和成本，不利于工作的开展，应确定河长制办公室内部的借调机制，即借调人员同为体系内部成员，并且来源于上级河长制办公室，此能够免除人员岗位培训的时间和成本，增加借调人员的基层工作经验，可有效增进人才队伍的锻炼培养；最后，规定借调人员的晋升机制，即完成2～3年期限的借调人员，返回原单位后应实现其岗位的晋升。此外，河长制办公室正职主任应由同级党委组织部门领导或同级政府财政部门领导担任，便于相关工作的顺利高效的开展，同时便于组织协调工作的落实。

本章小结

　　本章立足于河长制组织体系的优化研究，深入分析了河长制组织体系建设的内涵与意义，从各级河长设立情况、河长职责的界定情况、相关配套制度的建立、各级河长履职情况、河长管理保护成效等方面全方位地展示了现阶段河长制组织体系建设与管理现状。在河长制组织体系的优化方面，从"有名"和"有实"两个维度入手，指出保障河长制长效机制的发挥，必须尽快推动河长制从"有名"到"有实"的转变。最后，根据河长制实践过程中暴露出组织体系的隐患与不足，提出了相关的优化路径与对策。

第7章　河长制长效工作机制

以全面推行河长制为契机，围绕协调联动、监督巡查、财政投入、公众参与等层面建立长效工作机制，处理好当前和长远、治标与治本等关系，建立持续利用、管理规范、科学有序的运行秩序。

7.1　党政部门联动机制

河长制作为一项水污染治理制度，是从河流水质改善领导督办制与生态环境保护问责制等制度中所衍生出来的，是由中国各级党政主要负责人担任河长，负责组织领导相应河湖的管理和保护工作。各级党政主要负责人作为"第一责任人"亲自抓河道生态环境保护，统筹协调各部门力量，运用法律、经济、技术等手段保护环境，方便各级地方领导直接进行环保决策和管理，有效调动各级地方政府履行环境监管职责的执政能力，不断推进河长制的有效实施。

7.1.1　协同联动机制的内涵

协同指的是一个系统内各子系统之间需要相互配合与协作，这样才能保证系统的整体运行。而联动，原意是指若干个相关联的事物，一个运动或变化时，其他的也跟着运动或变化，即联合行动。"河长制"正是缘于协同联动的问题，因为水生态建设不是单由某一个主体而完成的，水环境治理的复杂性要求我们构建多元化的治理主体。从协同治理的角度来说，河湖管护不是任何单一的政府部门或地方政府能够单独解决的问题，需要由政府、社会组织、企业、公众等联合起来共同完成。协同联动机制是在水生态建设过程中，为解决水环境、水污染、水治理、水生态等问题而建立的一项工作机制，是指在各级党委和政府的领导下，协调各级政府、政府各职能部门以及政府与其他主体之间的关系，减少水环境治理过程中存在的分歧与冲突，实现资源共享、联合行动、共管共治。根据河长制协调联动机制实施的主体不同，可分为纵向上各级政府的协同联动、横向上政府各职能部门之间的协同联动以及政府与其他主体之间的协同联动 3 个方面。

（1）纵向上各级政府的协同联动

河长制纵向上的协同联动是指省、市、县、乡、村各级党政机关自上而下与自下而上相结合的联动运行机制。建立以党政领导负责制为核心的责任体系，自上而下，高位推动，逐级落实，明确各级河长职责；建立以问题为导向的督办制度，自下而上，以源头治理为核心，逐级上报，逐项解决。加强河长制办公室上下级之间的协调与配合，不断强化纵向协同联动，形成思想统一、上下联通、目标一致的内部联动。

（2）横向上政府各职能部门之间的协同联动

河长制横向上的联动指水务部门牵头的河长制办公室与其他成员单位如环保、国土资源、住建、农业、林业、公安、发改委等职能部门之间的协同联动。其目的是节约资源，充分发挥"河长"的协调功能。避免出现各职能部门职责交叉重叠、多头管理，部门与部门之间的信息不对称、各司其职、互不配合等问题。建立协同联动机制，加强各部门之间的工作联系，强化横向间的信息共享、交流、协同联动，实现河长从"有名"到"有实"。

（3）政府与其他主体之间的协同联动

水生态建设的主体既包括党政机构，也包括社会组织、企业和个人，要形成全员参与的意识。不仅要在各级政府之间、政府各职能部门之间建立协同联动机制，还要形成政府与社会组织、政府与企业、政府与民众之间的协同联动，各主体之间关系密切，既相互联系又相互制约。只有在相互沟通、相互理解尊重的基础上，不断进行协商与合作，充分实现联动，才能实现水生态环境的全面改善。

7.1.2 协同联动机制建设的现状

水利部在 2018 年 7 月 17 日举行了全面建立河长制新闻发布会。水利部党组书记、部长鄂竟平在发布会上宣布，截至 2018 年 6 月底，全国 31 个省（自治区、直辖市）已全面建立河长制，提前半年完成中央确定的目标任务。鄂竟平指出，中共中央办公厅、国务院办公厅印发《关于全面推行河长制的意见》一年多以来，河长制组织体系、制度体系、责任体系初步形成，已经实现河长"有名"。

（1）配套制度建设情况

为促进河长制工作落实，各级河长履行职责，全国 31 个省（自治区、直辖市）出台全面推行河长制的工作方案或实施意见，建立了河长会议制度、联席会议制度、信息报送制度、信息共享制度、工作督察制度、考核问责与激励等多项制度。其中，为加强部门间的联系沟通和协调配合，有效推动河长制各项工作，各地结合当地实际情况，积极探索创新工作制度。山东省出台《省级河长制部门联动工作制度》《省级河长联系单位工作规则》；江西省出台《河长制工作督办制度》等。此外，部分省（自治区、直辖市）结合实际工作制定水环境质量生态补偿暂行办法、河长巡河、工作督办，会同执法部门出台多项联合执法等配套制度，不断完善河长制制度体系，形成党政负责、水利牵头、部门联动、社会参与的工作格局。

（2）全员协同联动情况

各省（自治区、直辖市）在推行河长制工作方案中明确了河长制办公室及其成员单位的主要职责，大部分省份成员单位基本由财政、生态环境、公安、国土、水利、住建、农业、林业、发改委、交通 10 家单位组成，部分省（自治区、直辖市）将组织部、宣传部、政法委、司法厅等其他党政机构也纳入成员单位，将成员单位扩充至 20 多家，共同推进生态文明建设。此外，各省积极搭建协同联动平台，建立河长公示牌，公布河长名单、监督电话，鼓励社会组织、企业、民众积极参与河湖管护，基本形成了河湖管护全员参与的态势。

7.1.3　协同联动机制建设的成效及问题分析

水生态文明建设是一项复杂的系统工程，河湖管护不仅涉及上下游、干支流、左右岸、不同流域，还涉及不同区域与不同行业，致使河长制工作涉及的主体多、部门多、层级多。自 2016 年全国各省（自治区、直辖市）全面推行河长制以来，成立河长办公室，具体负责推行河长制日常工作，明确了各项任务的牵头单位、成员单位及其职责，建立了相关配套工作制度，初步形成了一定的协同联动运行机制。

（1）协同联动机制建设的成效

①建立了集中统一的协调机制。全国各省按照中央《全面推行河长制的意见》设置了相应的河长制办公室。初步建立了相关配套制度，比如河长会议制度、信息报送与共享制度、工作督导制度等。各级河长制办公室集中办公，强化统筹协调，基本形成了综合治水格局。

②建立了多部门联合治理的责任机制。全国各省党委、政府作为本辖区流域整治的责任主体，制订了综合治水规划和年度工作计划，明确了任务内容、任务进度、责任人与责任单位。针对各河湖的重点问题，细化了任务，制定了"一河一策"方案，并积极落实各级河长和相应成员单位责任。

③建立了互联互通的监测督导机制。多个省（自治区、直辖市）充分利用互联网建立统一水环境监测平台，统一规划、优化整合、合理布局，在河湖主要功能区、流域交界处及入河排污口设置监测点。部分省（自治区、直辖市）已构建省、市、县三级监测数据及相关部门监测数据互联互通共享机制，不断健全数据库。对于监测发现的情况，由河长制办公室通过平台报送相关责任单位，并督导责任单位限期整治。对于相对比较复杂的问题，可会同相关职能部门对平台记录数据进行研判、科学分析，及时发现问题根源，对症下药，落实整改。

④建立了协同联动的执法机制。各省（自治区、直辖市）针对涉水违法犯罪行为，与公安、检察院等执法部门联合开展综合执法和专项行动。目前，各省（自

治区、直辖市）积极开展"清四乱"与"非法采砂"等专项活动，取得了一定的效果，大大降低了涉水违法犯罪行为的发生。部分省（自治区、直辖市）还建立了"河长+警长""河长+检察长"的联合工作制度，与相关部门科学统筹、协调部署，对涉水重要事件联合开展专项执法行动，严厉打击涉水违法犯罪行为。

⑤建立了考核问责与激励机制。各省（自治区、直辖市）基本建立了河长制工作考核制度，将河长制落实情况纳入实行最严格的水资源管理制度、水污染防治行动计划等实施情况的考核范围。制定了各级河长履职情况考核办法，上一级河长对下一级河长进行工作考评，考核结果作为领导干部综合考核评价的重要依据。对工作成绩突出、成效显著的予以一定的奖励；对工作不力、考核不合格的，进行约谈或通报批评；对于不履行或不正确履行职责、失职渎职，导致发生重大涉水事故的，依法依纪追究河长责任。

（2）运行中存在的问题分析

从目前河长制协调联动机制的运行来看，各省（自治区、直辖市）仅是在制度层面上建立了一定的工作机制，但要实现它的有效运行，真正发挥河长的作用，还有许多亟须解决的问题。

①政策宣传不到位、覆盖面不大。虽然从 2016 年 11 月全国 31 个省（自治区、直辖市）已陆续开始全面推行河长制，各省级单位已全面建立河长办、制定工作方案、出台相关工作制度，但客观审视河长制目前的推进现状，依然存在一些基层河长对河长制认识不够，尤其是成员单位对于河长制的认识还存在很大的偏差，还存在事不关己高高挂起的心理。此外，纵向结构中，河长对于河长制的了解和认识呈逐级递减趋势，即市级河长对河长制的认识比较充分、重视程度也相对较高，基层县、乡镇、村级河长对河长制认识不够，对河长制理解不全面，对河长应该履行的职责不清楚，缺乏积极性和主动性，简单地认为只要完成上级交办的任务就行。

②组织构架不完善，各职能部门之间职责不清。从当前的组织结构来看，全国各省（自治区、直辖市）虽已按照国务院工作部署全部设立了河长制办公室，

但很多地方并未按照"三定"方案进行机构设置，各省（自治区、直辖市）河长制办公室设置存在很大的差异，多数设置在水务系统内；河长办工作人员因未能定编定岗，多数由水务部门从其他部门临时抽调而构成；工作职责模糊不清，尤其是成员单位因为机构设置问题拒绝或不愿积极配合同级职能部门的工作请求，一方面增加了各水务部门的工作，另一方面也阻碍了协同联动工作的开展。

③协作管理平台不统一。涉水信息共享是水环境保护协同联动的核心要素，各省（自治区、直辖市）积极探索河长制信息化管理平台，部分省（自治区、直辖市）已经实现了全网覆盖，不仅可以对流域内所管护河湖进行实时动态的监控，同时河长也可以通过平台移动办公，此外，公众也可通过平台参与河湖管护。但目前各省（自治区、直辖市）协作管理平台建设情况参差不齐，仅能通过各部门所建平台进行系统内信息互通，无法实现同级部门之间、不同区域、不同流域信息互通共享，同时已建设信息管理平台的地区也存在信息公开不及时、不全面等问题，严重影响了协同联动机制的运行。

协同联动执法机制不健全。河长制作为一项创新的水环境治理管理模式，缺乏一定的法律保障，现阶段，大多数省（自治区、直辖市）并没有将党政领导负责、各职能部门协同联动、流域区域间协同联动的模式通过法律的形式固定下来。各级党委和政府履行治理责任、协调配合、绩效考核和问责追责等方面的法规制度建立还不完善，以及行政执法的权力与刑事司法的权力之间联系不大，都严重影响了协调联动的运行。

7.1.4　协调联动机制的构建

（1）构建完善的宣传推进机制

政策宣传是保证河长制有效实施的一项重要活动，党政部门要实现充分的协同联动，各级党委、政府要进一步加强河长制的舆论宣传工作，按照政府主导、社会参与的原则，构建起群策群力、共建共享的宣传推进机制。统一纵向层面各级河长，尤其是基层河长的思想认识，通过分级、分批进行专项培训不断提升基层河长的责任意识。强化横向层面各职能部门的责任意识，与各合作单位之间达成一定的共识。不断提高社会组织、企业以及群众对河长制的认识与参与度，凝聚各方力量共同参与治水。充分运用广播、电视、网络等载体，通过多渠道、多方式、全方位加大对河长制工作的宣传，形成合力，共同推进水生态文明建设。

（2）构建合理的组织运行机制

科学的决策要取得良好的成效，都需要依托于合理的组织运行机制。全面推行河长制就是要严格落实党政领导负责制，实行党政同责，构建科学合理的组织体系，明确各工作责任，理顺工作运行机制。在行政协调机制中，起协调作用的并不是拥有绝对控制权力的垄断机构，而是拥有法律认可权威地位的机构。因此既要不断完善当前各省（自治区、直辖市）河长办公室的机构设置，明确河长制机构的性质，又要落实河长制专职工作人员，组建专业化、职业化的人才队伍，还要明确各职能参与部门的权力、义务及具体职责等问题，对治理责任进行细化分解，强化协同治理的责任，形成政府部门间的"责任链"，理顺运行机制，进而保证河长制协同联动机制的有效推进。

（3）构建统一的协同联动管理平台

统一的管理平台是河长制协同联动机制顺利运行的基本保证。在信息化快速发展的今天，应该充分发挥互联网的优势，构建以省级职能部门为主导，企业、社会组织以及公众共同参与的统一的协同联动管理平台。平台应该充分结合河长制工作的特点，并以河长制的六大任务为核心来建设实施，具体涵盖河长制相关政策宣传、河长日常工作记录、河湖档案信息、河湖管护情况、河湖综合治理进程情况以及评估监督系统等内容，同时在平台内建立群众参与渠道，积极吸纳群众的意见和建议，进一步加强监督管理。实现真正意义上的数据共享，以节约行政成本、为治理决策提供一定的依据。

（4）完善协调联动机制的保障性立法

完善河湖监管法规制度体系建设，不断加强地方立法。各省（自治区、直辖市）需结合当地实际情况尽快修订河道管理、采砂管理等地方性法规，建立健全基层部门河湖日常巡查监管机制，统筹加强涉水工程、重点污染源和黑臭水体沿岸排污动态监管。建立严格的监察制度，保证监察执法的顺利开展，进一步完善案件移送、受理、立案、通报等工作机制。制定各职能部门、各行政区域之间横向协同联动的具体实施办法，确定信息共享、联席会议与合作协议的法律地位。可联合制定《党政部门协同联动机制具体实施办法》，其内容应当包括各级政府、各职能部门、各流域、各行政区域之间的相关权利与义务，协调联动的范围、形式以及规范管理，还应该包括联合执法机构的设置等。此外，还应该将党政部门协同联动机制实施办法以地方立法的形式来加以规范。

7.2 责任落实机制

河长制是我国在河湖管理保护方面的重大创新，由行政领导督办制、环保问责制衍生而来。河长制核心是党政同责，党政领导担任河长，不是冠名制，而是责任制。河长依法依规落实地方主体责任，协调整合各方力量，落实六大机制，促进水资源保护、水域岸线管理、水污染防治、水环境治理六大任务。随着我国的河长制组织体系逐步建立，科学编制与精准实施"一河一策"方案逐渐成为河长制推行的工作重点。责任落实机制的基础是"一河一策"方案，它是河湖保护管理实践的行动指南，也是考核评估全面推行河长制工作成效的重要依据。

7.2.1 "一河一策"的编制与完善

（1）编制目标

为指导各级政府部门科学编制"一河一策"方案，水利部办公厅于 2017 年 9 月印发了《"一河（湖）一策"方案编制指南（试行）》，其核心内容为梳理提出问题、目标、任务、措施和责任清单。方案涵盖水资源保护、水污染防治、水环境治理、水生态修复、水域岸线管理与水行政执法等六大任务。"一河一策"方案是河湖保护管理规划与行动计划的有机结合，核心工作是提出河湖保护管理目标及重点任务措施，通过"一河一策"精准实施，解决河湖生态环境保护管理存在的突出问题。各地结合水利部《"一河（湖）一策"方案编制指南（试行）》与从事"一河一策"方案编制的实践经验，对"一河一策"方案的现状问题识别、编制范围界定、管理目标设置、任务措施落地等关键内容进行分析，科学编制"一河一策"方案，有序推进河长制工作任务。

（2）核心内容

一是识别现状问题。各地根据每条河流的实际情况，对照河长制的六大任务，查找水资源保护、河湖水域岸线管理保护、水污染防治、水环境治理、水生态修复和执法监管等当面存在的突出问题，并以问题为导向，制定相应的近期目标，明确相应的任务，提出切合实际的措施，最后对于各项措施明确其责任部门。问题识别是编制"一河一策"方案的工作基础，也是全面掌握河湖自然属性与社会属性的客观要求。问题识别应紧紧围绕指南要求，组织专业技术人员勘察本区域实际状况，收集翔实的相关数据，并对数据进行甄别和核实，最后根据勘察结果制定具体的治理策略。

二是界定编制范围。一条河流或一个湖泊跨越多个行政区，一个行政区内也可能存在多条河流和多个湖泊，因此"一河一策"方案的编制范围应突出干流或湖区，清晰界定各级河长的责任区域和责任范围，落实"以干带支、水陆兼顾"的原则，重点针对河道内水域与河湖岸线开展工作，重点关注河道取水、排污、涉水工程建设、采砂、岸线利用与涉水管理等事项，以及各支流汇入的水量水质等基本情况，然后从干流保护管理的层面，对各支流水量水质提出具体管理保护要求与限值。

三是设置管理目标。"一河一策"方案的编制与实施是全面落实河长制的重要措施和手段。考虑"一河一策"方案的实施周期较短，考核期一般不到 3 年，各地应在有限的时间内按照问题的轻重缓急设计管理目标，对于群众反映强烈的问题应优先解决。遵循河湖治理的自然规律，突出主要问题和短板，分层次、分阶段、应循序渐进安排任务。此外，任务目标的设置还应做到可量化，一级指标设计应充分考量《关于全面推行河长制的意见》的指导思想、总体目标、基本原则、主要任务等内容，二级、三级指标设计时，必须坚持问题导向和因地制宜，便于各级河长办基于量化指标开展考核。

四是利益相关方参与。在编制"一河一策"的过程中应重视利益相关方的参与，尤其是吸纳基层河长和沿河群众充分参与，了解基层河长工作中的实际困惑和困难，掌握沿河群众反映强烈的突出问题。此外，收集各级河长和社会力量的意见和建议，问政于民，从而形成一套利益相关方均认可的管理目标及指标体系。

（3）完善与修正

"一河一策"的编制涉及多学科和多专业，虽然水利部印发了详细的编制指南，但尚缺乏具体的编制规范和技术标准。各地在编制过程中，或委托第三方专业机构或由水利从业人员主导进行，大多"摸着石头过河"，仍需要在实践中不断摸索完善。"一河一策"的编制坚持统筹长期、以近期为主，由于全面推行河长制时间不长，各项制度仍处于探索阶段，各项要求的实施、任务量等因素受外在因素影响，存在一定的动态性。因此，在不同实施周期内对"一河一策"需要不断的完善和调整，发现新问题并解决新问题。

7.2.2 责任体系的构建与落实

"一河一策"是河长制精准施策，是各级河长部署、调度、考核河湖管理保护工作的关键依据。因此，应依据"一河一策"方案内容构建各级河长的责任体系。

（1）落实"一河一策"任务措施

"一河一策"方案的任务措施落地与否关乎河长制工作能否取得实效。自2016年12月全国范围内全面推行河长制以来，大多数省（自治区、直辖市）已完成了"拉单子"（河流及河长名录），"树牌子"（河长制工作牌）与"开方子"（编写"一河一策"方案）等主要工作任务，即将进入"打板子"（河长制考核评估）的攻坚阶段。"一河一策"方案为一阶段的河长制工作明确了目标、细化了任务、部署了措施和分解了责任，各级河长应加强领导协调，始终坚持高位推动，促进各项任务措施的落地。河长制六大工作任务涉及多个部门，河长办应围绕河长制六大任务进行任务分解，分年度、分部门制定任务措施和规范，明确"一河一策"任务措施的实施责任主体。规范各成员单位业务职责，划分业务边界，避免责任主体之间相互推诿扯皮，保障任务措施的执行效率。

（2）明晰各级河长任务

以"一河一策"方案的编制为出发点，为各级拟定年度重点工作方案，年度重点工作方案主要包括流域概况、存在突出问题及年度治理目标和主要任务，并附任务和责任清单、各区突出问题及重点任务图供各级河长参考，使得年度任务简洁化、可视化，助力各级河长推动河湖治理管护工作。另外，通过各地的河长学院、水利特色的高等院校和科研院所等机构，加强对各级河长履职尽责的培训，重点提升县、乡、村三级河长对六大任务的认知，提升基层河长的专业技能素养，明确各级河长责任、落实具体任务。

（3）建立和完善责任分工体系

根据不同的责任分工现状，处理好每个层面的责任分工。根据事件分类、河道网格部件进行主管单位、处置单位的精确确权，各部门明确业务责任人（小组），提供联系方式，确定每个人在系统中的权限，进行账号分配制定沟通、协调流程，保证工作流畅。划清事权、明确责任，将治理任务和措施，落实到各个部门和责任人，对总体目标和任务按河段和年度进行分解，制订详细的实施计划，并落实到责任主体。

（4）完善监督考核机制

建立河长制考核及责任追究制度，定期对落实情况开展监督检查。围绕河长制及"一河一策"方案的实施，应完善水资源管理保护制度体系，实现水资源保护及执法工作有法可依，科学开展。在监督层面上，各级河长办对下级河长办工作进行督查督办，河长办对同级成员单位进行督办。上级河长办或河长可以通过专项督查、明查暗访等方式，对下级河长考核问责，并制定适合的年度考核方案，重点突出"一河一策"落实情况。在考核层面上，采取定量考核与定性考核相结合、专门化考核主体和多元化考核相结合。以定量考核为主,对于能量化的指标通过量化方式直接进行评价,对于难以量化的指标,可采用模糊数学方法,将定性指标的考核标准进行量化处理。将主要目标完成情况纳入各级政府考核评价体系,对严重的渎职失职行为,依法依规追究相关单位和个人的责任。

7.2.3　相关保障机制的建设

"一河一策"方案为落实各级党委和政府河湖管理保护的主体责任提供基本依据,也是考核评估全面推行河长制工作成效的重要依据。全面河长制建立起来以后,仍需要完善相应的工作机制,保障"一河一策"方案的落实。具体而言,"一河一策"方案落实保障体系应重点落实以下方面。

（1）增强组织保障

组织保障是落实各级河长责任的重要基础和前提。各地"一河一策"方案编制完成后,首先应该从组织层面上保障各项方案措施切实落到实处。省、市、县、乡四级均由党政领导担任河长,有条件地区可以延伸至村级,县级以上成立河长制办公室。各级政府部门应加强协调联动,通过责任分解、组织召开河长会议、部门联席会议等,强化各部门各单位之间的横向联系,实现在河道管理保护上的联动与协调。

（2）细化工作任务

结合本地区实际,实行"一河一策""一湖一策",明确各单位工作任务,提出明确的工作目标和工作要求。罗列问题清单,总结河湖存在的问题,明确水质如何、不达标原因;制定责任清单,明确相关责任人/单位职责;制定目标清单和任务清单,针对现存问题提出近几年的任务目标,并针对职责和目标的任务分解;最后制定措施清单,细化完成任务的解决措施。

（3）增强经费和队伍保障

结合"一河一策"方案具体工程措施要求,保障项目经费,使治水工作落到实处。同时,健全河流管理保护机构及人员设置,加强管理队伍能力建设,增强基层巡河队伍建设和福利待遇提升。

（4）完善社会监督机制

向全社会公布"一河一策"方案，并加大宣传力度，多渠道引导公众参与。加大宣传力度和公示范围，营造全民参与、共建河湖的良好社会氛围。公众、媒体、社会组织等都是参与的主体，应调动这些参与主体的积极性，不断完善和畅通参与渠道，实现社会监督的目标。引入民意调查机制，面向公众开展河长制实施情况的满意度测评，提高公众对河湖治理工作的参与热情和参与意识。通过社会公众的广泛参与，以促进社会监督、促进河长更好地履职尽责。

7.3 资金投入长效机制

全面推行河长制的切入点在于建立高效的资金投入和运行机制。河长制实施目标在于"四水同治"，即对水资源、水生态、水环境、水灾害统筹治理，而充足的资金投入是实现治理目标的基础。因此，如何建立高效的资金投入和运行机制，注重将生态优势发挥出来，转化成经济优势和发展优势，也是河长制长效运行的题中之意。

7.3.1 公共财政投入的问题及影响

整体而言，河长制工作日常办公经费能够得到基本保障，但"四水同治"相关经费投入还远远不能满足实际需求。当前，在全面推行河长制过程中，河湖养护费用、综合整治的"以奖代补"费用、生态恢复和修复费用等项目都依赖财政投入，对地方财政造成巨大压力，普遍存在运行成本过高的问题，影响河长制持续性运行。

（1）财政资金投入力度不足

要实现水环境标本兼治，打赢碧水保卫战，需投入大量资金解决长期管护问题和历史欠账问题，财政资金不足成为各地区全面推进河长制的最大"瓶颈"。当前，我国地方政府在环保投资方面无力承担起相关法律要求的全部支出责任，中央环保专项资金规模也非常有限，仅起到引导作用。环境综合整治过程中，工程建设、河道日常管护等项目大部分都需地市自筹资金解决，资金缺口较大。部分地区自河长制工作开展以来，只有公示牌设立、成立机构配备办公设备、编制"一河一策"、河湖资源确权等工作都主要由区、县两级财政承担，增加了地方财政的负担导致一些工作严重受阻。此外，河长制工作推行中面临历史遗留问题较多，在拆除违建、河道保洁、生活污水防治、生态环境美化等方面仍有许多问题亟待解决，都需要相应的财政经费投入。例如，农村生活污水集中处理过程中需要建设排污管网和污水处理厂，不仅建设资金需求量大，而且后期管理维护资金需求量也很大，造成很多农村地区污水集中处理难以整改、建设到位。再如，面对几十年前临河集中建设的房屋（疑似违建），基层政府部门在处理过程中面临尴尬境地。一方面，住户激烈反抗强制拆迁；另一方面，如何重新安置住户，基层政府部门为这些居民寻找新的土地、建房、搬迁安置等既缺少政策支持也缺少资金。

（2）财政资金使用效益有待提高

各级政府重点关注如何增加财政投入力度，往往忽视了财政资金使用效率和社会效益。一方面，应用渠道分散，难以形成合力。如申请环保专项资金项目的部门较多，农林、水利、建设等各部门都有介入，部分项目还是多部门合作，由于各部门之间分属不同系统，且缺乏专职的监督机构，容易导致在项目实施过程中监管力度不够。有限的财政资金往往被分割在众多的政府部门中，不仅职责不清，同时也难以形成规模效应。容易出现一个项目由多个部门管理，往往很难有效划清各部门职责，多头管理势所难免，无法有效地进行统一的指挥、监督和协调。而同一个项目可以使用多项资金，会导致不同政府部门为争取资金而进行寻租行为或利益博弈。另一方面，资金追踪反馈制度不完善。财政资金过于分散，而且财政资金在实际使用过程中，往往重视对资金的分配，对其使用缺乏科学的投资预算决策制度和资金追踪反馈制度，造成部分地区财政资金使用效益较低的问题。

（3）吸引社会资本手段较弱

没有充分发挥财政资金的引导、激励作用，吸纳社会资本手段较弱。大量城乡污水处理设施减少、面源污染防治、规模养殖企业污染治理、河道生态修复等项目都需要大额资金，单依靠财政资金投入无法满足实际需求，需要吸纳社会资本参与治理。当前虽然已经有一些税收、收费和财政手段，但是缺乏具体的配套措施，尤其是税收优惠政策缺失，导致政策难以落地，作用难以发挥。

（4）配套政策机制不完善

当前主要为财政资金的专项投入，社会资本投入和参与极少。"四水同治"资金扶持奖励措施、产权保护、市场化运作等的配套政策措施、帮扶体制机制尚未建立健全，群众和企业投入顾虑多、盲点多。污染主体的责任追究不到位，"谁污染、谁治理"原则还没有得到充分应用，污染收费和环境保护税费不健全，对污染主体的责任追究不到位。此外，大量编外基层巡河员工作没有经费保障，工资、餐补政策缺少且资金不足，没有相应的配套政策，基层政府不能放手去做。部分县乡巡河装备配备严重不足，车辆、监控装备缺乏，为了完成巡河任务，各级河长只能贡献私人财物。

7.3.2　优化资金投入的机制的思考

各级政府在不断加大河长制资金投入力度、提高财政资金利用效率的同时，还应积极探索建立长效、稳定和多渠道融资的投入机制，鼓励引导社会各界资金投入河湖治理，着力构建多元化的资金投入机制。

（1）增加财政投入

河湖治理具有公共物品和外部性特征，无法单纯依靠市场机制实现，所以，财政投入是全面推行河长制工作的主要资金来源，也是各项工作顺利开展的重要保障。财政预算支出政策是加大政府财政资金投入的重要政策保障，不断构建严谨的环境保护的财政资金预算决算机制，便于为全面推行河长制、打赢碧水保卫战提供有效的资金保障。各级政府应在全面推行河长制，提高认识，不断增加公共财政投入。省级财政投入应建立常态化稳定的资金渠道，提高资金保障能力。继续加大各类专项资金的规模，保障跨区域和跨流域环境保护、跨省生态补偿、环境科技等领域的财政投入。通过规划目标考核、环保投资信息公开等方式倒逼地方政府环保资金投入。各级政府要制定河湖管养资金补助标准，并将河湖管养经费列入同级财政预算予以保障。

（2）优化资金使用方式，提高财政资金使用效率

第一，奖惩相结合，优化资金使用方式。激励相关市场主体积极从事生态环境保护，对从事环保的市场主体给予财政补贴或物质奖励，增强其从事环保的动力和吸引力。构建持续灵活的农业生态环境保护补偿和激励制度，探索建立生态资金补偿机制，扩大生态补偿范围。一是纵向补偿，对那些为保护生态环境而丧失许多发展机会、付出机会成本的地区，提供自上而下的财政纵向生态补偿资金，确保区域环境基础设施建设；二是横向补偿，即根据"谁污染、谁治理""谁受益、谁补偿，谁污染、谁付费"的原则，对上游水质劣于下游水质的地区，通过排污权交易或提取一定比例排污费，纳入生态建设保护资金，补偿下游地区改善水环境质量。不断加大国家财政转移支付力度，形成环保投入的制度性安排。完善资金分配，优化财政支出的方向和结构。财政支出应主要用于重点领域环境保护，确保资金投向与未来阶段环境短板攻坚重点任务的一致性。加大对当前重点区域、重点流域、城市群以及大气、水、土壤、固体废物、生态修复等领域的支撑。

第二，应增强对公共财政投入的监管，提高财政资金利用效率。首先，完善财政资金的绩效评价体系。使复杂水问题得到根本治理，不能仅仅靠扩大财政投入，还要结合财政支出的绩效考核体系促使效益发挥到最大，各级政府要构建完善财政资金支出的绩效评价体系，增强了资金使用单位的责任意识和绩效观念，提高财政资金的使用效益。其次，建立资金使用情况追踪反馈制度。针对环保投资实施后的环境效益缺乏相应的监管机制，政府应对于资金投入之后的污染治理设施以及运行的情况进行有效的监管，杜绝"年年造林不见林"的情况。最后，尝试建立财政资金流向网上公示机制。将财政资金的使用情况同步通过部门网站、

政务微博等渠道网上公示，使公众了解资金流向和相关责任信息，以便参与监督管理。

（3）组建流域投资公司，引导社会资本参与

最大限度地拓宽资金渠道，避免过分依赖财政资金，打破资金筹集渠道限制，发挥政府性资金价格杠杆作用，鼓励社会资本参与河湖管理保护，是全面推进河长制工作的必然选择。可通过构建以投资主体一体化带动流域治理一体化的国有流域投资公司，实现流域治理的公司化运作，健全流域治理长效机制，进而全面推进落实河长制。流域投资公司便于解决碎片化管理、保障资金、降低执法成本，充分调动社会资本参与河湖管理保护的主动性，不仅能够有效解决政府财政资金投入不足问题，还可以鼓励社会资本参与河湖管护工作，激活水利工程和河湖管护的管理与运营机制。

流域投资公司的主要职责在于，充分发挥政府资金的引导撬动作用，深度开展政社合作，构建可行的商业模式和融资模式，以市场化方式组织实施流域综合治理项目，统筹管理国家和流域沿岸各级政府用于流域治理和生态修复的财政性资金，通过整合多元参与主体提供河湖养护、生态修复等准公共产品。各级政府以及财政、发改、金融等政府部门应明确公司的定位，做实对公司承诺的注册资本金，地方政府委托公司承担的项目融资、建设和运营等职责，要通过签订合同的方式来确立双方权责。引导政策性银行和开发性金融机构加大信贷投入力度，扩大直接融资规模，同时通过增资扩股、发行债券、融资租赁等方式吸引社会资金，拓宽资金渠道。按照国家和地方防洪调度及河湖管理的有关要求前提下，流域投资公司受托或授权统一经营管理流域内有关工程和资产，以及区域相关水资源、土地、生态资源综合利用与开发，释放流域沿岸部分用地。流域内各级政府部门，向公司购买流域综合治理及生态修复服务。

（4）构建综合保障机制

资金保障机制能否建立健全，与法律保障、技术保障等密切相关。一方面，完善的法律制度是河长制长效运转的基础，未来仍需要不断完善相关法律法规、

提高行政执法效率，推进河湖治理的资金的筹集和使用向法制化方向发展。另一方面，加强专项资金的整合，实现不同区域之间、部门之间以及各级政府之间的资金投入和使用问题的协调。环保部门应联合国土资源、农业、规划等部门，综合分析各类土地利用的生态适宜度，制订土地利用生态环境规划。充分发挥土地利用生态环境规划的作用，制定不同类型土壤污染治理质量标准，加强污染土地开发活动的控制和规范，并在此基础上整合农业、环保、国土资源、发展改革等部门专项资金，提高土壤污染防治资金的使用效率。此外，还要加强河湖治理的技术保障，在工程性措施实施的过程中引入先进技术，进而实现河湖治理的高效治理、投入资金的高效利用。

7.4 公众参与长效机制

全面推行河长制，是贯彻落实新发展理念、建设美丽中国的重大战略，也是加强河湖管理保护、保障国家水安全的重要举措。河长制是我国河湖管理的重大制度创新，其目的是改善河湖生态环境、维护河湖健康生命，这和满足人民群众日益增长的优美生态环境需要高度契合。社会各界越来越意识到实现"绿水青山"仅依赖政府是远远不够的，需要公众广泛参与，公众的积极参与已成为环境保护的重要力量。因此，在全面推行河长制工作中，应引导公众全过程、全方位参与，把维护良好河湖生态环境内化为社会公众的自觉行为。

7.4.1 公众参与的基础与内涵

（1）公众参与的基础

习近平总书记"绿水青山就是金山银山"理念是公众参与的价值基础。习近平总书记在党的十九大报告中提出："必须树立和践行绿水青山就是金山银山，坚持节约资源和保护环境的基本国策，像对待生命一样对待生态环境，统筹山水林田湖草系统治理，实行最严格的生态和环境保护制度，形成绿色发展方式和生活方式，坚定走生产发展、生活富裕、生态良好的文明发展道路，建设美丽中国，为人民创造良好的生产生活环境，为全球生态安全做出贡献"。全面推行河长制，构建责任明确、协调有序、监管严格、保护有力的河湖管理保护机制，涉及面广，引导和鼓励公众参与，对助推河长制各项任务落地生根、取得实效和构建良性河湖管护长效机制十分重要，意义重大。满足人民群众对美丽河湖的期盼是全面推行河长制工作的出发点和落脚点，要将河湖面貌改善、人民群众满意作为检验工作实效的唯一标准。

《关于全面推行河长制的意见》从国家层面对公众参与进行了顶层设计，指出"坚持强化监督、严格考核"的基本原则部分，表述了"依法治水管水，建立健全河湖管理保护监督考核和责任追究制度，拓展公众参与渠道，营造全社会共同关心和保护河湖的良好氛围"的内容；在保障措施部分，要求"加强社会监督"，具体措施包括：一是"建立河湖管理保护信息发布平台，通过主要媒体向社会公告河长名单，在河湖岸边显著位置竖立河长公示牌，标明河长职责、河湖概况、管护目标、监督电话等内容，接受社会监督"；二是"聘请社会监督员对河湖管理保护效果进行监督和评价"；三是"进一步作好宣传舆论引导，提高全社会对河湖保护工作的责任意识和参与意识"。

（2）公众参与的主体

理论界对于参与主体的"公众"的理解存在一定争议。有人认为"公众"是相对国家有关部门的普通公民，有人认为"公众"并不限于公民，还应该包括一切有关的社会团体、企事业单位、群体、媒体等。实践中，2012年《浙江环境管理》把公众参与者分为四种类型，即受到影响的公众、专家学者、感兴趣的团体和新闻媒体。2015年国务院《关于加快推进生态文明建设的意见》明确提出要调动民间组织、志愿者等的积极性，积极推动公众参与到生态文明建设当中。有研究者认为，我国流域资源管理的参与者包括中央政府及其职能部门、地方各级政府及其职能部门、流域管理机构、国际援助机构、科研机构、社区和农户等，在流域资源管理中不同主体负有不同的权责。公众在不同的领域或范围内可以是以上一种或者几种定义的集合。在全面推行河长制中的公众是指，在特定的参与形式中具有法律所赋予的参与权利或政府允许参与的个人或单位，可以是与公众权力相对的公民、非政府组织和大众媒体等对生态文明建设相关或担负责任的个体或法人单位。

（3）公众参与的内容

全面推行河长制工作中决策、治理、管护、监督、宣传等都是公众参与的主要内容。全面推行河长制是一个庞大而复杂的过程，涉及很多流域管理的公共事务、环节和过程。比较核心的参与事项和过程包括相关法律法规的制定、流域资源规划过程、流域"一河一策"政策的制定、流域用水和污染的监督、流域管理项目整个生命周期的参与等。

（4）公众参与的途径

在习近平总书记的生态文明思想指导下，各地方政府在全面推行河长制过程中应积极落实公众参与。一方面是在加强监督检查层面，建立河湖管理保护信息发布平台，通过主要媒体向社会公告河长名单，在河湖岸边显著位置竖立河长公示牌，标明河长职责、河湖概况、管护目标、监督电话等内容，接受社会监督。聘请社会监督员对河湖管理保护效果进行监督和评价。另一方面是在加强宣传引导层面，各地要做好全面推行河长制工作的宣传教育和舆论引导。根据工作节点要求，精心策划组织，充分利用各种媒体和传播手段，深入释疑解惑，广泛宣传引导，特别要加强对中小学生河湖管理保护教育，不断增强公众河湖保护责任意识、水忧患意识、水节约意识，营造全社会共同关心、支持、参与河湖管理保护的良好氛围。

7.4.2　公众参与的现存问题

社会各界已经认识到公众在全面推行河长制中的重要作用。但仍然存在诸多问题，如外部参与环境不佳、参与主体力量薄弱、参与信息供给不足、参与方式层次不高等，公众参与的广度和深度有限，参与程度相对较低。参与的广度包括从项目规划设计、到项目实施和后续管理的所有环节。参与的深度指能够对项目干预措施的决策及决策的实施产生一定的影响。

7.4.2.1 外部参与环境不佳

全面推行河长制中公众参与的发展受制于周围的参与环境。公众参与不是处于真空环境中独立存在的，而是与当地社会发展的实际状况紧密关联，其必然会受到现有参与氛围的制约，进而会影响公众参与的路径选择和实际效果。当前，外部参与环境仍有待进一步完善。绝大部分人也已经意识到了环境保护的重要性，但是主动参与或参与过环境保护的人数则明显不足。公众参与环保的意识和主动的公众参与行为形成了鲜明的反差。即公众参与在实际操作中并不能起到预期应有的作用，参与形式化较为严重。主要表现为：公众参与环境保护的渠道较多，但是经常采用的方式就是拨打"12369"环境信访投诉热线；政府虽然积极倡导公众参与，但是公众参与获取的相关环境信息极为有限；公众意识到环保的重要性，但是参与程度有限，且以被动性参与为主。无论是从水环境监督保护还是水环境政策制定，公众参与的整体效果和氛围不佳。

7.4.2.2 水生态环境信息供给不足

充分的水环境信息能够使公众了解更多的内容，有更多的参与发言权，而水环境信息供给不足，就会迫使公众即使有参与的意愿也不知如何参与、参与什么，导致参与获得不能很好地进行。水环境信息的供给水平一方面通过政府、企业发表的情况得以反映；另一方面，也可以从公众接受多少的层面予以体现。水环境信息的多少直接制约着公众参与的机会、效果和水平，而水生态环境信息供需不对称制约公众参与的积极性和参与效果。水生态环境信息供给不足主要表现在政府公开不足、企业公开不足、公民获取能力有限 3 个层面。深层次、关键性和实质性的信息以及政府管理、企业治理行动的相关信息仍然没有被公众所掌握，即使公众了解一部分信息，也以初级层面的信息较多。

政府对水环境信息客观发布情况和公众掌握情况的把握，就能够了解现阶段公众是否能够很好地参与水污染防治。省级政府的环境信息公开情况较为理想，水环境检测、辖区水环境质量、工程建设项目等信息公开情况较好，县级及以下政府部门环境信息公开情况普遍较差。

企业排污信息是公众参与的直接基础，企业公布的排放废水等相关信息直接影响着公众如何参与、怎么参与。对企业排污治污信息的了解，可以帮助公众很好地参与水污染防治。调查显示，河北省、天津市境内排污严重的企业较少有遵循《环境信息公开办法（试行）》的规定，在限定的时间内公布其污染物排放信息。企业环境信息的透明度低，附近居民无法获取企业排污信息和治污措施，参与的积极性和参与效果都受到制约。

公众对流域水环境信息的了解有助于河长制的全面推行。最近几年，虽然各省（自治区、直辖市）的电台、报刊等多种媒介对"全面推行河长制""四水同治"等相关信息进行了一定的宣传和报道，但是通过调查来看，仍然没有满足公众参与的需要。调研中对公众的随机访谈显示，公众尚未全面了解河长制内容；不清楚水环境信息获取渠道；不了解水污染防治的相关法规和政策；甚至不了解常用的监督和检举的渠道和途径。

7.4.2.3　组织化参与不足

河道管理的各个机构以及个体成员对河道资源和环境都具有一定的权利要求。河道综合管理也应该从各个不同利益相关者出发，保障不同的利益诉求都能被其他的利益相关方所了解，并通过磋商的方式实现利益的平衡。但是在河道管理机构的内部，目前更多地看到政府的身影，环保组织、学者、企业以及其他相关机构，社区和公民个体还没有一个充分表达意见的途径和渠道。公众缺乏组织化的利益表达主体和参与载体。公众不可能单独的、以原子化的个体面对国家和参加复杂的社会管理过程。公民只有通过合法的组织载体，才有可能形成必要的权威，参与公共事务的管理。调研中随机访问晨练居民以及沿河商户，发现大部分群众都不清楚举报电话、反映问题途径，涉及自身利益的问题时主要选择拨打市长热线或"110"报警电话，没有组织来主动调查或反映问题。

7.4.2.4 参与方式层次不高

期望激励理论认为，效价与激励成正比，当效价不变时，一旦期望值变小，必然减小激励公众去积极参与某项事情的实际效果。个人在环境政策制定过程中的参与程度和作用有限，决策方式仍是自上而下的方式为主。政策制定过程中，虽然部分公众具有很强的参与意愿，但是参与程度和参与满意的低。当前，环境政策过程中公众参与的基本模式仍是公民被动"接受政策"为基主，从公众的主观感受来看，在参与过程中并不能有效影响决策者，或者公众的权利并不足以改变决策结果。公众政策参与预期与公众政策参与的现实结果之间的较大差距，即公众在政策参与初期所预设的目标并没有在参与过程或政策所反映出的结果中得到有效回复，从而形成了较高的参与意愿和较低的参与满意度，挫伤了公众参与的积极性。

7.4.3 完善公众参与的对策与建议

人民群众是河湖治理的受益者，公众都希望看到清水绿岸、鱼翔浅底。全面推行河长制，不仅要得到社会各界认可和广大群众的支持，还要把群众的积极性调动起来。公众参与作为整个河长制从设计到实施的基本原则，在制度安排中得到了最大限度地保障，未来仍需要继续提高公众在河长制推行过程中的参与广度和深度。注重各方的积极性、参与性，充分调动和运用法制的力量、市场的力量、社会的力量、人民的力量，实现全面推行河长制的各项事务制度化和规范化。

7.4.3.1 继续完善公众参与的外部环境

一是充分运用横幅、大屏幕显示屏、展板、墙绘等载体，广泛宣传河长制工作，营造河长制工作宣传氛围。发动群众自己动手改造身边的环境，以村规民约、门前"三包"责任书等形式，加强道德规范和制度约束，引导广大群众形成亲水、爱水、惜水、护水的高度自觉。

二是增强服务意识，维护企事业单位或个人的合法权益。河湖环境治理的过程中，要统筹水环境治理保护与经济发展、社会稳定。因此，严格执法管理的同时，还要强化服务意识。执法管理中简单粗暴，就会给企事业单位或个人带来一些不必要的损失，造成负面影响，破坏当地的营商环境，从而会影响经济发展。要切实降低河湖治理中对企业造成的不利影响，在强化河湖治理，排污标准更严的情况下，部分民营企业可能需要转型、排放标准提升达标，甚至需要搬迁。要避免处置措施简单粗暴，一定要依法维护好企业的财产所有权和各种合法权益，为他们做好服务工作，减少不必要的麻烦，降低达标、转型、搬迁中费用，营造优良的营商环境。

7.4.3.2　不断提升公众参与的积极性

鼓励和支持社会各界参与河湖环境治理工作，充分调动社会各方力量积极参与河湖环境治理。公众通过积极参与能够实现对身边生态建设直接影响，应让公众看到参与效果。

首先，加强宣传引导，提高公众参与意识。利用各种媒体、专栏、画册、标语、宣传车等群众喜闻乐见的形式，加强全面推行河长制的宣传；采用征文比赛、知识竞赛、文艺演出、主题展览等形式，提高群众对河长制的认知与理解。通过集中整治等方式，切实解决群众最关心的河湖问题，让老百姓切身感受到河湖治理前后生产生活环境变化，提高公众参与的内在动力。通过表彰、奖励等方式，树立典型，形成比学赶超的公众参与良好氛围，激发公众参与活力。为热爱公益、声望高的"社会人士"积极搭建参与河湖治理的平台，聘请他们参与和监督河湖环境整治工作，发挥在校大学生和青年志愿者的力量，鼓励他们在水环境保护发挥作用。

其次，完善公众参与渠道。探索拓展公众参与渠道，让人民群众积极参与到河湖生态环境的治理过程中来，并建立和完善公众参与平台，对河长制相关事项，明确问卷调查、会议研讨、意见征集、信息反馈等公众参与的要求与程序，把公众意见诉求和决策有效对接，把解决好河长制实施过程中涉及群众的利益问题作为决策的前提。在现有河长制公示牌的基础上，因地制宜公开河湖治理保护相关信息，确保最广大群众知悉；创新河湖治理保护项目的融资、建设、管理模式，鼓励和引导利益相关群众参与项目实施。完善公众监督渠道，构建多元、立体的社会监督网络体系，细化工作环节，对群众反映的问题，事事有回应，件件能落实，对落实不力的要予以问责。

最后，引导公众参与监督。探索多元化社会监督方式：通过借助网络、手机、微信公众号、App 等媒体，引导公众参与监督；通过树立先进典型，发挥先进典型的激励、示范和引领作用；通过自愿报名、组织考察，组织监督员队伍。

7.4.3.3　拓展公民组织化参与渠道

众多分散的个体利益唯有通过组织化的方式集合起来，以社会组织为载体，以组织的形式壮大个人的力量，才能实现参与的制度化。组织化参与的载体是各种类型的社会组织。推进代表流域周边民众和公共利益的社会组织参与流域资源决策、管理和监督，让公众组织化参与成为有效的制度安排。一方面，发挥基层社区组织的作用，帮助社区居民在流域资源的规划和分配、表达和争取自身的利益诉求发挥积极作用。当前，社区和公民个体缺乏相应的组织实体或者机制实现与政府的互动和沟通。因此亟须构建一个良性的治理结构，建立有效的、多利益相关者参与，包括社区和公民个体利益代表在内的流域内公众机制。另一方面，培育生态环境类社会组织。这些组织的发展为公民的公众参与提供了组织手段和参与途径的可能性。现实中有不少社会组织在大坝建设与江河保护、水污染调查、村民和居民的维权等方面，逐渐成为不可忽视的行动者。

7.4.3.4　探索创新公众参与的工作机制

建设制度化的公共协商机制和程序规则，应有法律性或者政策性的制度化参与规定，形成制度化的可持续参与渠道，避免公众采取上访或者群体抗争等极端的方式参与。

首先，强化回应机制，健全工作流程。要实现公众参与机制的长足发展，及时详细的公众参与信息反馈必不可少。在全面推行河长制过程中，强化回应机制，就是要对群众的相关诉求和反映的问题做出积极的反应和处理的过程。公众参与的信息反馈是对公众参与的程序认定，可以让公众从反馈中获得参与肯定，更是让参与本身从程序走向实体的最终体现。强化回应机制，就需要健全工作流程。工作流程关键是工作环节的清晰化、简便化。要求各级工作人员应具有一定的反应速度以及准确回馈。尤其是应强化基层河长回应机制，要求基层河长们对群众反映的问题和要求，对出现的破坏水生态、水环境行为，以及上级的部署的任务作出快速及时和负责的回应，强化"第一时间""第一地点"的观念。

其次，规范公众参与方式，引导公民有序参与。明确公众参与全面推行河长制工作的原则与总体要求，规范公众参与流程和主要内容，引导公众积极有序参与，提高工作效能。针对工作中具体事项，明确公众参与方式，建立相关制度，既要充分发挥公众的积极性，集民智民力，又要做好统筹协调，形成工作合力。目前，各地的"民间河长"类型多样，应结合当地实际，制定"民间河长"章程，规定民间河长的选任程序、职权职责、履职保障、议事程序等，确保"民间河长"切实成为推进河长制工作取得实效的重要力量。

本章小结

　　本章结合全面推行河长制工作意见的总体要求，从党政部门联动、主体责任落实、资金投入保障以及社会参与等角度探索如何建立河长制的长效工作机制。各级政府部门应以全面推行河长制为契机，围绕协调联动、精准施策、责任落实、财政投入、公众参与等层面建立长效工作机制，正确处理好当前和长远、治标与治本等关系，促进党政部门的协同联动、各级河长履职尽责。

第8章　河长制考核机制

科学、合理、完备的河长制考核体系是河长制是否取得成效的关键。为推进河长制各项工作顺利开展，促进各级河长履行职责，及时掌握全市河长制工作情况，确保河长制制度全面落实，必须构建科学合理完备的河长考核体系。

8.1　河长制考核的背景、目的和意义

8.1.1　河长制考核背景

水是生命之源、生产之要、生态之基，河湖水系作为水资源的重要载体，对支撑区域发展、保护生态环境具有十分重要的作用。因此河湖管理不仅事关人民群众福祉，更关系到中华民族的长远发展。

近年来，在我国各地逐步推行的河长制，是继江苏、浙江等省在新时期治水实践中的成功经验基础上在全国推广开来的。《关于全面推行河长制的意见》《贯彻落实〈关于全面推行河长制的意见〉实施方案》《关于全面推行河长制工作制度建设的通知》3个河长制文件中均专门对河长制考核提出了相应要求。《关于全面推行河长制的意见》指出，要强化考核问责，根据不同河湖存在的主要问题，实行差异化绩效评价考核，将领导干部自然资源资产离任审计结果及整改情况作为考核的重要参考。县级及以上河长负责组织对相应河湖下一级河长进行考核，考核结果作为地方党政领导干部综合考核评价的重要依据。2016年12月12日，水

利部、环境保护部出台的《贯彻落实〈关于全面推行河长制的意见〉实施方案》中要求，建立考核问责与激励机制，对成绩突出的河长及责任单位进行表彰奖励，对失职失责的要严肃问责。2017 年 5 月 19 日，水利部办公厅出台《关于全面推行河长制工作制度建设的通知》，指出各地需抓紧制定并按期出台河长会议、信息共享、工作督察、考核问责和激励、验收等中央明确要求的工作制度。

目前，江苏、浙江、北京、广东、山东、江西、山西、湖南、四川等省（自治区、直辖市）已经出台相应的适合本地区的河长制考核办法，对河长制的落实起到了积极作用。同时，河长制是一项新的管理制度，很多运行机制与管理制度都处于摸索创新阶段，存在一些不足和空白。例如，一些省（自治区、直辖市）已出台的河长制考核办法缺少统一标准，有的未能与中央要求保持一致；缺乏流域性河长制考核标准。课题组在对河长制相关文件的剖析的基础上，论述了流域性河长制考核机制建立的要点和方法，力争为流域性河长制考核办法的制定提供一定参考和借鉴，为流域性管理中河长制的实施提供保障。

8.1.2　河长制考核意义

（1）科学、合理、完备的河长制考核体系是河长制是否取得成效的关键

建立河长制考核机制是河长制有效落实和实现河长制常态化和法治化发展的保障，是考核管理者、督促其落实各项工作的有力举措，是掌握当前河长制推行情况、认识管理短板的重要手段，是推进河道管理水平提升的强有力抓手。

（2）实施河长制考核有利于满足流域片河长制工作形势的需要

当前，各地积极践行绿色发展理念，深化推进河长制，在完善组织体系、健全工作机制、落实治理任务上积极探索、勇于创新，使河长制工作取得显著成效。实施河长制考核有利于满足流域化河长制管理提质升效工作形势的需求。

（3）实施河长制考核有利于规范河长制体系建设与避免河长制形式主义化

《关于全面推行河长制的意见》要求根据不同河湖存在的主要问题，实行差异化绩效评价考核，考核结果作为地方党政领导干部综合考核评价的重要依据。严

格的监督检查和科学的考核评估，是检验河长制工作成效的有效手段，是全面推行河长制工作的关键环节。考核评估是否到位，也是衡量全面建立河长制"四个到位"的要求之一。研究建立科学有效的评价指标体系，有助于进一步落实河长制关于强化考核问责工作要求，为开展河长制考核提供了基础依据，有力提升河长制工作规范化、科学化水平。

（4）实施河长制考核有利于促进各级河长积极履职

《关于全面推行河长制的意见》明确了各级河长负责组织领导相应河湖的管理和保护工作，各级各地区就河长巡河、议事协调、监督问责建立健全工作机制。通过构建科学的河长制考核评价指标体系，有助于进一步落实河长责任，促进各级河长积极投身河湖管理与保护，聚焦河湖突出问题，推动建立部门协调联动机制，督促处理和解决责任水域出现的问题、依法查处相关违法行为，更加关切人民群众对河湖生态环境改善的需求。在河长履职要求更加明确的基础上，加强考核结果运用，建立健全河湖管理保护监督考核和责任追究制度，将有效保障河长制各项任务落到实处。

（5）实施河长制考核有利于确保河湖治理取得实效

体系建立是河长制工作的第一步，其根本目标是为了改善河湖生态环境，维护河湖健康生命。《关于全面推行河长制的意见》明确提出了河长制主要任务。围绕水资源保护、河湖水域岸线管理保护、水污染防治、水环境治理、水生态修复、执法监管等方面，应找准现状突出问题，明确目标任务和治理措施。通过构建河长制考核评价指标体系，科学设置水资源、河湖水域岸线、水环境、水生态考核评价目标，有助于引导各地加快推进河长制主要任务落实，鼓励创新技术手段，确保河湖治理取得实效。

8.2　河长制考核指标构建原则

《关于全面推行河长制的意见》指出，根据不同河湖存在的主要问题，实行差异化绩效评价考核。所以在考核指标设置时，应坚持导向性、差异性和动态性，也就是说，应以顶层制度设计为导向，注重地区与河湖差异性，以阶段性目标和任务为要点，定性指标与定量指标相结合，保证考核结果的客观、公正。

第一，以顶层制度设计为导向。科学的指标体系是保障考核有效性的前提。构建科学的河长制考核指标体系，首要关键是明确河长制的总体目标和主要任务。在一级指标选取时，按照中央关于推进河湖管理和保护的顶层设计方案，使指标体系的结构内容与中央的目标任务保持方向上的高度契合。在一级指标设计时，应重点把组织体系、运行机制和制度体系以及六大任务指标化，确保指标涵盖河长制实施运行的关键领域，建构起具有引领性、协调性、系统性的一级指标体系。

第二，以地区水治理实践为基础，注重地区与河湖差异性。在二级、三级指标设计时，必须坚持问题导向和因地制宜的原则。其一，立足本地区水治理的实际，结合各级河长水治理过程中规划制订、制度建设和任务部署等岗位职责，对不同地区不同河湖区域采用差异化对待和差异化考核的方法。其二，对二级、三级指标进行分类细化，明确各指标的名称、含义、范围、计算方法和制约关系等。

第三，以阶段性目标和任务为要点，动态调整指标及权重。河长制各个阶段的任务和工作要点不同，河长制考核应与年度河长制工作要点、阶段任务相衔接。根据考核情况和阶段性目标、重点工作，对指标进行实时检查、分析、反馈和调整，保障考核指标体系的整体动态优化和赋分权重的科学合理。

第四，定量与定性相结合。以定量考核为主，对于能量化的指标通过量化方式直接进行评价。对于难以量化的指标，可采用一定方法处理，将定性指标的考核标准进行量化处理。同时，应重点引入民意调查机制，面向公众开展河长制实施情况的满意度测评，提高公众对水治理工作的责任意识和参与意识。

第五，权责相应原则。在设立指标时，应遵循权责相应的原则，明确各项指标细化后的责任单位，方便各责任单位的自查和整改，以便推动河长制工作改进，达到以评考核促发展的目的。

8.3 河长制考核类型

8.3.1 上级总河长对下级总河长的考核

上级总河长对下级总河长的考核，从省级层面来讲，即省级总河长对市级总河长的考核，其主要对总河长履职情况和任务完成情况进行考核，任务完成情况应针对行政区域设立指标体系。地方总河长是区域内所有河湖的第一负责人，应对区域内所有河湖负责，对整个地区的河长制工作的建立与推进情况负责，同时也要督促各河湖河长落实好其职责范围内的管理工作。在设立考核指标时，应从河长制体制机制的建设、河长制履职以及年度工作任务的完成情况入手，河长制机制的建设与落实可以考虑河长制组织体系建设、河长制工作方案出台情况、河长制工作制度建立、河长制工作机制建立等方面入手，河长履职应从河长巡查、年度计划落实、对下一级河长督察和考核、问题督办与投诉处理、河长会议落实等方面开展，年度工作任务各地区有所区分，可以从河长制工作六大任务方面开展。考核结果应作为干部考核与提拔依据之一。

8.3.2 上级河长对相应河湖下一级河长的考核

河长是所管辖河湖的直接负责人，要对管辖河湖的各项工作负责，还应对相应河湖上一级河长以及河湖所在区域的总河长负责。在设立考核指标时，应从河长制履职和河湖年度工作任务完成情况两方面入手，河长制履职可以从本地区总河长、河湖相应上级河长部署事项落实情况、"一河一策"治理方案、河长公示牌设立、宣传引导、工作机制的落实等方面开展，河湖年度工作任务视具体河湖有所区分，但是，应与该地区"河长制实施意见"中的河长制工作任务保持一致。以《关于全面推行河长制的意见》中的任务为例，可以从河长制工作六大任务方面开展。但值得注意的是，此处的河湖年度工作任务中各项指标应针对河湖设立，而上级总河长对下级总河长考核中的年度工作任务针对行政区域设立，考核结果应作为干部考核与提拔依据之一。

8.3.3　地方党委、政府对同级河长制组成部门的考核

地方党委、政府对同级河长制组成部门的考核，从省级层面来讲，即省级党委、政府对省级河长制办公室组成部门进行考核，主要对其责任范围内的履职情况进行考核，主要包括省总河长、省副总河长、省级河长部署事项落实情况，工作责任落实情况，目标任务完成情况，督办事项落实情况，信息报送情况，牵头部门专项实施方案制定和实施情况以及部门间协同联动情况等。在设立考核指标时，可以参考各省、市、县出台河长制工作方案中"各相关部门和单位的工作职责"以及部门间协同联动情况相关内容；考核结果作为部门绩效中的一部分和该部门河长制成员领导年终考核中的一部分。

除此之外，在设立考核指标时，不仅要考虑考核主体和考核对象的不同，还应考虑对不同级别河长考核时不同层次，考核侧重点也应根据各级河长制职责和河湖具体情况的差异具体确定。

8.3.4　流域型河长制考核

河湖管理保护是一项复杂的系统工程，涉及不同行政区域、行业，甚至是上下游、左右岸。流域型管理是有效协调解决不同主体的利益矛盾问题的管理体制之一。流域型管理机构是代表国家或各部委对大型跨行政区域河流进行协调管理，如黄河水利委员会、长江流域水利委员会和海河流域委员会等。这种流域型管理机构结合国家各项战略与区域发展战略，对整个河流做出"一河一策"与"一河一档"等顶层设计规划。在此基础上，国家或主要职能部委对流域内涉及的各省（自治区、直辖市）进行河长制工作考核。考核内容涉及各省（自治区、直辖市）河长履职情况与河长制六大任务考核。其中，任务完成情况应该是针对河湖设立

指标；河长制六大任务为《关于全面推行河长制的意见》中的六大任务在各自行政区内地方化和具体化。考核结果应作为该河流所涉及行政区域最高级别河长到乡村级河长干部考核与提拔依据之一，如果问责，惩罚由高级河长到低级河长责任递减；同时，作为财政拨款以奖代罚依据之一。

在设立流域型河长制考核指标时，不仅要考虑区域自然地理差异和功能区划的不同，而且要考虑区域性特殊要求性指标设置，如地下水漏斗区指标设置要有一票否决权性指标；此外，发展预测性考核侧重点也应根据各省（自治区、直辖市）河长制职责和河湖具体情况的差异具体确定。

8.4　河长制考核体系建立分析

8.4.1　上级总河长对下级总河长的考核

上级总河长对下级总河长的考核主体是上级总河长，考核对象是其下属辖区各个总河长。考核组织执行单位是上级河长制工作办公室。总河长对全行政区域河湖管理保护负总责，对全行政区域河长制工作进行总督导、总调度。因此，总河长考核结果可以作为上级对该行政区域河长考核结果。

涉及的国家级（河长制相关部委）、省级、市级和县级总河长对省级、市级、县级和乡级总河长进行考核。省级、市级、县级和乡级总河长因权责高度与在河长制体系中作用不同，考核指标有所不同。省级和市级总河长是居中指挥决策型总河长，县级与乡级是执行型总河长，因此，考核具体指标应有所不同。同时，不同地方不同阶段，河长制工作重点任务和工作要点不同，考核指标中任务绩效考核指标不同。

可参考河长制实施工作先进省（自治区、直辖市）河长制考核实施办法确定上级总河长对下级总河长考核建议指标体系，见表8-1和表8-2。

表 8-1　省（自治区、直辖市）级、市级总河长考核建议指标体系

一级指标	二级指标	分值	考核评分细则
河长履职情况	工作部署	10	签发河长令、组织批复相关规划，查看文件
	巡河与解决重大问题	10	按其《河长制工作方案》要求，查看记录打分
	河长联合会议	10	按其《河长制工作方案》要求，查看记录打分
	上级年度河长制工作计划和专项任务完成情况	10	查看文件与相关材料和现场查看，酌情打分
河长办履职情况	及时准确上报数据	5	抽查核实数据，酌情打分
	监督与考核河长情况	10	查看文件与相关材料和现场查看，酌情打分
	落实总河长工作部署情况	10	查看文件与相关材料和现场查看，酌情打分
水资源保护	三条红线落实情况	10	依据水利部门相关数据给分
水环境水生态改善	国测断面、省测断面水质改善情况	12	依据环保部门 12 个月监测相关数据，每月比上年相同时期转好给 1 分，变坏扣 1 分。多断面取平均分
	黑臭水治理情况	7	依据住建部门相关数据，完成任务给满分，没完成任务按比例给分
	国测、省测断面断面生态流量	6	依据水利部门 12 个月监测相关数据，每月保持生态流量下限以上流量给 1 分，出现低于下限一次扣 1 分。多断面取平均分
督查与暗访	中央与各部委督查批评与问题整改情况	-10	有关工作受中央环保督查和国家相关部委通报批评的扣 2 分（以相关责任部门提供正式文件为准）；按期未整改或整改不到位，分情况酌情扣分，扣 10 分为止
	暗访发现非台账内容"四乱"与"黑臭水体"漏洞（扣分项）	-10	以各种名义侵占河道、围垦湖泊、非法采砂，对岸线乱占滥用、多占少用、占而不用以及黑臭水体等突出问题，发现一处扣 1～2 分，扣完 10 分为止
河长制创新	典型创新	10	创新一项加 1 分；被省级及以上媒体报道或被参观学习 5 次加 2 分；推广应用 5 地市加 3 分，加完为止

一级指标	二级指标	分值	考核评分细则
一票否决	存在报送考核评价数据作假 存在工作汇报作假或虚假宣传	−50	考核单位或河长办确认
	所负责河湖重要水源地发生污染事件，应对不力，严重影响供水安全	−50	考核单位或河长办确认
	所负责河湖存在中央环保督查严重问题拒不整改，或同一问题被省级以上同一主流媒体曝光两次	−50	考核单位或河长办确认

表 8-2　县级、乡级总河长考核建议指标体系

一级指标	二级指标	分值	考核评分细则
河长履职情况	所管河流情况熟悉程度	10	抽查所管河流基本情况及问题 5 项
	巡河与解决问题质量	10	按其《河长制工作方案》要求，查看记录打分
	河长联合会议	10	按其《河长制工作方案》要求，查看记录打分
	绩效目标任务完成情况	10	查看文件与相关材料和现场查看，酌情打分
河长办履职情况	及时准确上报数据	5	查看文件与相关材料和现场查看，酌情打分
	监督与考核下级河长情况	10	查看文件与相关材料和现场查看，酌情打分
	落实河长工作部署情况	10	查看文件与相关材料和现场查看，酌情打分
水资源保护	三条红线落实情况	7	依据水利部门相关数据给分
水环境水生态改善	国测断面、省测断面水质改善情况	12	依据环保部门 12 个月监测相关数据，每月比上年相同时期转好给 1 分，变坏扣 1 分。多断面取平均分
	国测、省测断面断面生态流量	6	依据水利部门 12 个月监测相关数据，每月保持生态流量下限以上流量给 1 分，出现低于下限一次扣 1 分。多断面取平均分
社会监督与参与	公众满意度	5	依据各市县具体情况设计调查问卷，进行民意测试，取平均分
	公众参与度	5	河长办根据掌握情况打分

一级指标	二级指标	分值	考核评分细则
督查与暗访	中央与各部委督查批评与问题整改情况	−10	有关工作受中央环保督查和国家相关部委通报批评的扣 1～2 分（以相关责任部门提供正式文件为准）；按期未整改或整改不到位，分情况酌情扣分，扣 10 分为止
	暗访发现非台账内容"四乱"漏洞（扣分项）	−10	以各种名义侵占河道、围垦湖泊、非法采砂，对岸线乱占滥用、多占少用、占而不用、等突出问题，发现一处扣 1～2 分，扣完 10 分为止
河长制创新	典型创新	10	创新一项加 1 分；被省级及以上媒体报道或被参观学习 5 次加 2 分；推广应用 5 地市加 3 分，加完为止
一票否决	存在工作汇报作假或虚假宣传	−50	考核单位或河长办确认
	所负责河湖重要水源地发生污染事件，应对不力，严重影响供水安全	−50	考核单位或河长办确认
	所负责河湖存在中央环保督查严重问题拒不整改，或同一问题被省级以上同一主流媒体曝光两次	−50	考核单位或河长办确认

8.4.2　总河长对同级分河长的考核

总河长对同级河长的考核主体为总河长，考核对象为同级各位河长。根据国家河长制工作相关指导文件，考核主要内容为河长履职情况、河长工作年度计划和专项任务完成绩效情况、河长制工作效果等。考核组织单位为同级组织部，考核执行单位为同级河长办。总河长对同级分河长的考核建议指标体系见表 8-3。

表 8-3 分河长考核建议指标体系

一级指标	二级指标	分值	考核评分细则
河长履职情况	所管河流情况熟悉程度	10	抽查所管河流基本情况及问题 5 项，答对数进行给分
	巡河与解决问题质量	15	按其《河长制工作方案》要求，查看记录打分
	河长联合会议	10	按其《河长制工作方案》要求，查看记录打分
	绩效目标任务完成情况	15	查看文件与相关材料和现场查看，酌情打分
水环境水生态改善	所管河流国测、省测断面水质改善情况	12	依据环保部门 12 个月监测相关数据，每月比上年相同时期转好给 1 分，变坏扣 1 分。多断面取平均分
	主管河湖国测、省测断面断面生态流量	6	依据水利部门 12 个月监测相关数据，每月保持生态流量下限以上流量给 1 分，出现低于下限一次扣 1 分。多断面取平均分
"四乱"问题治理	"四乱"问题有效治理	12	查看文件与相关材料和现场查看，完成年度计划为满分，未完成年度任务按比例打分
社会监督与参与	公众满意度	10	依据所管河流具体情况设计调查问卷，进行民意测试，取平均分
	公众参与度	10	河长办根据掌握情况打分
督查与暗访	中央与各部委督查批评与问题整改情况	−10	有关工作受中央环保督查和国家相关部委通报批评的扣 1~2 分（以相关责任部门提供正式文件为准）；按期未整改或整改不到位，分情况酌情扣分，扣 10 分为止
	暗访发现非台账内容"四乱"漏洞（扣分项）	−10	以各种名义侵占河道、围垦湖泊、非法采砂，对岸线乱占滥用、多占少用、占而不用、等突出问题，发现一处扣 1~2 分，扣完 10 分为止
河长制创新	典型创新	10	创新一项加 1 分；被省级及以上媒体报道或被参观学习 5 次加 2 分；推广应用 5 地市加 3 分，加完为止
一票否决	存在工作汇报作假或虚假宣传	−50	考核单位或河长办确认
	所负责河湖重要水源地发生污染事件，应对不力，严重影响供水安全	−50	考核单位或河长办确认
	所负责河湖存在中央环保督查严重问题拒不整改，或同一问题被省级以上同一主流媒体曝光两次	−50	考核单位或河长办确认

8.4.3 党委、政府对同级河长制组员部门的考核

党委、政府对同级河长制组员部门的考核主体是总河长与各分河长，考核对象为同级河长制工作小组成员单位。考核组织单位为同级组织部，执行考核单位为同级河长办。考核结果作为职能单位年度绩效考核一部分。主要考核其责任范围内的履职情况，包括省总河长、省副总河长、省级河长部署事项落实情况；工作责任落实情况；目标任务完成情况；督办事项落实情况；信息报送情况；牵头部门专项实施方案制定和实施情况和服务满意度等。各地各级河长制组成部门不尽相同，各部门的职责也有所区别，因此，给出考核建议体系为定性建议指标，见表8-4。

表8-4 河长制工作成员单位考核建议指标体系

一级指标	二级指标	分值	考核评分细则
履职情况	河长部署工作落实情况	20	同级所有河长打分取平均分
	工作责任落实情况	10	河长办3个不同处室打分取平均分
	专项和绩效任务完成情况	20	河长办相关处室打分
	督办事项落实情况	10	河长办相关处室打分
	信息报送情况	10	河长办相关处室打分
	协调联动情况	10	河长办相关处室打分
	牵头专项实施方案制定与落实情况	10	河长办相关处室打分
满意度	下级河长或河长办满意度	10	所有下级河长或河长办打分取平均分
工作创新	工作创新情况	10	创新一项加1分；被省级及以上媒体报道或被参观学习5次加2分；推广应用5地市加3分，加完为止
一票否决	存在工作汇报作假或虚假宣传	−50	考核单位或河长办确认
	所负责领域严重事件，应对不力，严重影响安全	−50	考核单位或河长办确认
	所负责领域存在中央环保等国家级督查严重问题拒不整改，或同一问题被省级以上同一主流媒体曝光两次	−50	考核单位或河长办确认

8.4.4 流域型河长制考核

流域型河长制考核的考核主体是流域管理机构（国家级）或统管河流全域的河长办（省级、市级）。考核对象为河流流经的下级行政区的总河长与河长办。考核结果作为考核对象总河长与该行政区绩效考核一部分。考核组织单位为流域管理机构（国家级）或统管河流全域的河长办（省级、市级），执行单位可聘任社会第三方服务单位。流域河长制考核指标应由任务考核、暗访问题和问题整改 3 个部分构成。其中任务考核指标包括全河通用性指标和区域特殊性指标构成；加强对河长履职情况的日常巡查、专项督查、信访跟踪、舆情监测和民意调查等，强化考核评价的力度、广度和深度。流域型河长制工作考核建议指标体系见表 8-5。

表 8-5　流域型河长制工作考核指标体系

一级指标	二级指标	分值	考核评分细则
河长履职情况	省级市级和县级河长巡河质量	3	各级河长巡河次数与解决重大问题
	县乡村基层河长对责任河湖熟识度	3	抽查 3～5 位河长,每人考核 5 个问题,取平均分, 保留两位小数
	河流规划落实情况	3	"一河一策""一河一档"与河流多规合一规划落实情况
	河流年度计划落实情况	3	查看资料,现场打分
	流域内区域协作交流	3	查看资料,现场打分
水资源保护	用水总量控制达标度	4	依据水利部门相关数据给分
	用水效率达标度	3	依据水利部门相关数据给分
	节水型社会行政面积比（加分项）	3	依据水利部门相关数据给分
水域岸线保护	确权划界	3	按比例给分
	重要水体纳入生态保护红线	2	按比例给分
水污染防治	《水污染防治行动计划》年度完成率	5	根据环保部门相关任务与完成数据按比例给分
	区域内垃圾分类处理达标率	3	根据环保部门相关任务与完成数据按比例给分
	污水处理设施健全率	2	根据环保部门相关任务与完成数据按比例给分

一级指标	二级指标	分值	考核评分细则
水环境治理	河湖考核断面达标率	3	依据环保部门 12 个月监测相关数据，每月比上年相同时期转好给 1 分，变坏扣 1 分。多断面取平均分
	地表水水功能区达标率	3	依据环保部门相关数据给分
	饮用水水源达标率	3	依据水利部门相关数据给分
	黑臭水体消除比	3	依据住建部门相关数据给分
	水土流失率	3	依据水利部门相关数据给分
水生态修复	水生物多样性指数	2	环保部门提供动物与植物多样性加权，改善或 2% 的波动给满分，减少波动打印 2%，连续三年大于 5%，扣分 1 分，严重时候酌情扣分，扣完为止
	生态流量与流动保证率	5	依据水利部门相关数据给分
	地下水超采区修复成效	3	依据水利部门相关数据给分
协调联动情况	跨区域和跨部门联席会议	2	规章制度健全、监督保护有力、体制与机制完善
	跨区域和跨部门联合执法	2	
	行政执法与刑事司法衔接度	2	
	落实河湖管理保护与执法监管责任主体	2	人员设备与专项经费，查阅相关审批文件为准，现场抽查
	打击涉河湖违法行为与非法活动治理成效	2	清理整治非法排污、设障、捕捞、养殖、采砂、采矿、围垦、侵占水域岸线等活动
社会监督与参与	公众满意度	4	根据流域情况设计调查问卷 10 份，取平均分
	公众参与度	3	评价单位认定
	投诉举报及时处理及结果反馈率	3	查看河长办资料，酌情给分
督查与暗访	中央与各部委督查批评与问题整改情况	2	有关工作受中央环保督查和国家相关部委通报批评的扣 0.5 分（以相关责任部门提供正式文件为准）；按期未整改或整改不到位，分情况酌情扣分
	暗访发现非台账内容"四乱"漏洞（扣分项）	3	以各种名义侵占河道、围垦湖泊、非法采砂，对岸线乱占滥用、多占少用、占而不用等突出问题，发现一处扣 0.5 分，扣完为止
独有专项执行情况	—	5	各评级对象各不相同任务考核

一级指标	二级指标	分值	考核评分细则
河长制创新情况	—	5	创新加 1 分;被参观学习 10 次加 2 分;推广应用 5 地市加 3 分
一票否决	存在报送考核评价数据作假	−50	—
	重要水源地发生污染事件,应对不力,严重影响供水安全	−50	—
	存在中央环保督查严重问题拒不整改,或同一问题被省级以上同一主流媒体曝光两次	−50	—

8.5　河长制考核赋分与考核标准

　　河长制考核主要是为了发挥考核的指挥棒作用,促进河长制工作扎实有效推进,不断完善河长制工作机制,实现河湖美丽。因各地各级河长制工作存在的主要问题与困难不同,建议指标体现中各个指标分值会有所差异,给出考核指标建议分值,见表 8-1～表 8-5。

　　河长制考核评分结果标准划分为优秀、良好、合格与不合格 4 个等级的河长制考核标准。

　　①优秀:90～100 分,含 90 分;

　　②良好:80～90 分,含 80 分;

　　③合格:70～80 分,含 70 分;

　　④不合格:低于 70 分。

8.6　河长制考核建议

　　河长制考核机制是河长制监督机制的重要组成部分。全国以及各省(自治区、直辖市)都在进行河长制考核。考核方式绝大多数是自主的,自上而下的考核模式,在一定程度上提升了河长制工作效率和效果。同时,一些河长制考核出现了

"责任体系和划分不明确""考核问责责权不等""形式主义""报喜不报忧""考核指标片面化""忽视公众监督""官官相护"等问题。

河长制进一步完善监督机制，首先要健全河长制的考核评价机制。针对河长制考核出现的一些主要问题，给出相关建议。

（1）三"一"机制明绩效，一份考核基础牢

河长制办公室要提出"量化、细化、项目化、具体化"的"区域"长效体系实施方案，完善"区域"各辖区的"一张图，一张表，一本书"管理机制。其中，"一张图"是指在地图上标出有针对特定河段和地区实施的基本河流信息和管理目标、任务；"一本书"是指管理目标和职责的制定，细化职责分工，逐级落实责任单位和责任人；"一张表"指的是要制定年度河长制工作进度表，以完善的河长制管理机制打牢河长制考核工作的基础。

（2）分工允时并赋权，失职问责不受冤

考核问责依据是绩效考核任务目标没完成，或完成的不好。河湖治理是一项复杂性、长期性工作，考核标准和考核期限的设置十分重要，根据实践情况来看，各地设定的考核期限普遍为一年，然而设定的标准是否一定能够通过采取措施在规定的期限内达标这个并不确定，也没有确切的科学依据予以佐证。为了考核公平合理，考核要兼顾任务分解与任务时段完成进展程度，三年规划和年度计划要分清。领导干部自然资源资产离任审计、河长逐级考核并作为地方党政领导综合考核评价的重要依据，这种问责制度不仅要从环保责任终身追究制等几个方面规定考核问责的种类，还要健全明确的责任制度和分工机制，避免"毛驴拉坦克又挨鞭"。河长制考核要与河长制评估相结合，既要看措施，又要看成效，年度考核与中长期评估不可偏废。当在绩效考核中出现考核不达标或者出现其他应当承担责任的状况时，不仅基层河长要依法承担责任，上级河长（同岗同责）与相关职能部门也要承担相应责任。

（3）考核主体有多家，考核方式多元化

在全面推动河长制的过程中要使考核和问责真正落到实处就应当吸取经验教

训，尝试在河长绩效考核和责任追究的环节引入公众参与程序，使公众依法参与、有序参与和积极参与。河长制考核中要全面兼顾四类考核。政府主导的行政评估应重点关注"河长"及其相关职能部门在水环境管理方面的绩效和实际成果；以河长制管理的社会满意度和公众认同为重点进行公共导向的社会评价；领先的专业评估主要是从"盆"与"水"的角度来评估河湖管理的绩效。考核方式多元化，积极引入市场，加强第三方独立的专业考核。加快推行第三方考核机制，由河长或河长会议按照程序聘请具有一定资质的专业机构、高校科研机构来制定绩效考核的标准，对河长进行绩效评估和考核。

（4）有效考核是要务，公众参与和监督

为了全面、有效地进行河长制考核，必须重视公众参与和监督，将公众评价作为考核标准的主要指标。例如，天津市河长考核把群众平时对河湖满意度以及举报处理速度等意见融入河长制考核当中。河长制考核要将公众参与的灵活评价融入"河长"的"内部"考核之中，并且有效提高公众评价在河长制考核中话语权及权重。

（5）以评促建考核严，河长巡河并巡案

省、市、县、乡四级河长要多听取群众意见，认真研究公众反映的重大问题；省、市、县三级高协调能力的河长要及时挖掘考核出来的问题，并认真负责加以解决。纪检监察人员应当及时查实公民举报的违法行为；纪检监察部门检查后，应当查明真实的不作为、不公开的行为，政府部门应当严厉、相应、及时地给予当事人相应地行政处分，有效的实行行政问责，所有相关人员的责任、处罚和问责程序都应公开。

此外，因为没有设立国家级别的总河长，对省级河长的考核可以由国务院办公厅或中央组织部联合生态环境部、水利部、国家发改委和财政部来组织考核；或者由国务院办公厅或中央组织部引入公众和第三方专业机构。

本章小结

　　本章在阐述河长制考核目的、意义的基础上，结合目前河长制工作考核现实，把河长制工作考核分为上级总河长对下级总河长考核、总河长对分河长考核、党委、政府对同级河长制工作成员单位考核以及流域型河长制考核四类；依据河长制考核指标构建原则，结合全国各省（自治区、直辖市）河长考核实践，构建了上级总河长对下级总河长考核、总河长对分河长考核、党委政府对同级河长制工作成员单位考核以及流域型河长制考核的建议考核指标体系和考核标准。

下篇

推行河长制典型案例分析

第9章　河长制组织构架典型案例分析

2017 年《浙江省河长制规定》的出台，标志着我国第一部有关河长制的地方性立法成为现实，其对浙江省实践确立的五级河长体系作了明确规定，有效解决了浙江省河长制"有责无权"的问题。浙江省委、省政府近年来也陆续出台了一系列关于河长制的政策文件，在保护水资源、防治水污染、净化水环境、修复水生态、保护水域岸线等方面发挥了重要作用。除浙江省外，各省（自治区、直辖市）也在积极探索河长制组织架构的新形式，并取得了一定的成效。

9.1　浙江模式

9.1.1　组织架构

2017 年 7 月 28 日，浙江省第十二届人民代表大会常务委员会第四十三次会议表决通过《浙江省河长制规定》，并于 10 月 1 日起正式实施。该规定明确了浙江省五级河长职责，并鼓励全社会开展水域巡查的协查工作。浙江省河长制组织构架图如图 9-1 所示。

（1）河长制办公室

省、市、县（市、区）应设置相应的河长制办公室，统筹协调落实本地区的治水工作。乡镇（街道）可根据工作需要设立河长制办公室或落实人员负责河长制工作。

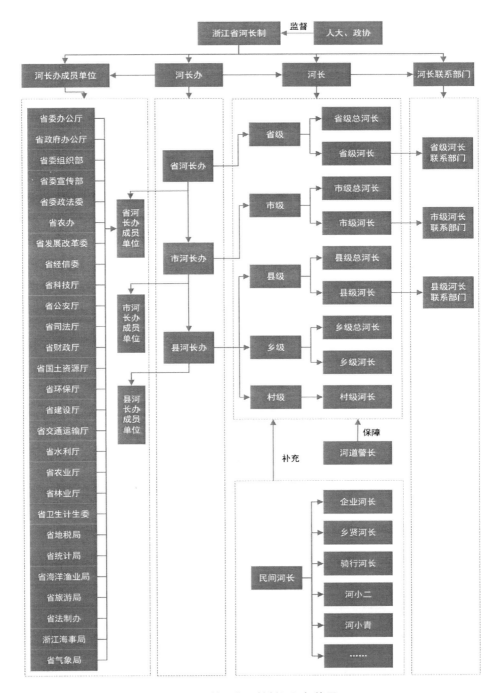

图 9-1　浙江省河长制组织架构图

浙江省"河长制"办公室与浙江省"五水共治"工作领导小组办公室（以下简称省治水办）合署办公。办公室主任由副省长兼任，省委办公厅、省政府办公厅、省委组织部、省委宣传部、省农办、省生态环境厅、省建设厅、省水利厅等单位明确1位兼任副主任。

省河长制办公室下设6个工作组，分别为综合组、一组、二组、三组、宣传组、督查组，由各成员单位根据工作需要定期选派处级干部担任组长，定期选派业务骨干到省河长制办公室挂职，挂职时间2年。省委组织部可根据需要从各市选调干部到省河长制办公室挂职。

（2）河长办成员单位

河长办成员单位由河长制相关部门组成。浙江省河长制办公室成员单位为：省委办公厅、省政府办公厅、省委组织部、省委宣传部、省委政法委、省农办、省发展改革委、省经信委、省科技厅、省公安厅、省司法厅、省财政厅、省国土资源厅、省生态环境厅、省建设厅、省交通运输厅、省水利厅、省农业农村厅、省林业厅、省卫生计生委、省地税局、省统计局、省海洋与渔业局、省旅游局、省法制办、浙江海事局、省气象局等。

（3）河长

浙江省设省级总河长2名，由省委书记和省长担任，负责全省河长制工作。跨设区市的曹娥江、苕溪、钱塘江、运河、瓯江、飞云江6条河道，各设1名省级河长，分别由省委、省人大、省政府、省政协领导担任，负责组织领导相应河道管理和保护工作，履行"管、治、保"三位一体的职责，协调解决重大问题，对相关部门和下一级河长履职进行督导。各省级河长确定对应省级联系部门，协助河长负责日常工作。

市、县（市、区）、乡镇（街道）党政主要负责同志担任本地区总河长，负责本行政区域河长制工作。市、县（市、区）、乡镇（街道）、村（社区）内所有河流、湖泊分级分段设立河长。重要河道、劣Ⅴ类水质所在断面河道由当地主要领导担任河长。跨行政区域的河道，原则上由共同的上级领导担任河长。市、县两级河长设立相应的联系部门，协助河长负责日常工作。村级河长延伸到沟、渠、溪、塘等小微水体。各地河长名单变动后应及时报送上一级河长制办公室。

（4）河长联系部门

县级及以上河长分别明确一个相关的部门为联系部门，联系河长负责日常工作。

（5）河道警长

为充分发挥公安职能优势，强化对水环境污染犯罪的打击与监管，各地可根据需要设置河道警长，协助各级河长开展工作。

（6）民间河长

为充分发挥人民在治水中的主体作用，各地依托工青妇和民间组织，大力推行企业河长、骑行河长、河小二等管理方式，吸引全省公众关注治水，用实际行动参与治水。

9.1.2 职责分工

（1）河长制办公室

省河长办负责统筹协调全省治水工作，负责省级河长制组织实施的具体工作，制定河长制工作有关制度，监督河长制各项任务的落实，组织开展各级河长制考核。河长制办公室实行集中办公，定期召开成员单位联席会议，研究解决重大问题。

（2）河长办成员单位

省委办公厅：负责协调全省河长制工作。

省政府办公厅：负责协调全省河长制工作。

省委组织部：负责动员组织领导干部下基层服务河长制工作，指导、协助河长履职情况考核。把河长履职考核情况，列为干部年度考核述职内容并作为领导干部综合考核评价的重要依据。

省委宣传部：负责领导各级宣传部门加强河长制宣传，营造全社会全民治水、爱水、护水的氛围，发挥媒体舆论的监督作用。

省委政法委：负责协调河长制司法保障工作。

省农办：负责指导、监督美丽乡村建设和"千村示范、万村整治"工程建设，指导开展农村生活污水和生活垃圾处理工作。履行飞云江省级河长联系部门职责，牵头制定飞云江流域河长制实施方案，协助河长做好年度述职工作。

省发展改革委：负责推进涉水保护管理有关的省重点项目，协调涉水保护管理相关的重点产业规划布局。履行苕溪省级河长联系部门职责，牵头制定苕溪流域河长制实施方案，协助河长做好年度述职工作。

省物价局：督促指导推行居民阶梯水价、非居民差别化水价等制度的实施，完善工业污染处理费计收办法。

省经信委：负责推进工业企业去产能和优化产业结构，加强工业企业节水治污技术改造，协同处置水域保护管理有关问题。

省科技厅：指导治水新技术研究，组织科技专家下基层服务河长制工作。

省公安厅：协调、指导各地公安部门加强涉河涉水犯罪行为打击；推行"河道警长"制度，指导、协调、督促各地全面深化"河道警长"工作。

省司法厅：负责河长制法律服务和法治宣传教育工作。

省财政厅：根据现行资金管理办法，保障省级河长制工作经费，落实河长制相关项目补助资金，指导市县加强治水资金监管。

省国土资源厅：负责指导各地做好河流治理项目建设用地保障，监督指导地下水环境监测、矿产资源开发整治过程中地质环境保护和治理工作，协助做好河湖管理范围划界确权工作。省测绘与地理信息局负责省级河长制指挥用图的编制，提供河长制工作基础测绘成果，配合建设相关管理信息系统。

省生态环境厅：负责水污染防治的统一监督指导，负责组织实施跨设区市的水污染防治规划，监督实施国家和地方水污染物排放标准，加强涉水建设项目环境监管，开展涉水建设项目的调查执法和达标排放监督，组织实施全省地表水水环境质量监测。履行钱塘江省级河长联系部门职责，牵头制定钱塘江流域河长制实施方案，协助河长做好年度述职工作。

省建设厅：负责城镇污水、垃圾处理的基础设施建设监督管理工作，负责指导城镇截污纳管、城镇污水处理厂和农村污水治理设施运维监管工作，会同相关部门加强城市黑臭水体整治，推进美丽乡村建设。履行瓯江省级河长联系部门职责，牵头组织制定瓯江流域河长制实施方案，协助河长做好年度述职工作。

省交通运输厅：负责指导、监督航道整治、疏浚和水上运输船舶及港口码头污染防治。

省水利厅：负责水资源合理开发利用与管理保护的监督指导，协调实行最严格水资源管理制度，指导水利工程建设与运行管理、水域及其岸线的管理与保护、水政监察和水行政执法。履行曹娥江省级河长联系部门职责，牵头组织制定曹娥江流域河长制实施方案，协助河长做好年度述职工作。

省农业农村厅：负责指导农业面源和畜禽养殖业污染防治工作。推进农业废弃物综合利用，加强畜禽养殖环节病死动物无害化处理监管。履行运河省级河长联系部门职责，牵头制定运河流域河长制实施方案，协助河长做好年度述职工作。

省林业厅：负责指导、监督生态公益林保护和管理，指导、监督水土涵养林和水土保持林建设、河道沿岸的绿化造林和湿地保护修复工作。

省卫生计生委：负责指导、监督农村卫生改厕和饮用水卫生监测。

省地税局：负责落实治水节能减排相关企业税收减免政策。

省统计局：负责河长制相关社会调查工作，协助有关部门做好治水相关数据统计和发布工作。

省海洋与渔业局：负责水产养殖污染防治和渔业水环境质量监测，推进水生生物资源养护，依法查处开放水域使用畜禽排泄物、有机肥或化肥肥水养鱼和电毒炸鱼等违法行为。

省旅游局：负责指导、监督 A 级旅游景区内河道洁化、绿化和美化工作。协助做好水利风景区的创建工作。

省法制办：协调《浙江省河长制规定》等立法工作。为各级河长做好相关法律指导和服务。

浙江海事局：负责指导、监督出海河口水上运输船舶污染防治。

省气象局：负责气象预警、预报服务。协助相关部门开展水资源监测、预估。

（3）河长

省级河长主要负责协调和督促解决责任水域治理和保护的重大问题，按照流域统一管理和区域分级管理相结合的管理体制，协调明确跨设区的市水域的管理责任，推动建立区域间协调联动机制，推动本省行政区域内主要江河实行流域化管理。

市、县级河长主要负责协调和督促相关主管部门制定责任水域治理和保护方案，协调和督促解决方案落实中的重大问题，督促本级人民政府制定本级治水工作部门责任清单，推动建立部门间协调联动机制，督促相关主管部门处理和解决责任水域出现的问题、依法查处相关违法行为。

乡级河长主要负责协调和督促责任水域治理和保护具体任务的落实，对责任水域进行日常巡查，及时协调和督促处理巡查发现的问题，劝阻相关违法行为，对协调、督促处理无效的问题，或者劝阻违法行为无效的，按照规定履行报告职责。

村级河长主要负责在村（居）民中开展水域保护的宣传教育，对责任水域进行日常巡查，督促落实责任水域日常保洁、护堤等措施，劝阻相关违法行为，对督促处理无效的问题，或者劝阻违法行为无效的，按照规定履行报告职责。

乡、村级和市、县级河长应当按照国家和省规定的巡查周期和巡查事项对责任水域进行巡查，并如实记载巡查情况。鼓励组织或者聘请公民、法人或者其他组织开展水域巡查的协查工作。

乡、村级河长的巡查一般应当为责任水域的全面巡查，可以根据巡查情况，对相关主管部门日常监督检查的重点事项提出相应建议。

市、县级河长应当根据巡查情况，检查责任水域管理机制、工作制度的建立和实施情况，可以根据巡查情况，对本级人民政府相关主管部门是否依法履行日常监督检查职责予以分析、认定，并对相关主管部门日常监督检查的重点事项提出相应要求；分析、认定时应当征求乡、村级河长的意见。

村级河长在巡查中发现问题或者相关违法行为，督促处理或者劝阻无效的，应当向该水域的乡级河长报告；无乡级河长的，向乡镇人民政府、街道办事处报告。

乡级河长对巡查中发现和村级河长报告的问题或者相关违法行为，应当协调、督促处理；协调、督促处理无效的，应当向市、县相关主管部门，该水域的市、县级河长或者市、县河长制工作机构报告。

市、县级河长和市、县河长制工作机构在巡查中发现水域存在问题或者违法行为，或者接到相应报告的，应当督促本级相关主管部门限期予以处理或者查处；属于省级相关主管部门职责范围的，应当提请省级河长或者省河长制工作机构督促相关主管部门限期予以处理或者查处。

2015 年，浙江省委办公厅出台《关于进一步落实"河长制"完善"清三河"长效机制的若干意见》(浙委办发〔2015〕36 号)，明确了各级河长的巡河频次和巡河内容：市级河长不少于每月一次，县级河长不少于半月一次，乡级河长不少于每旬一次，村级河长不少于每周一次。巡查的重点是河道截污纳管、日常保洁是否到位；工业企业、畜禽养殖场、污水处理设施、服务行业等是否存在偷排漏排及超标排放等环境违法行为，是否存在各类污水直排口、涉水违章建（构）筑物、弃土弃渣、工业固废和危险废物等。每次巡查都要做好记录，发现问题及时妥善处理；特别是发现重大污染事故或污染隐患的，要第一时间联系或督促有关部门查处。河道保洁员、网格化监管员要结合保洁、监管等日常工作，每天开展巡查，发现问题及时报告河长。

2016 年，浙江省治水办出台《关于印发基层河长巡查工作细则的通知》，对基层河长巡河作出了更加严格细致要求。在巡河频次上，镇级河长不少于每旬一次，村级河长不少于每周一次，对水质不达标，问题较多的河道应加密巡查频次。在巡查范围上，基层河长巡查原则上应对责任河道进行全面巡查，并覆盖所有入河排污（水）口、主要污染源及河长公示牌。巡查内容上，重点查看河面、河岸保洁是否到位；河底有无明显污泥或垃圾淤积；河道水体有无异味，颜色是否异常（如发黑、发黄、发白等）；是否有新增入河排污口；入河排污口排放废水的颜色、气味是否异常，雨水排放口晴天有无污水排放；汇入入河排污（水）口的工业企业、畜禽养殖场、污水处理设施、服务行业企业等是否存在明显异常排放情况；是否存在涉水违建（构）筑物，是否存在倾倒废土弃渣、工业固废和危废，是否存在其他侵占河道的问题；是否存在非法电鱼、网鱼、药鱼等破坏水生态环境的行为；河长公示牌等涉水告示牌设置是否规范，是否存在倾斜、破损、变形、变色、老化等影响使用的问题；以前巡查发现的问题是否解决到位；是否存在其他影响河道水质的问题。河道保洁员、巡河员、网格员要结合保洁、监管等日常工作，每天开展巡查，发现问题及时报告河长。河长巡河要对责任河道进行全面检查，特别是入河排污口要求必查。要记录好巡河日志，发现问题第一时间解决或提交有关部门处理，并抓好跟踪落实。

2017 年，浙江省委办公厅出台《关于全面深化落实河长制进一步加强治水工作的若干意见》（浙委办发〔2017〕12 号），明确指出：将水域巡查作为河长特别是乡级、村级河长履职的重要内容，加大对责任河流的巡查力度和频次。市、县（市、区）要根据不同河流水质状况，在确定乡级、村级河长巡查周期的基础上，组织好河道保洁员、巡查员、网格员以及志愿者开展巡查，确保主要河流每天有人巡、入河排放口每天有人查。建立巡查日志制度，河长及巡查人员按规定填写、记录巡查情况，发现问题及时处理和报告，做到问题早发现、早报告、早处置。

（4）河长联系部门

协助河长完善河长制制度建设；制订年度河长工作计划并分解落实任务；检查河长制工作落实情况；联系协调相关部门联动解决河湖治理的重大问题；加强河长制工作信息沟通。

（5）河道警长

河道警长是打击河道违法犯罪行为的第一责任人，其定位是立足公安机关职责，密切联系"河长"，反映有关情况，当好"河长"的参谋助手。河道警长要全面收集、掌握包干河道特别是饮用水水源保护区内的重点排污点等相关情报信息；配合属地党委、政府，排查化解因治水工作引发的不稳定因素；依法严厉打击涉嫌污染环境的违法犯罪行为，以及盗窃破坏治水设备和河道安全设施、黑恶势力插手干扰破坏涉水工程等违法犯罪行为；组织开展包干河道周边区域及村居的日常治安巡查，依法维护治水工作现场秩序；配合职能部门宣传涉水法律法规知识，进一步提高全社会环境保护意识。

（6）民间河长

民间河长的主要职责是协助河长开展相关工作，对河道进行日常巡查，监督周边企业污染排放，发现河面漂浮物、河岸垃圾、河道违章及偷排偷倒等问题及时上报；及时向乡镇（街道）、村和责任河长反馈周边群众对于治水的意见和建议；带头遵守治水护水法律法规，从自身做起，作出表率，鼓励有实力的企业家出资参与河道治理工作。

9.2 东南地区模式

上海市作为水系复杂的江南城市，于 2017 年 1 月 20 日发布了《关于本市全面推行河长制的实施方案》，目前已按照分级管理、属地负责的原则全面推行了河长制，建立市、区、街镇三级河长体系，提前 16 个月完成河长制全覆盖。上海市河长制组织体系具体表现为：市政府市长担任市总河长，市政府分管副市长担任市副总河长；区、街道乡镇领导分别担任区、街道乡镇总河长。区管河道、湖泊，由辖区内各区其他领导担任一级河长，河道流经各街道乡镇由各街道乡镇领导担任辖区内分段的二级河长；镇村管河道、湖泊，由辖区内各街道乡镇领导担任河长。设置市河长制办公室，办公室设在市水务局，由市水务局和市生态环境局共同负责，市发展改革委、市经济信息化委、市公安局、市财政局、市住房城乡建设管理委、市交通委、市农委、市规划国土资源局、市绿化市容局、市城管执法局和市委组织部、市委宣传部、市精神文明办等部门为成员单位。区、街道乡镇相应设置河长制办公室。上海市共 7 781 名领导干部担任各级河长,覆盖了上海全市所有河湖、小微水体,各区还结合实际探索设立民间河长、河道监督员等 3 441 人,作为"政府河长"的补充。目前上海市 1 744 条段河道已消除黑臭,达标率 93%,998 条段河道已完成公众满意度调查,满意度均在 90%以上,充分体现出上海河长制组织运作的高效率。

江苏省是全国最早开始实施河长制的地区,河长制工作高质量发展,有力推动了全省河湖生态环境持续改善,已取得了阶段性成效。江苏省河长制办公室于 2017 年 12 月 27 日宣布成立。目前,江苏河长制基本制度已全部出台,河长制组织体系全部建立。形成了包含省、市、县、乡、村五级河长共 66 037 人,管理全省 15.86 万个在册河道、湖泊、水库和村级小微水体,实现了全省水体全覆盖。江苏省是全国唯一拥有"大江、大河、大湖、大海"的省份,全省水域面积 1.66 万 km^2,占全省总面积 10.26 万 km^2 的 16.9%。全省有村级以上河道 10 万多条,乡级以上河道 2 万多条,流域面积 50 km^2 以上河道 1 495 条。自实施河长制工作以来,江苏省的河湖管理保护得到强化,采砂管理秩序持续改善,专项整治行动成效显著,划界确权扎实推进。下一步江苏省在河湖治理工作方面将重点推动河长履职尽责,推动部门高效联动。作为河长制的发源地,江苏省河长制工作已走在全国前列。

广东省于 2017 年 12 月 30 日已在全省境内江河湖库全面建立省、市、县、镇、村五级河长制组织体系,比中央要求提前一年。截至 2017 年 12 月 30 日,广东省已设立并向社会公告了行政村以上河长 33 061 名,实现了河长体系全覆盖,自然村河段长设置也超过 10 万名,确保省内每一条河段都有河长负责。而省、市、县、镇四级均实行双总河长制,由同级党委、政府主要负责领导共同担任总河长。2018 年全年,广东省各级河长共巡河超过 40 万人次,各部门协同推进任务落实、精准治水,黑臭水体整治初见成效,河湖水质优良比例同比上升 4.2%,水安全保障能力显著提升。此外,在推进河长制过程中,广东各地创新模式提升组织体系效率,利用"互联网+"手段构建全方位管护体系，强化考核倒逼河长制任务落实。例如，随着"广州河长 App"的启用，开启了"掌上治水"的新模式：信息公开模块能查看新闻资讯等信息；河长巡河模块能定位巡河，根据巡河问题按各类项目逐个检查上报；日常工作版块能实时查看问题处理进度。在 PC 端，各级河长办公室能看到问题列表，对上报的问题按问题处理流程进行处理。广州、清远、河源、梅州等地还使用无人机巡河，有效解决巡河人手不足及河道监管盲点等问题。广东省还在全国率先建立了河长制月推进会制度，通过会商进度、分析问题、提出要求、跟踪督办，将责任逐级传导成为现实。

9.3　东北地区模式

辽宁省于 2018 年 6 月 30 日前已全面建立河湖长制，通过全面开展"水资源保护、清河、补短板、宜居乡村建设、监督执法"五大河湖综合治理保护专项行动、25 项主要任务，重点解决水污染、黑臭水体、点源污染、河道垃圾、河道非法采砂等问题，确保全面实现河湖岸线、排污口、垃圾、水域、水质"五清"，以及国家最严格水资源管理制度考核、水污染防治考核和生态功能区恢复"三达标"的河湖治理目标，并取得河湖管理保护的初步成果。截至 2018 年 5 月 31 日，辽宁省全省 14 个市 116 个县（市、区）级单位全部印发了本级河长制工作方案和实施方案，全面建立了省、市、县、乡、村五级河长组织体系，共设立总河长 2 997 人、副总河长 2 106 人、河长 17 001 人，并且将所有水库也纳入河长制湖长制工作范围，并根据水库按照管理权限、所在行政区域隶属关系设立省、市、县、乡级库长。此外，为推进河湖水环境治理，辽宁省河长制实施多部门联动，综合施治：生态环境部门开展河道水质断面达标行动、水污染重点行业整治行动、重要饮用水水源地保护行动；水利部门开展创建节水型机关活动、河道垃圾清理专项行动、入河湖排污口摸底调查和规范整治行动；住建部门开展城市建成区黑臭水体综合治理行动、推进宜居乡村建设；农业农村部门推广测土施肥技术和使用有机肥；海洋渔业部门增殖放流、生物净水。

黑龙江省着力推进河长制各项工作，提出河长制具体目标、明确河长叠加责任，打造具有黑龙江特色的"升级版"河长制。实行"五级双河长"组织体系，由省委书记、省长共同担任总河长，加强了对河长制工作领导，省、市、县、乡、村全部实行双河长，党政一把手负总责；明确河长叠加责任，即上级河长对下级河长有监管职责，应当由下一级河长解决的问题，不允许上交，应当由上一级河长解决的问题，不允许下推。省级河长需解决两个以上地市级河长不能解决的上下游、左右岸问题。2017 年 11 月，黑龙江省公安厅下发了《全省公安机关实施河道警长制工作方案》，规定配置各级河道警长，即在全省公安机关设立省、市、县、乡四级河道警长，市民如发现破坏河流生态环境的违法犯罪行为，可拨打"110"向当地公安机关举报。目前黑龙江省河长制组织体系和制度体系基本建立，河湖保护专项行动陆续开展，全省提前半年全面建立河长制，落实河长 39 518 人，其中省总河长 2 人，省级河长 15 人，市级河长 186 人，县级河长 1 721 人，乡级河长 7 918 人，村级河长 25 279 人。各级河长名单全部向社会公告，分级设置河长公示牌 16 300 块。全省 39 518 名河长已全部上岗到位，对所负责江河湖泊实现了零死角全覆盖监管。黑龙江省河长制办公室设在省水利厅，省水利厅负责人兼任省河长制办公室主任，省委办公厅、省政府办公厅、省水利厅、省国土资源厅、省生态环境厅、省住建厅、省交通运输厅、省农委、省林业厅等单位的分管负责领导分别担任省河长制办公室副主任。

9.4 华中地区模式

河南省于 2017 年年底已全面建立河长制，根据 2017 年出台的《河南省全面推行河长制工作方案》，河南省已构建起省、市、县、乡、村五级河长组织体系。流域面积 30 km^2 以上的河流（含湖泊、水库）将全部设立河长，流域面积在 30 km^2 以下的河流，对当地生产生活有重要影响的也设立河长，并统一竖立河长制公示牌，各级河长和工作人员落实责任、上岗到位，各级河长制信息平台全部建立。目前，河南省乡级以上工作方案和制度全部出台，省、市、县、乡各级共出台方案 2 647 个。五级河长目前达 6 万多名。其中，省级河长共 7 名，市级河长 173 名，县级河长 2 600 名，乡级河长 12 970 名，村级河长 36 856 名。河长巡河巡查工作全面展开，五级河长累计巡河 6 740 次。省、市、县三级设立河长制办公室，河长制办公室现阶段均已组建完成。省河长制办公室设在省水利厅，办公室主任由省水利厅主要负责领导担任，建立河南省全面推行河长制联席会议制度，由省水利厅、省生态环境厅、河南黄河河务局等 15 个省有关部门和单位组成。在组织体系配套制度方面，河南省已建立河长会议制度，协调解决河湖管理保护中的重点难点问题；建立信息共享制度，定期通报河湖管理保护情况，及时跟踪河长制实施进展；建立工作督察制度，对河长制实施情况和河长履职情况进行督察。

湖北省全省长度在 5 km 以上的河流有 4 230 条，全长逾 4 万 km，其中流域面积 50 km² 以上的有 1 232 条，流域面积 100 km² 及以上河流 623 条，流域面积 1 000 km² 及以上河流 61 条，目前均已设立河长，全面建立由省、市、县、乡四级党政主要负责人担任"河长"的组织体系。全省已落实省、市、县、乡四级河长 1.1 万余人，村级巡河员、护河员 3.9 万余人，竖立河长公示牌 19 853 块，落实河湖管理、保护、执法监督人员 2.5 万余人，落实河长制工作运行经费 3.65 亿元，举办河长制工作培训班 1 300 余场次，培训各级河长 6 万余人次。并于 2018 年年底，"河长制"工作覆盖到县级以上管辖的所有河道。湖北省率先在全国统筹"河长制+湖长制"，以长江大保护、环保督察问题整改河碧水保卫战为主要抓手，形成了全省"党政负责、部门联动、群众参与、社会共建共享"的河湖治理管护格局。

9.5 西部地区模式

甘肃省完成河长制组织体系建制相对较晚，2018 年 6 月全面建立由党委、政府主要负责同志担任总河长的"双河长"工作机制和覆盖所有江河、湖泊、洪水沟道的省、市、县、乡、村五级河长组织体系。省内部分地区还将人工湖、水库、淤地坝、重点骨干渠道纳入河长体系，同步建立了湖长制、库长制、渠长制。目前，全省共设置河长 26 138 名，其中省级总河长 2 名、河长 9 名，市级总河长 30 名、河长 102 名，县级总河长 172 名、河长 952 名，乡级河长 4 701 名，村级河长 20 170 名，竖立河长公示牌 6 501 块。省、市、县三级分别设置相应的河长制办公室。其中甘肃省河长制办公室设在省水利厅，由省水利厅厅长兼任办公室主任，省水利厅和省生态环境厅各 1 名副厅长兼任办公室副主任。甘肃省河长制办公室主要职责为：负责甘肃省河长制组织协调工作，落实总河长、省级河长确定的事项；建立河长制管理制度和考核办法，组织开展监督、检查和考核；指导监督下一级河长制办公室落实各项任务；协调各有关部门和单位按照职责分工，协同推进各项工作。河湖管理中心主要承担全面推行河长制技术支撑工作。对河长制湖长制落实不力、渎职、失职、履职不到位的各级河长严格追究责任，对造成河湖生态破坏严重后果的，依法追究法律责任。目前全省已关停违法违规采砂场 699 家，取缔封堵非法排污口 215 个，关闭砂石料场 144 家，整治黑臭水体 14 条，黑臭水体消除比例达 82.35%，累计清理河道 2 800 多 km，清理河道垃圾 120 多万 t，疏浚河道 6 200 多 km，拆除非法建筑物 8 340 座。

贵州省于 2017 年年底全面推行河长制，构建省、市、县、乡、村五级河长组织体系，省、市（自治州）、县（市、区）、乡（镇）设立"双总河长"，即在"河长制"的基础上邀请环保专家、志愿者等担任"民间河长"，形成"民间河长"找问题、"政府河长"来解决的"双河长制"。河长由各级党委主要负责领导和各级人民政府主要负责领导担任。省级设副总河长，由分管水利和环境保护工作的副省长共同担任。各级总河长负责领导本行政区域内河长制工作，承担总督导、总调度职责。目前全省已设各级河长 23 446 名，其中省级河长 33 名，基本实现了实现河道、湖泊、水库等各类水域河长制全覆盖。各级河长是所辖河湖管理保护的第一责任人，贵州省委、省人大、省政府、省政协的省级领导同志各担任一条重点河流（湖泊、水库）的省级河长，明确一家省级责任单位对应协助开展工作；市（自治州）、县（市、区）、乡（镇）、村对本行政区域内的每一条河流（河段、湖泊、水库）都要明确一位相应级别的领导担任河长，界河（湖泊、水库）公共水域由涉及的行政区域分别设置相应河长，确保每一条都有相应级别的河长负责，为贵州生态文明先行试验区和美丽乡村建设提供水生态保障。省、市、县三级设置河长制办公室，省级河长制办公室设在省水利厅，办公室主任由省水利厅厅长兼任；省水利厅、省环境保护厅各明确一名副厅长担任副主任，承担河长制日常事务工作，组织推进河长制各项工作任务落实。贵州省河长制推行考核结果作为地方党政领导干部综合考核评价的重要依据，实行生态环境损害责任终身追究制。

9.6 少数民族地区模式

新疆维吾尔自治区虽处于极度干旱地区，但河长制工作进展顺利，已于 2018 年 6 月全面建立河长制，形成了自治区和兵团、地州（市）和兵团师、县（区市）和兵团团场、乡（镇）和兵团连队四级河长制组织体系，河湖综合整治与管理保护工作取得显著成效。新疆维吾尔自治区 3 355 条河流（含兵团）全部分级分段设立了河长、河段长，共设置四级河长 6 760 名，其中自治区级河流河长、副河长 28 名，地州市和兵团师级河流河长 223 名，县市区和团场级河流河长 2 205 名，乡镇和连队级河流河长 4 304 名。新疆维吾尔自治区党委、政府主要领导共同担任自治区全面推行河长制领导小组组长和自治区总河长，兵团党政主要领导和自治区党委、政府分管领导共同担任领导小组副组长、自治区副总河长，自治区区级 9 条河流河长由 8 位自治区党委常委和 1 位自治区政府领导担任，副河长由自治区人大、政协有关分管领导和兵团党政领导担任，强化了河长制组织领导，实现了部门联动、地方和兵团统筹推进。目前，新疆维吾尔自治区全面建立河长制组织体系、工作制度体系和治理保护体系，确保管理保护从区域到流域、从大河到小河、从大湖到小湖全覆盖，实现河湖源头保护区污水"零排放"，河湖基本生态基流、基本生态用水和枯水期生态基流得到保障，河湖生态安全得到有效保障，建立起实现河湖功能永续利用的制度保障。

内蒙古自治区地域辽阔，河湖数量众多，流域面积 50 km^2 以上的河流 4 087 条、总长度 14.5 万 km，水面面积 1 km^2 以上的湖泊 428 个、总面积 3 916 km^2。内蒙古自治区河湖管理保护机制初步形成，2017 年 10 月底前全部出台了工作方案，构建了自治区、盟市、旗县（市、区）、乡镇四级河长制组织体系。目前内蒙古自治区落实各级河长 6 437 人，设立河长公示牌 9 166 块。河湖长体系为双总河长制，内蒙古自治区党委书记、政府主席分别担任自治区第一总河长和总河长，6 位省级领导分别担任黄河等 5 条主要河流和呼伦湖等 4 个重点湖泊的河湖长。在完成"建立四级河湖长组织体系"这一"规定动作"的基础上，内蒙古自治区还完成了"将河湖长制组织体系延伸到嘎查村"这一"自选动作"，打通河湖管护的"最后一公里"，夯实河湖管理保护工作。内蒙古自治区在开展河长制工作中因地制宜，创新工作思路，如赤峰等市加强涉水违法行为的水行政执法力度，设立河道警长和水利公安派出所，在内蒙古大兴安岭等边境地区还确定了党、政、军、警、民"五位一体"的联防联控机制；锡林郭勒盟正蓝旗为解决高格斯台河那日图苏木段时旅游高峰期环境污染问题，在河道附近建立旅游景点垃圾采集站，定期对采集站垃圾集中外运处理；呼伦贝尔市河长制办公室联合市委党校，将河长制作为青干班培训内容，要求学员转变工作思路，主动承担河湖管理和保护的责任；锡林郭勒盟西乌旗巴彦花镇创建"河长制+基层党建"模式，发挥共产党员在生态环境保护中的先锋模范作用，努力把内蒙古打造成为我国北方重要的生态安全屏障。

第10章 河长制考核典型案例分析

实施河长制考核有利于规范河长制体系建设与避免河长制形式主义化。考核评估是否到位，也是衡量全面建立河长制"四个到位"的要求之一。本章通过对一些典型省市河长制考核进行剖析，提炼特色与总结做法，为扎实推行河长制提供参考。

10.1 浙江省河长制考核

10.1.1 基本概况

浙江省从 2013 年开始全面推行河长制，其颁布的《浙江省河长制规定》也是我国首个以立法形式确定河长制法制地位的法律文件，河长制是浙江省在"五水共治"中的一项基础性和关键性治水保障制度。浙江省建立了省、市、县（市、区）、乡镇（街道）、村（社区）五级河长体系，省、市、县（市、区）设置河长制办公室，乡镇（街道）根据工作需要设立河长制办公室，统筹协调本级行政区内河长制工作 6 项任务。

（1）考核指标和内容

浙江省河长制工作纳入"五水共治"考评体系（共 100 分），其中河长制长效机制建设占 40 分，水资源保护管理占 10 分，河湖水域空间管控占 20 分，水生态修复占 10 分，水污染防治占 10 分，水环境治理占 10 分。浙江省针对河长制长效机制建设和工作任务考核进行了细化，并专门出台了《浙江省 2017 年度河长制长效机制考评细则》，见表 10-1。

表 10-1　浙江省 2017 年度河长制长效机制考评细则

类别	项目	考核内容	标准分	赋分原则
（一）组织体系建设（8分）	1. 河长制办公室建设	市、县（市、区）应设置相应的河长制办公室，与"五水共治"工作领导小组合署办公，明确河长制办公室人员、岗位及职责，设立负责人及联系人	2	市及市属县（市、区）河长制办公室人员、岗位及职责5月15日前全部完成设置并上报的，不扣分；5月31日前设立、上报的，每个扣0.5分；6月30日前设立、上报的，每个扣1分；其后有任一个未上报的本项不得分
	2. 河长制工作方案制定	市、县（市、区）制定落实相应河长制工作方案，工作方案应包括中央文件规定河长制工作六项任务	3	（1）市及市属县（市、区）要编制完成河长制工作方案（2017—2020年），工作方案在5月31日前上报的，不扣分；6月30日之前上报的，每个扣0.5分；其后有任一个未上报的不得分。本项共2分。（2）各级河长制工作方案按照中央文件要求包括六大主要任务，每缺少一项扣0.2分，本项共1分
	3. 健全河长架构	市、县、乡党政主要负责人担任总河长，根据河湖自然属性、跨行政区域、经济社会、生态环境影响的重要性等确定河湖分级名录及河长，所有河流水系分级分段设立市、县、乡、村级河长，并延伸到沟、渠、塘等小微水体。劣Ⅴ类水质断面河道，必须由市县主要领导担任河长。县级及以上河长要明确相应联系部门	3	（1）按要求设置各级总河长、剿灭劣Ⅴ类水体责任河长、市、县、乡、村级河长、小微水体河长，实现所有水体全覆盖的，不扣分，每发现一处未按要求落实相应河长，扣0.2分，本项共2分。（2）4月30日前按要求将河长信息上报省河长制办公室，不扣分；推迟1月上报或信息报送不完整、不准确的，扣0.5分；推迟2月未上报的，此项不得分，本项共1分

类别	项目	考核内容	标准分	赋分原则
（二）河长工作制度建设和落实（11分）	1. "一河一策"方案制定	县级及以上河长负责牵头制定"一河一策"治理方案，协调解决治水和水域保护的相关问题，明晰水域管理责任，并报上一级河长办	2	县级及以上河长 7 月 31 日前制定"一河一策"方案并上报的，不扣分；8 月 31 日前制定并上报的，每条扣 0.2 分；之后有任一条未上报的，该项不得分
	2. 河长督查指导制度	制定督导制度，县级以上河长定期牵头组织对下一级河长履职情况进行督导检查，发现问题及时发出整改督办单或约谈相关负责人，确保整改到位	1	市及市属县（市、区）任一处未制定督导制度的，扣 0.5 分；未按照督导制度实施督导检查并落实问题整改的，每发现一次扣 0.2 分。扣完为止
	3. 河长会议制度	市、县总河长每年至少召开一次会议，研究本地区河长制推进工作。每次会议需形成会议纪要或台账资料	1	市级总河长及辖区内县级总河长未按要求召开会议的，每发现一次扣 0.2 分，扣完为止
	4. 信息管理及共享制度	实现河长制管理信息系统全覆盖，对河长履职情况进行网上巡查、电子化考核；乡镇以上河长建立河长微信或 QQ 联络群；加强信息报送，县级以上河长制办公室每季度通报一次本行政区域河长制工作开展情况，并报上一级河长制办公室	3	（1）市及市属县（市、区）未建立河长制信息管理系统或未采用省级河长制信息管理系统的，每发现一处扣 1 分，该项共 1 分。 （2）未实现河长履职情况信息化考核的，每发现一次扣 0.1 分，该项共 0.5 分。 （3）乡镇以上河长未建立河长微信或 QQ 联络群的，每发现一次扣 0.1 分，该项共 0.5 分。 （4）未按规定及时通报本行政区河长制工作开展情况的每发现一次扣 0.1 分，该项共 1 分
	5. 报告制度	市级制定所辖区域河长报告制度，市级河长每年 12 月底前向当地总河长报告河长制落实情况	0.5	（1）未制定报告制度的，扣 0.2 分，本项共 0.2 分。 （2）市级河长 12 月 20 日前完成报告的，不扣分；1 月上旬前完成的，每发现一个人次扣 0.1 分；其后每发现 1 人次扣 0.2 分，扣完为止，本项共 0.3 分
		各市党委和政府次年 1 月上旬将本年落实河长制情况报省委、省政府	0.5	次年 1 月上旬前上报的，不扣分；1 月中旬前上报的，扣 0.2 分；其后不得分

类别	项目	考核内容	标准分	赋分原则
（二）河长工作制度建设和落实（11分）	6.河长公开制度	按照《关于印发河长公示牌规范设置指导意见的通知》要求，规范设置河长公示牌、信息要素齐全、准确，公开的电话畅通，公示牌管护到位	2.5	公示牌设置位置不当、公开要素不全、信息更新不及时、电话不通、管护不到位等发现一处，扣0.1分，扣完为止
		河长人事变动的，应在7个工作日内完成新老河长的工作交接	0.5	未按要求完成河长交接工作的，每发现一次扣0.1分，扣完为止
（三）考核奖惩机制（10分）	1.河长制落实考核	加强河长制落实情况考核。制定市考县、县考乡、乡考村的河长制落实情况考核办法和各级各有关部门和河长联系部门考核办法，并组织实施	1	（1）市及市属县（市、区）未制定河长制考核办法的，每发现一处扣0.5分，该项共0.5分。（2）未按照办法组织实施的，每起扣0.2分，扣完为止，该项共0.5分
	2.河长履职考核	加强对河长履职情况的考核。制定河道、小微水体河长履职工作考核办法并组织实施，实现河道、小微水体河长考核全覆盖	2	（1）市及市属县（市、区）未制定河长履职工作考核办法（包括小微水体河长考核）的，每发现一处扣1分，已制定但未包含小微水体河长考核的，每发现一处扣0.5分，该项共1分。（2）未按照办法实现河道河长考核全覆盖的每少一条河道扣0.1分，该项共0.5分。（3）未按照办法实现小微水体河长考核全覆盖的每少一个小微水体扣0.1分，该项共0.5分
	3.清三河反弹考核	河道水质发黑发臭等情况；河水水质呈现牛奶河等水质异常情况；河道保洁不及时，河岸垃圾堆积、河面垃圾漂浮等情况；河道淤积等情况	7	每发现一条黑臭河，扣1分；每发现一条垃圾河、牛奶河等河道水质异常情况，扣0.5分；每发现一条河岸两边有垃圾或杂物堆积，扣0.2分，河面有明显的垃圾漂浮扣0.1分；河道明显淤积，且未纳入当年清淤计划的，每发现一处扣0.2分。扣完为止

类别	项目	考核内容	标准分	赋分原则
（四）保障措施落实（11分）	1. 河长巡河	市级河长巡河每月不少于1次，县级河长每半月不少于1次，乡级河长每旬不少于1次，村级河长每周不少于1次。乡级河长每月、村级河长每周的巡查轨迹覆盖包干河道全程。河道保洁员、巡河员、网格员等相关人员按规定巡查，发现问题及时报告河长	5	（1）市及市属县（市、区）未制定河长巡查制度，每发现一处扣0.5分，该项共0.5分。（2）市及市属县（市、区）未建立并落实河道保洁员、巡河员、网格员等相关人员按规定巡查、发现问题及时报告河长的工作机制，每发现一处扣0.1分，该项共0.5分。（3）抽查各级河长巡查频次，每少1次扣0.1分；巡查日志未记录或记录不规范每次每本日志扣0.1分；对问题未及时处理的，每次扣0.1分，扣完为止，该项共4分
	2. 业务培训	市、县每年至少组织一次，乡（镇、街道）每年至少组织两次河长制工作专项培训，提高河长履职能力	1	市及市属县（市、区）未组织培训的，每个扣0.2分，乡（镇、街道）未组织培训的，每个每缺一次扣0.1分，扣完为止
	3. "五水共治"、河长制宣传教育	发动干部群众参与治水行动，采取多种形式开展"五水共治"、河长制宣传教育活动；建立信息报送制度，组织开展信息员培训，充分展示各地"五水共治"、河长制工作中好的经验做法；营造"五水共治"、河长制宣传教育的良好氛围，积极引导公众参与	5	（1）宣传教育工作无计划，落实不实，效果差的，扣1分。（2）每年开展"五水共治"、河长制专项宣传教育活动至少各1次，未达到或无记录的各扣1分。（3）"五水共治"、河长制宣传教育效果差、氛围不浓厚的，扣1分。（4）信息报送不积极、信息内容不客观、稿件质量不高等情况，酌情扣分
总计			40	

注：细则中"每发现"是指省治水办组织的专项督查中发现。

（2）考核结果运用

①将河长制落实情况纳入"五水共治"、美丽浙江建设和最严格水资源管理制度、水污染防治行动实施情况的考核范围。

②纳入同级政府对所辖单位、县（市、区）对乡镇（街道）及村（社区）的

年度考核考评，并与绩效奖惩挂钩。

③将领导干部自然资源资产离任审计结果及整改情况作为考核的重要参考。

④考核结果按照干部管理权限抄送组织人事部门。

⑤河长制履职考核情况列为党政领导干部年度考核的内容，作为领导干部综合考核评价的重要依据。

⑥对成绩突出、成效明显的，予以表扬；对工作不力、考核不合格的，进行约谈或通报批评。

⑦未按照规定对责任河湖进行巡查或巡查中发现问题不处理或不及时处理等履职不到位、失职渎职，导致发生重大涉水事故的，依法依纪追究河长责任。

⑧对垃圾河、黑臭河、劣Ⅴ类水质断面严重反弹或造成严重水生态环境损害的，严格按照《浙江省党政领导干部生态环境损害责任追究实施细则（试行）》规定追究责任。

10.1.2　特色做法

浙江省河长制考核的特色在于将河长制考核纳入"五水共治"考核，系统性考核避免了人为工作分割条块化，有利于河长制工作全面推进。浙江省河长制考核特色在于目标更明确，任务更细化，特别是在水污染防治和水资源保护等方面，做到目标量化、任务细化。浙江省河长制考核的另一个特色在于信息化管理助力河长制考核。根据《关于开展河长履职电子化考核的通知》要求，治水办（河长办）组织开展对包含河长基本信息、河长巡河达标情况、河长巡河记录、有效巡查轨迹和问题处理结案情况5个指标在内的河长履职情况进行考核，并对河（湖）长电子化考核情况进行通报，电子化考核工作情况纳入河（湖）长制工作年度考核。浙江省大力推行河长制管理系统，实现全省全覆盖。有利于提升各级河长与相关职能部门河长制工作的积极性。

10.1.3 主要成效

巡河 App，解决河长巡河假轨迹与不到位、发现问题上报不及时等问题，有力解决了河道黑臭河反弹、水质反复恶化问题。巡河 App 巡查有数据，考核有依据，有力推动河湖保护实效的同时提升了河湖长考核工作效率和效果。

10.1.4 案例启示

浙江省将河长制考核纳入"五水共治"考核之中。考核内容总体上与中央要求一致，主要包括河长履职情况和任务完成情况；浙江省河长制信息化管理系统功能全面，有力推进河长制工作，包括河长制考核工作效率。浙江省河长制考核案例启示主要有：第一，河长制考核必须领导重视，高位推动；第二，考核指标设置科学合理，常动结合；第三，考核手段实现现代化、信息化考核。

10.2 天津市河长制考核

10.2.1 基本情况

天津市河长办根据不同阶段工作内容和要求，动态调整每次督查重点内容，全年开展 4 次全面督查、每月开展跨级暗查暗访，有效促进各区河（湖）长制工作扎实推进。同时天津市河长办对河（湖）长制考核中发现突出问题的区进行挂牌督办，建立督办问题台账，实施销号管理，全年印发督办通知 20 份，督促整改问题 89 个。

天津市河长办依据河（湖）长制考核办法制定了实施细则，对各区实行月度考核与年度考核，月度考核侧重水质与日常管理，年度考核侧重重点目标和任务完成情况。市河长办将考核成绩排名全市通报，发现问题立即印发整改通知，全年印发月度考核通报 12 期，督促整改问题 112 个，对年度、月度考核成绩落后或河道水环境存在严重问题的河（湖）长进行约谈。各区对乡镇（街道）实施考核，并根据存在的问题进行逐级约谈问责，督促各级河（湖）长履职尽责。2018 年，约谈区级河（湖）长 17 人次，问责乡镇（街道）、村级河（湖）长 105 人次。

10.2.2　特色做法

天津市实行月度考核、年度考核两种形式。月度考核主要考核河湖水生态环境质量相关指标；年度考核主要考核河长制工作任务落实情况、河长履职情况、河长制办公室日常工作开展情况等。

（1）月度考核

月度考核由天津市河长制办公室组织实施，采用实时监测、日常抽查、社会监督相结合的考核方式。

①区域地表水环境质量。

a. 综合污染指数：依据天津市 16 个区《水污染防治责任书》确定的考核断面，选取高锰酸盐指数、化学需氧量、氨氮和总磷作为地表水综合污染指数评价指标。按照综合污染指数从小到大对 16 个区的地表水环境质量进行排名，综合污染指数越小，说明该区水环境质量考核目标完成情况越好，反之越差。

b. 地表水水质同比变化率：本月地表水水质综合污染指数减去上年同月综合污染指数后与上年同月综合污染指数之比的百分数。按照变化率数值从小到大对 16 个区的地表水水质变化率进行排名，排名越靠前说明该区水环境质量改善程度越高，反之越低。变化率为负数表示同比改善，正数表示同比恶化。

②河湖水生态环境质量。

河湖水生态环境质量由天津市水务局制定考核方案并实施考核。

a. 河湖水质：河湖水体水质感观情况；河湖区界断面出入境水体水质变化情况；河湖口门排水情况；污水处理厂达标排放情况。

b. 河湖堤岸水面环境卫生：管理范围内堤岸水面环境日常保洁情况；甬路、台阶、护栏等堤岸设施维护情况；护坡杂草清理、垃圾收集清运情况。

c. 河湖岸线管理：河湖保护和管理范围内侵占河道、围垦湖泊、非法采砂等违法案件查处情况；违章建筑清理情况；河湖岸线乱占滥用、多占少用、占而不用等突出问题清理整治情况；打击涉河湖违法行为工作情况，包括清理整治非法排污、设障、捕捞、养殖、采砂、采矿、围垦、侵占水域岸线等活动。

③社会监督评价。

社会监督评价由天津市河长制办公室制定考核方案并实施考核。

a. 社会监督员满意度调查：从感官水质、口门排污、环境卫生、美化绿化、管理设施、公示信息等方面收集社会监督员对河湖水生态环境管理工作的评价结果。

b. 社会监督举报：水利部、生态环境部等中央部委受理移交事项的处置情况；河（湖）长制社会监督电话受理事项处置情况；网络舆情等网络受理事项处置情况。

月度考核内容由天津市河长制办公室根据各市直责任部门工作需要年度调整。

（2）年度考核

年度考核由天津市河长制办公室组织成员单位采用集中检查的考核方式实施。

①河长制主要任务。

a. 加强水资源保护：水功能区监督管理情况；饮用水水源保护情况。

b. 合理开发利用水资源：优化水资源配置情况；用水总量和用水效率双控情况。

c. 加强河湖水域岸线管理保护：依法划定河湖管理范围工作情况；河湖蓝线划定工作开展情况；水域岸线用途管制工作情况。

d. 加强防洪除涝安全建设：加强行洪河道管理情况；强化防汛抢险能力建设情况；加强蓄滞洪区管理情况；城乡排涝工作开展情况。

e. 落实水污染防治行动计划：工业污染源防治工作开展情况；城镇生活污水治理情况；全面加强配套管网建设情况；推进农业农村污染防治工作情况；推进农村污水治理工作情况；推进船舶污染防治工作情况。

f. 加强水环境治理：水质达标方案制定实施情况；整治河湖黑臭水体情况；严格防范水环境风险工作情况；突发环境事件应急机制完善情况；加快海绵城市建设工作情况。

g. 加强水生态修复：境内河湖水系连通情况；区域河湖生态水量调度管理情况；保护水和湿地生态系统情况；推进生态健康养殖情况；加强河湖水产资源管理和保护情况。

h. 加强执法监管：涉河湖权责名单明晰情况；联合联动执法机制建立情况；建立健全河湖长效管理机制情况；严厉打击涉河湖违法行为情况。

②综合工作任务。

a. 河长履职：落实市级河长的工作部署情况；组织做好防洪除涝工作情况；负责制定并落实区管河湖"一河一策"方案情况；负责牵头推进辖管河湖突出问题整治、水污染综合防治、河湖生态修复、河湖周边综合执法等河湖管理保护利用工作情况；协调解决河长制实际问题情况；检查督导和考核镇（街、乡）级河长、区直责任部门履行职责情况；河长巡河情况。

b. 信息公示公开：河长制公示牌、宣传牌设立情况；河长制考核成绩公示公开情况。

c. 信息报送工作：重点工作信息报送情况；日常工作信息报送情况；重大或突发事件信息报送情况。

d. 其他相关工作。

③辅助考核指标。

a. 下列情形之一的，年度考核成绩扣减相应分数：

I. 市领导交办或批示的河长制相关事项落实不力的。

II. 督查中发现问题整改处置不力的。

III. 日常检查抽查中发现问题处置不力的。

IV. 社会监督举报事项（中央部委受理移交事项、电话网络受理事项等）处置不力的。

扣减累计不超过 6 分。

b. 下列情形之一的，取消年度考核资格：

I. 未落实河长制党政同责、一岗双责。

II. 未履行河长职责。无签署、布置、协调、检查、推动等相关工作佐证材料（文件、会议纪要、工作信息等）的。

III. 未建立河长制办公室，落实机构、人员、经费的。

IV. 河长制工作制度不健全，内容不完整的。

V. 未按要求建立河长制责任体系的。

VI. 未按要求开展"一河一策""一河一档"工作的。

综合评定为年度考核成绩=月度考核平均成绩×40%+八项主要任务重点工作

考核成绩×40%+综合工作任务考核成绩×20%

10.2.3　主要成效

通过强化考核，天津市河湖水体水质得到大幅度提升，水环境水生态得到质的改善。2018 年，天津市 20 个地表水国考断面优良（达到并优于Ⅲ类）水体比例为 40%，同比提高 5 个百分点，较国家 25% 的年度考核要求增加 15 个百分点；劣Ⅴ类水体比例为 25%，同比下降 15 个百分点，较国家 55% 的年度考核要求减少 30 个百分点。天津市纳入国家考核的 2 个城市饮用水水源地中，2018 年南水北调中线天津段水源地曹庄子泵站累计达到Ⅱ类水质，于桥水库除 2 月冰封、7—10 月清淤停止供水外，其余月份水质累计达到Ⅲ类水平。天津市环城四区围绕河长（湖）制工作目标和任务，综合施策、多措并举，开展河湖生态综合治理。实施于桥水库底泥清除工程及于桥水库截污沟一期工程，减少水库内源污染及库区周边面源污染。利用外调水、雨洪资源和中心城区循环退水实施生态补水，改善河湖、湿地水生态环境。建设了 324 个村的农村生活污水处理设施，完成了 557 家规模畜禽养殖场粪污治理工作。实施中心城区及环城四区水系连通工程，提升中心城区环境水利用率，改善环城四区水环境。

10.2.4　案例启示

天津市河长制考核的案例启示主要有：第一，复合型考核，管理过程与结果并重。天津市河长制考核，在年度考核成绩中，月度考核平均成绩占 40%，八项主要任务重点工作考核成绩占 40%，综合工作任务考核成绩占 20%。第二，引入公众考核，增强公众监督作用。社会监督评价包括社会监督员满意度调查（从感官水质、口门排污、环境卫生、美化绿化、管理设施、公示信息等方面收集社会监督员对河湖水生态环境管理工作的评价结果与社会监督举报；社会监督员满意度调查）与社会监督举报（水利部、生态环境部等中央部委受理移交事项的处置情况；河长制社会监督电话受理事项处置情况；网络舆情等网络受理事项处置情况）。第三，考核结果运用得当，奖罚分明，充分体现考核管理效用。

10.3　河南许昌市河长制考核

10.3.1　基本情况

为保护水资源、防治水污染、改善水环境、修复水生态，河南省许昌在全市河湖水库全面推行河长制，积极维护许昌河湖的健康生命，为实现河湖功能永续利用提供制度保障。2017 年年底前，许昌市全面建立河长制，建成市、县、乡、村四级河长体系。在全市流域面积 30 km² 以上的河流，以及流域面积 30 km² 以下，对当地生产生活有重要影响的河流（沟）设立河长，统一竖立河长制公示牌，各级河长和工作人员责任落实、上岗到位，各级河长制信息平台全部建立。从 2018 年开始，对各级河长制落实情况进行考核。

（1）考核对象

考核对象为许昌市各县（市、区）政府（管委会）、市级河长办成员单位。

（2）考核内容

①省委省政府、市委市政府河湖长制工作安排部署的贯彻落实情况。水利部河湖长制工作推进会议，全省河湖长制工作电视电话会议，市级河湖长会议、联席会议、工作推进会议等贯彻落实情况。

②基础工作开展情况。河湖长履职情况；河长办能力建设和资金落实情况；组织体系和制度体系建设情况；省、市交办问题整改情况；公示牌管护及接受社会监督情况；河湖长制宣传、培训及经验交流情况。

③专项工作开展情况。"一河（湖）一策"方案编制情况；"一河（湖）一档"建立情况；入河排污口规范整治、非法采砂专项整治、河流清洁百日行动、河湖"清四乱"等专项行动、河湖划界确权等专项行动开展情况。

④重点任务落实情况。2018 年 3 月 19 日全市河湖长制工作推进会议签订的目标责任书完成情况；2018 年河湖长制重点工作安排部署及落实情况。

（3）考核方式

①责任分工。全面考核实行组长负责制，由市财政局、市发改委、市农业局、市国土局、市交通局、市住建局、市环保局、市水务局、市林业局 9 位市级河长对口协助单位作为考核组长单位，有关成员单位配合，成立 9 个考核工作组，每个工作组由成员单位领导和工作人员组成。

②考核方式。考核组采取听取汇报、座谈交流、查阅资料、实地查看等方式，全面掌握工作进展情况。对各县（市、区）的考核要随机抽查 2 个乡、2 个村，并实地抽查河湖管护情况。考核组根据《许昌市 2018 年河湖长制工作考核赋分标准》，对各县（市、区）和成员单位工作开展情况进行评分，并根据考核情况形成考核报告。

（4）考核指标

《许昌市 2018 年河湖长制工作考核责任分工》见表 10-2。

表 10-2 许昌市 2018 年河湖长制工作考核赋分标准

类别	内容	指标	分值	赋分标准
河湖长制基础工作（40分）	机构建设（4分）	工作人员	1	县河长办有专职工作人员，5人及以上得1分，每少一人，扣0.2分
		经费保障	2	县级河湖长制办公室工作经费列入2018年财政预算，得1分；河道巡查保洁人员经费有保障，凭相关文件，得1分
		办公场所	1	县级有固定的场所和标牌，办公场所悬挂有制度、职责、水系图，得0.5分；乡级有固定的场所和标牌，办公场所悬挂有制度、职责、水系图，得0.5分
	贯彻落实（12分）	安排部署	4	组织召开县级总河长会议，得1分；组织召开联席会议，每次得0.5分，最高1分；贯彻落实各级会议精神，有安排部署，以会议通知、记录等为准，每次得0.2分，最高1分；乡级召开会议研究河长制工作，以会议通知、记录为准，每次得0.5分，最高1分
		方案制定	5	县级印发2018年工作要点得1分；县级印发三年行动计划得1分；县级印发任务分解方案得1分；县级印发专项方案得2分
		河湖长制全覆盖	3	湖长制贯彻落实方案得0.5分；县级完成湖泊名录、水库名录、小微水体名录得2分；有明确的责任主体得0.5分
	履职尽责（9分）	县级河湖长	6	县级印发总河长令，得1.5分；各县级河湖长主持召开分包河道工作会议，得1.5分；巡河次数均达到制度要求，得1.5分；巡河发现问题均能及解决，得1.5分；每项未全部符合要求的，按比例赋分，得分=（符合要求的河湖个数/县级河湖长总个数）×1.5
		乡村级河湖长	3	乡村级河湖长巡河次数均达到制度要求，得2分；乡村级河湖长巡河发现问题均能及时解决，得1分
	督导考核（6分）	督导考核	6	县级制定半年督导考核方案并印发通报得2分；县级督查、暗访开展情况，得4分
	宣传教育（9分）	宣传报道及培训	4	县级宣传报道形式手段多样，得2分；县河长办组织相关人员培训，每次得1分；满分为2分

类别	内容	指标	分值	赋分标准
河湖长制基础工作（40分）	宣传教育（9分）	公示牌管护	2	公示牌洁净、无破损，周边环境整洁无垃圾，得1分；河湖长制公示牌及时更换得1分；公示牌监督电话拨打无人接听，发现1例减0.2分（抽查数不少于3块）
		群众参与	3	县级聘请社会监督员，得1分；完成聘任民间河长得1分；组织社会公众积极参与河长制相关监督、测评、征文、摄影、知识竞赛、科普、河湖管护建议、微信公众平台互动等事项，每发现一项加0.2分，不超过1分
河湖长制专项工作（25分）		河湖"清四乱"行动	7	有工作方案、会议部署、问题清单台账、督导检查得4分；实地查看中发现"四乱"问题1处，扣0.5分，最高扣3分，未发现不扣分
		河湖综合执法	3	有工作方案、会议部署、工作总结得1分；按照时间要求集中开展联合执法行动得2分
		开展河湖划界确权	5	召开会议进行安排部署得1分；资金保障得1分；提交调查测量成果得2分；完成管理范围划定工作方案编制工作得1分
		"一河（湖）一策"编制及治理情况	8	完成县级河湖"一河（湖）一策"方案初稿得1分；方案经过专家审查得2分；完成方案审批印发得3分；启动"一河一策""一湖一策"治理工作，建立相应工作台账的得2分
		"一河一档"建立情况	2	建立河湖"一河（湖）一档"，得2分

类别	牵头单位	目标及主要任务	分值	考核内容
河湖长制重点工作（35分）	市水务局（10分）	持续推进水资源消耗总量和强度双控行动，各县市区用水总量、万元GDP用水量、万元工业增加值用水量等指标控制情况	1	各县市区用水总量、万元GDP用水量、万元工业增加值用水量等指标控制情况
		列入省级考核的重要水功能区水质达标情况	1	全市8个列入省级考核的重要水功能区水质达标率达到100%
		组织自来水管网覆盖范围内水井封停和南水北调地下水压采工作，巩固自备井关闭成效	1	各县市区关闭自备井情况，2018年全市要关闭自备井157眼，压采地下水开采量446万 m³
		开展入河排污口调查摸底和规范整治	1	5月底前完成入河排污口调查摸底和成果填报的得1分；7月底前完成入河排污口规范整治方案并上报的得1分；规范入河排污口设置审批的得1分；按期完成拟定整治任务的得1分
		开展县城节水型社会达标建设工作	1	开展禹州市、长葛市、鄢陵县、建安区县城节水型社会达标建设工作，禹州市和长葛市完成年度建设任务并通过验收
		保开展障农村饮水安全	1	落实农村饮水安全工程建设、水源保护、水质监测评价"三同时"制度。强化水质净化处理设施建设以及消毒设施安装、使用和运行管理。集中式供水工程按要求配备安装水质净化和消毒设施设备
		农业灌溉水利用系数达到0.7，加快推进高效节水灌溉建设	1	各县市区，农业田灌溉水有效利用系数指标完成情况；各县市区完成年度15万亩（禹州市、长葛市、鄢陵县、襄城县、建安区各3万亩）建设任务
		城市公共管网漏损率低于11%，许昌市建成区再生水利用率不低于30%，县城再生水利用率不低于10%	1	各县市区城市管网漏损率指标控制情况，许昌市建成区、县城再生水利用率控制指标完成情况

类别	牵头单位	目标及主要任务	分值	考核内容
河湖长制重点工作（35分）	市水务局（10分）	开展城市黑臭水体整治，采取控源截污、内源治理、疏浚活水、生态修复、长效管理的技术路线，系统推进城市黑臭水体整治，并建立长治久清的长效机制，防止反弹	1	许昌市城市建设区及禹州、长葛市城区黑臭水体全部消除；鄢陵县、襄城县城区基本完成黑臭水体整治任务
		开展城市生活污水整治，持续推进城市建成区雨污分流工作，落实管网和泵站建设改造计划，加快城镇污水截污纳管工作	1	完成东城区小洪河邓庄污水截污纳管。新兴路污水管网环通工程、清潩河学院路桥排水口整治工程和魏都区灞陵河戒毒所区域过河泵站及配套管网建设。继续推进城市污水处理设施增效扩容建设。新（改、扩）建城市污水处理厂应采用先进技术提高治污效能，采取深度处理或配套建设尾水湿地的方式，入河水质达到纳污水体地表水环境质量考核目标标准。完成许昌市屯南污水处理厂二期工程建设。长葛市清源污水处理厂二期工程、许昌瑞贝卡污水处理厂三期工程建设
	市环保局（4分）	地表水环境质量目标任务完成情况，全市河流水质优良比例总体达到53.2%以上	1.5	各县市区地表水责任目标断面目标完成情况
		城市集中式饮用水水源水质达到或优于Ⅲ类比例达到100%	1.5	各县市区集中式饮用水水源水质达标情况
		防治地下水污染	1	持续推进加油站地下油罐改造。加油站等地下油罐应当使用双层罐或采取建造防渗池等其他有效措施，并进行防渗漏监测，防止造成水污染，2018年年底前，基本完成全市加油站地下油罐防渗防漏任务

类别	牵头单位	目标及主要任务	分值	考核内容
河湖长制重点工作（35分）	市林业局（4分）	开展骨干河道生态建设。完成国土绿化造林任务5.98万亩。大力实施"绿满许昌"行动计划，深入推进河道绿化美化工程，以流域面积超过1 000 km² 的北汝河（含沙河段）、颍河、双洎河、清潩河、清流河5条河流为重点，逐步建设形成河道绿色屏障	2	各县市区河道绿化工作开展情况，绿化造林任务指标完成情况
		规划建设人工湿地。保持全市12.5万亩湿地只增不减，湿地保护率不低于50%，在有条件的支流入河（湖）口、污水处理厂尾水排放口和河道，规划、建设人工湿地，进一步削减污染物，逐步恢复水生态功能。加快襄城北汝河国家湿地公园、颍河林水生态长廊和双洎河湿地公园建设	2	各县市区人工湿地规划及建设工作开展情况。各县市区湿地任务指标完成情况
	市城管局（4分）	实施公厕革命，制定全市城市公厕实施方案，全面实施新建公厕建设和公厕提升改造工程。推进农村"厕所革命"，开展农村户用卫生厕所建设和改造	2	2018 年全市共新建改建公共卫生厕所290座（县城及以上城市建成区92座，乡镇建成区、中心村154座，旅游景区44座）。其中，禹州市82座，长葛市38座，鄢陵县40 座，襄城县48 座，魏都区11座，建安区39座，示范区5座，东城区20座，开发区7座）。农村厕所革命启动情况
		组织农村生活垃圾整治，开展非正规垃圾堆放点排查整治，重点整治垃圾山、垃圾围村、垃圾堵河、垃圾围湖、工业污染"上山下乡"等问题。部分村庄农村生活垃圾乱扔乱堆得到初步管控	2	各县市区农村生活垃圾工作开展情况

类别	牵头单位	目标及主要任务	分值	考核内容
河湖长制重点工作（35分）	市住建局（4分）	组织开展农村生活污水专项整治行动。农村生活污水乱排放得到初步管控	4	加强农村生活污水源头减量和尾水回收利用，完成建安区林井镇污水处理厂、襄城县颍阳镇、颍桥回族镇集中式污水处理设施建设。贯彻落实农村人居生活环境整治三年行动方案，推进美丽乡村建设试点、水美乡村、农村环境综合整治等工作，大力推动乡村坑塘清淤、蓄水、自净（生态修复）工程建设
	市农业局（4分）	组织开展非法河湖养殖、捕捞专项整治行动。做好农业面源污染防控工作，开展第二次农业污染源普查工作	4	推进农业用水绿色发展方式，重点做好农业"控水、减肥、减药"工作，在旱区大力推广集雨补灌、蓄水保墒技术，在灌区实施水肥一体化集成模式示范区建设，重点在长葛建设 2 200 亩示范区，持续推进农业化肥农药零增长行动，力争到 2018 年年底全市农作物化肥使用量保持零增长，化肥利用率提高到 38%以上；主要农作物病虫害绿色防控覆盖率提高到 28%以上，主要粮食作物专业化统防统治覆盖率超过 38%，主要农作物平均农药利用率提高到 38%以上；秸秆综合利用率达到 95%以上
	市畜牧局（3分）	组织开展畜禽养殖污染专项整治行动。巩固畜禽养殖污染整治成果。续推进畜禽规模养殖场粪污处理设施配套建设，年底前配套率达到82%以上	3	河流一级保护区畜禽养殖场清理搬迁情况，各县市区规模养殖场处理设施配套指标完成情况
	市交通局（2分）	开展交通运输业水污染防治	2	完善高速公路服务区污水处理和利用设施建设，提升污水处理水平，确保污水处理得有妥善处置；组织排查全市高速公路服务区污水排放情况，并分别制定整治方案。完成所有服务区污水处理设施建设任务；建立健全船舶污染物接收、转运、处置监管制度，加强控制船舶污染

10.3.2　特色做法

河南省许昌市河长制考核主体和考核对象明确，分工清晰，便于考核工作高效实施。许昌市河长制考核充分发挥河长制工作办公室成员单位业务强和熟悉业务领域的优势，组织各成员单位作为考核执行小组，提高了河长制考核效率和效果。许昌市河长制考核指标体系符合考核指标体系构建原则，指标全面、主次分明、重点突出、把握精准。

10.3.3　主要成效

河南省许昌市将控制指标完成情况纳入各县（市、区）经济社会发展年度考核评价内容中，专项考核从严实行。城市规划区供水管网覆盖范围内自备井全部关停，非常规水源开发利用领域进一步拓展，节水型城市和节水型社会建设成效显著。大力开展水生态文明宣传教育，显著提升人民群众节水、爱水、惜水、护水意识，使人民群众真正成为"水生态文明城市建设"的学习者、宣传者和实践者，有力推动许昌市从创建文明城市到建设城市文明的提升跨越。

河南省许昌市中心城区河湖水系蓄水以来，浅层地下水回升 2.6 m，地下水漏斗区逐步修复，河道生态功能逐渐恢复，市区空气湿度明显增加，空气质量、水环境质量显著改善。拥有 500 年历史、全长 5.3 km 的护城河修复环通，开通水上巴士，使"泛舟河上、环游许昌"成为现实，市民群众在家门口就能享受到"身居闹市而有林泉之欢"的诗情意境。2018 年许昌市被网民推选为全省"最美城市"，人民群众的生活品质、获得感和幸福感得到大幅提升，成为治水兴水的最大受益者。许昌市宜业、宜居、宜游环境的全面提升，吸引了更多的人流、物流、信息流和资金流向许昌汇聚，实现了生态效益、社会效益和经济效益的共赢。

10.3.4　案例启示

许昌市河长制考核值得借鉴在于高效组织各成员单位为执行考核参与单位，

用人所长，不仅提高考核效率和效果，而且有利于各成员单位摆正自己在河长制工作中的位置与责任。同时，注重发动群众，积极引导公众参与考核。河南省许昌市河长制考核的案例启示主要有：

第一，依法治水，严格考核。出台《关于加强水系连通环境保护和管理的意见》《许昌市市区河湖水系管理考核奖惩办法（试行）》《许昌市中心城区河湖水系管理保护条例》，为中心城区河湖水系管理保护提供有力法治保障。

第二，全面考核，无缝衔接。如河长制工作考核与最严格水资源管理制度考核、水污染防治行动计划实施情况考核相结合。许昌市加强连通后的河流湖泊水质的监测考核，由市水务局牵头，联合住建、环保、城管等部门，对市区河湖水系调度管理、安保巡防、水体管护、游园广场、园林雕塑、桥梁道路、亮化工程及其附属设施实行日常巡查和月集中考核，考核结果在新闻媒体上公布，并严格落实奖惩。

第三，以人为本，依靠群众。积极引导公众参与水生态文明城市建设，不断拓宽公众对于水生态环境意见和建议的反映渠道，将水系建设和管护纳入城市数字化管理平台；聘请市民志愿者担任监督员，定期征求河湖水系管护的意见和建议，形成了全市上下共护、共享河湖生态环境建设成果的生动局面。

本章小结

本章通过对水资源丰富全国领先浙江省、水资源短缺与污染严重力争上游的九河下梢天津市、水资源匮乏型"河长制"落实突出的地级市许昌市等典型"河长制"考核具体案例的引述实况、剖析特色、提出经验的基础上给出相关提升建议，以供各地河长制考核参考。

第11章 河长制监管执法典型案例分析

11.1 浙江省构建全国首个地方性法规

11.1.1 基本情况

2017年10月1日，《浙江省河长制规定》正式施行，这是我国第一个河长制地方性法规，标志着浙江省河长制工作迈上了法制化新台阶，河长履职实现有法可依、有章可循。

2013年以来，浙江省不断创新河湖管护模式，全面推行河长制，特别是在水环境治理、水污染防治方面取得显著成效，赢得百姓赞誉。浙江省十四次党代会提出要"高标准推进五水共治，坚持和深化河长制"。作为全国先行先试的典范，浙江省河长制工作在前期探索实践基础上总结深化，出台《浙江省河长制规定》，以立法形式固化先进经验，明确河长担当，为各级河长履职提供法制保障。

11.1.2 特色做法

（1）浙江特色，立法固定

浙江省是全国率先实施河长制的省份之一，2008年起已在部分地区进行试点，2013年在全省实施。经过几年努力，浙江省已经初步形成了一套以河长制为核心的治水体系和长效机制，走出了一条具有浙江特色的治水新路。

浙江省在河长制的推动中，积累了联防联治、民间参与、社会监督等系列宝贵经验，《浙江省河长制规定》对此都予以了固化。浙江省人民代表大会常务委员会副主任袁荣祥认为，作为一部创制性立法，《浙江省河长制规定》在遵循现有法律法规构建的治水责任体系的前提下，针对河长制实践中亟须法律保障的薄弱环节，对河长制体制机制予以明确，创设了具有浙江特色、符合浙江实际的河长制规范。汇集民智，反映民意，既提升和固化了现有的经验和做法，又有很多制度创新，是一部切合浙江省实际，体现以人为本、生态为先、永续发展理念的法规。

（2）明确职责，"赋权"河长

河长制立法固化，其首要意义在于厘清了河长与政府及相关主管部门之间法定职责的关系。《浙江省河长制规定》将河长制定义为"由河长对水域的治理、保护予以监督和协调，督促或者建议政府及相关主管部门履行法定职责、解决责任水域存在问题的体制和机制"。需要强调的是，河长制不是用新设立的河长来替代主管部门日常监督检查职责的制度，而是作为日常监督检查的补充和辅助，推动和帮助部门更好地履行职责。

《浙江省河长制规定》还明确了各级河长的职责划分。县级以上河长侧重于督促相关部门解决问题，乡、村级基层河长侧重于对责任水域开展日常巡查并报告发现的问题。《浙江省河长制规定》拓宽了问题反映渠道，乡级河长发现问题后，可向相关主管部门、市县级河长或者河长制工作机构报告，具有很强的实际操作性，有效解决了河长与部门沟通不顺畅等问题。

"责任大，权力小"，这是治水实践中众多基层河长提出的共同意见。《浙江省河长制规定》对"责、权、利"进行了科学设置，通过增加河长对部门的评价和制约机制，给河长"赋权"。《浙江省河长制规定》明确，河长拥有对相关水域主管部门提请约谈、考核等职权。主管部门未按河长要求履行职责，将承担法律责任。

（3）宣传贯彻，依法治水

《浙江省河长制规定》颁布实施的主要意义在于，进一步落实和完善了河长制工作体制机制，将有力推进浙江河长制工作，重点是贯彻实施。

为全面掌握《浙江省河长制规定》的精神实质和具体内容，浙江省河长办举办了全省河长制规定专题培训班，浙江省河长办、省人大举行新闻发布会及宣传贯彻会议，对《浙江省河长制规定》的宣传贯彻工作进行了专题部署。全省各市、县河长办组织开展各级河长和河长办工作人员"全员培训"，多渠道、多途径、多方式，积极开展《浙江省河长制规定》宣传活动，做到全省每位河长人手一册，入脑入心，家喻户晓。

公众对治水以及河长工作的参与和监督起着至关重要的作用，《浙江省河长制规定》从建立健全河长公开制、公众投诉举报登记制、公众参与巡查制度等方面对公众的参与和监督机制做了规定。同时，各地广泛深入开展《浙江省河长制规定》在公众中的宣传，增强社会公众遵法守法意识，形成全社会广泛参与河长制工作、全民护水的良好氛围。

11.1.3　主要成效

根据《浙江省河长制规定》的要求，浙江省进一步落实河长"治、管、保"责任，规范河长及公示牌设置，完善各级河长巡河、会议和报告、举报投诉受理、督查指导等制度，全面实现全省河长制信息平台、App 与微信平台等全覆盖，搭建融信息查询、河长巡河、政务公开、信访举报、公众参与等功能于一体的智慧治水大平台，推动河长制向常态化、法治化、精准化转变。

11.1.4　案例启示

《浙江省河长制规定》的出台，是对浙江省近年来河长制先进经验的固化，为规范河长工作行为和职责提供了重要依据。同时，该规定进一步在法律层面厘清了各级河长的职责，让河长履职责权相当、有法可依。

11.2 浙江省衢州市构建"法律屏障"，共护一江清水

11.2.1 基本情况

"居浙右之上游，控鄱阳之肘腋，制闽越之喉吭，通宣歙之声势"。川陆所会，四省通衢。衢州市是闽浙赣皖四省边际中心城市。衢州，自古就占据着浙江省重要水系的脉搏，是母亲河钱塘江的源头。作为浙江省重要的生态屏障，治水对衢州市而言，更是一种来自天然的使命。

开展"五水共治"以来，衢州市紧紧围绕"在全省率先建成'两山'实践示范区和美丽富饶'大花园'"战略目标，结合司法体制改革，充分发挥司法效能，形成教育、执法、监督、审判、修复等一系列治水护水司法链条，着力破解因水环境违法犯罪行为查处难度大、执法不严格等造成的水质易反复反弹难题。

11.2.2 特色做法

（1）多链条立法，密法网

一是研读环保法。在司法系统内组织大学习、大讨论，认真研读《水法》《水污染防治法》，以及《刑法》《环境保护法》中的涉水条款，严格贯彻《最高人民法院、最高人民检察院关于办理环境污染刑事案件适用法律若干问题的解释》，准确把握"水"犯罪的入罪标准，依法严惩破坏水资源的犯罪行为，形成对破坏水资源类犯罪的高度威慑力。如衢州市针对非法捕捞对水体影响广、贻害大现状，在全国率先开展全域天然水域禁渔制度，将"电、毒、炸"鱼等行为入刑。二是补全地方法。主动对照《刑法》《水法》等法律的适用盲区，补全完善地方性"水"法规，形成协调统一、相互补充的"水法"体系。2015年来，衢州市地县两级先后制定出台《衢州市信安湖保护条例》《山水田林河管理办法》等10余部地方性法规，有效补全了依法治水的法律短板。三是完善民间法。村规民约是群众自发

制定的规章制度，因其"从群众中来，到群众中去"特性，是每个村民心中不可逾越的"规矩"。衢州市重视村规民约的巨大司法效能，通过宣传、引导和监督，全市 2 599 个行政村均将治水护水纳入村规民约的重要内容。如开化县西坑村村规民约重拾"杀猪禁渔"的百年传统，要求违反禁渔令的村民杀猪分肉，效果十分明显，渔业资源逐渐恢复 20 世纪 70 年代水平。

（2）多样化执法，严审判

一是建立治水巡回法庭。衢州市充分认识治水案件刑事、民事、行政责任相互交织，私益性与公益性交叉，法律知识与科学知识交融的特点，积极统筹司法、行政、民间力量，组建专业审判团、技术智囊团和民间陪审团，形成"1+5+10"（1 支专业审判团、5 大职能机构智囊团、10 名民间陪审员）运行模式，以专业化思路和举措破解水资源保护与生态经济发展的审判难题。二是严肃涉水案件执行。为实现最严厉的治水护水目标，衢州市持续加大打击侵害水源、土地、林木等破坏环境资源类犯罪的力度。2015 年以来，衢州市受理环境保护类刑事案件 160 余起，审结 156 起。经过严厉打击，衢州市涉及环境保护的刑事案件大为下降，2018年上半年，全市受理案件与 2015 年同期相比减少 78%。三是注重环境补救修复。制定出台《建立破坏环境资源刑事犯罪案件生态损失修复司法机制的意见（试行）》，就建立破坏环境资源刑事犯罪案件生态损失修复司法机制提出相关意见。在案件审理过程中积极使用《放养令》《补植令》《抚育令》等生态修复法规，签订《生态补偿修复协议》。2017 年，衢州市适用司法修复生态机制 62 件，71 名被告人自愿履行生态修复责任，共放流鱼苗 600 余万尾，补植复林 65 余亩。

（3）多形式普法，活宣传

一是以案释法，"审好一案"。司法审判的过程就是最好的司法宣传方式，大力开展巡回审判，既审理了案件，又宣传了相关法律法规，扩大司法影响力，有效预防了水资源类案件再发。2015 年以来，衢州市共组织了环境资源的巡回审判30 余次，通过与案件审理的零距离接触，使老百姓受到了实实在在的普法教育。据调查，凡是巡回法庭审判车到过的集镇、乡村，涉水案件均大为减少。如 2017

年在开化县潭头村巡回审判一起社会影响较为恶劣的毒鱼案件后，自此该地周边此类案件再未有发生，此类做法成功吸引《人民日报》、中国网、浙江电视台等主流媒体的关注。二是互动传法，"震慑一方"。积极开展以"水"为主题的法律宣传日，以治水护水真实案例为主要内容，讲诉治水背后的法律故事。2017 年 11 月，衢州市在公开审理一起非法捕捞水产品罪案件，该案被告人通过倾倒 12 瓶农药捕鱼，情节恶劣。衢州相关部门专门邀请世代渔民、乡村网格员、护渔队成员旁听庭审。通过常态化、有针对性的普法活动，有效提高了重点群体的法制意识。三是媒体亮法，"教育一片"。衢州市注重用通过媒体亮法、释法、普法，主动收集、筛选、编辑"五水共治"以来影响较大、社会关注度高、与群众关系密切、已依法妥善解决、有代表性涉水案件，在报、网、屏、台同步开通治水专栏，通过以案说法教育引导全民知"水法"、尊"水法"、用"水法"。

11.2.3 主要成效

2014 年以来，衢州市深入践行"绿水青山就是金山银山"理念，紧紧围绕"在全省率先建成'两山'实践示范区和美丽富饶'大花园'"，紧扣"一年治黑臭、两年可游泳、三年成风景、四年能富民"总目标，以最高标准、最严要求、最铁举措，打好"五水共治"发动战、攻坚战、长效战，实现了持续 4 年夺得"大禹鼎"，成为全省治水标杆。

11.2.4 案例启示

司法护水是衢州市结合本地实际推出的治水新举措。衢州对破坏资源、污染环境等行为打出组合拳，展现了司法机关贯彻新发展理念，不断提升绿色发展护航能力。司法护水不仅增强了广大群众的治水护水意识，也为确保一江清水出衢州树起了一道坚实的"法律屏障"。

11.3　浙江省绍兴市强化水环境监管执法共建生态品质之城

11.3.1　基本情况

绍兴是一座拥有 2 500 年历史的古城，总水域面积 642 km^2，占国土面积的 7.76%，中心城区水域面积占 14.7%，居全省第一，是典型的江南水乡。丰富的水域资源也形成了这座城市产业结构偏水度高的局面，高污染、高排放产业占据相当分量，水环境治理任务十分繁重。

绍兴历史是一部治水史，从中国第一个河长大禹开始，绍兴先后涌现出马臻、贺循、汤绍恩等治水英雄，留下了鉴湖、浙东古运河、三江闸等治水工程，为后世所传唱。2016 年以来，绍兴市认真贯彻五大发展理念，落实省委、省政府"决不把脏乱差、污泥浊水、违章建筑带入全面小康"的决策部署和全省"五水共治"总要求，进一步拉高标杆、补齐短板，深入实施"重构绍兴产业、重建绍兴水城"战略部署，齐心协力抓治水，做到精准发力、河岸同治、业态联调、区域并进，坚决打赢水环境监管执法巩固战、攻坚战、持久战，为"共建生态绍兴、共享品质生活"、推进"两美"浙江建设作出新的贡献。

11.3.2　特色做法

（1）理顺"一个体系"，强化执法力量

为全力打造成浙江省"水环境执法最严城市"，绍兴市委、市政府成立了由市委副书记担任组长，分管副市长担任副组长，市水利局、中级人民法院、检察院和市委宣传部、公安局、生态环境局、建设（建管）局、交通运输局、农业局、城管执法局等部门负责人为成员的加强水环境监管执法工作领导小组，领导小组下设办公室，办公室主任由市水利局局长担任，统筹协调全市水环境监管执法工作。整合水政、渔政执法机构，成立了市水政渔业执法局，统一负责辖区内水利、渔业行政监管执法工作；各区、县（市）参照市里模式，也全部组建到位。

（2）完善"两项保障"，强化执法基础

一是完善法律保障。在全省率先出台《绍兴市水资源保护条例》。该条例对影响和破坏水域环境的内容做了专门规定，对相关法律责任和处罚主体进行了细化明确，为进一步加强水环境保护提供了强有力的法律保障。

二是完善装备保障。建设总投资超过 300 万元的水环境执法保障基地，目前执法艇码头已完成建设，即将投付使用；200 万级新型渔政执法船已到位并投入使用。该基地建成后，绍兴市水政、渔政执法装备水平将迈上一个崭新的台阶，为进一步加大执法力度提供坚实的基础保障。

（3）建立"三大机制"，强化执法协作

一是建立联席会议机制。水环境监管执法联席会议成员单位由市水利局、公安局、生态环境局、建设（建管）局、交通运输局、农业局、城管执法局等部门组成。下设办公室，办公室主任由市水政渔业执法局局长担任，统筹水环境监管执法行动，解决执法过程中的重大问题，会商督办重大水环境违法案件。

二是建立司法协作机制。绍兴市中级人民法院、检察院两院分别成立全省首个环境资源审判庭，出台水环境犯罪案件专项检察 9 条意见。市水利局与公安局、中级人民法院、检察院联合制定印发《绍兴市办理非法捕捞水产品犯罪案件工作意见》，强化执法协作，做到信息资源共享、执法衔接紧密、打击合力强化。

三是建立公安联动机制。在绍兴市、县两级设立公安机关驻水利部门联络室，建立健全联合执法、案件移送、案件会商、信息共享等 6 大工作机制。市、县两级公安机关把涉渔犯罪案件办理情况纳入对各基层派出所的年度工作考核内容，各基层派出所切实加强河道"警长"管理，加密巡河频次，办理涉渔犯罪案件的主动性、积极性大幅提升。

（4）开展"四大行动"，强化执法威慑

一是开展水环境监管执法专项行动。2016 年 3 月 17 日，绍兴市委、市政府举行执法百日大行动启动仪式，市县联动、电视直播，集中打击违法渔业捕捞、违规渔业养殖、涉水涉岸违障等 9 大类违法违规行为，并依法实行"五个一律"（一律实施强拆、一律依法从重实施经济处罚、一律移送司法机关、一律移交纪检监察机关、一律在媒体公开）。全市共拆除涉水违障 15.7 万 m^2，清迁整治沿河畜禽养殖场 18 万 m^2，清理网箱、围栏、地笼等违规养殖捕捞设施 3.87 万处，在全市形成了强大的水环境执法震慑效应。

二是开展禁渔期非法捕捞执法专项行动。以全市开展水环境监管执法百日大行动为契机，坚持"全过程、全方位、全天候"最严格执法，重拳打击"电、毒、炸"等违法捕捞渔业资源行为。2016 年以来，全市共查处渔业行政处罚案件 800 余起，与公安机关联合查处涉渔刑事案件 500 余起、涉案人数 1 000 余人，涉渔刑事案件数量和涉案人数连续三年居全省前列；同时大力探索与推广渔政社会化管理工作，打造"专群结合"的渔政管理新模式。

三是开展保护海洋幼鱼资源执法专项行动。全力打好"伏季休渔"保卫战和"保护幼鱼"攻坚战及"禁用渔具剿灭战"行动，严控渔业捕捞船舶，严堵幼鱼销售渠道，加强伏季休渔监管，保护海洋幼鱼资源。2018 年以来，水利、市场监管部门开展联合执法检查 17 次，检查水产经营户 270 余家，编印、发放宣传资料 5 000 余份；开展钱塘江"亮剑"执法 9 次，查处非法捕捞案件 15 起，罚款 4 万余元。

四是开展地笼等违规捕捞设施整治专项行动。按照"市县联动，属地负责，突出重点、注重长效"的原则，由属地镇街牵头、渔政执法部门配合，对平原河网地笼等违规捕捞设施进行全面排查，列出问题清单，明确整治时限，逐一销号管理。全市共清理地笼等违规捕捞设施 12 000 余只，有力改善了平原河网渔业的生存环境。

（5）构建"多层网络"，强化执法监督

一是强化督查考核。把水域清养（指"河蚌、网箱、围栏"养殖）、水产养殖尾水整治、增殖放流等工作列入全市"五水共治"年度考核重要内容，列入《绍兴市党政领导干部生态环境损害责任追究补偿实施办法》重要内容。以"水环境监管执法领导小组"的名义，对各地涉渔、涉水违法行为进行定期不定期督查、通报、曝光，责令当地限期整改。

二是强化媒体监督。建立媒体协同机制，邀请市、县主要新闻媒体全程参与执法专项行动，利用绍兴日报"曝光台"，绍兴市电视台"今日焦点"栏目，切实加大违法案件的曝光力度，为水环境执法提供正能量。建立舆情应对机制，通过App 等新媒体发布执法信息，组织开展新闻发言人培训活动，充分提高执法人员的舆情应对能力。

三是强化公众参与。邀请"两代表一委员"参与监督水环境执法工作。引导义务护渔组织，开展水环境、渔业知识宣传教育活动，积极劝导渔业违法违规行为。鼓励广大市民通过举报电话、政务热线、"110"应急联动、网上交流平台反映问题，着力做到问题的早发现、早处理。

11.3.3 主要成效

绍兴市以打造环保执法最严城市为目标，用一套组合拳打出了"绍兴力度"，强化环保执法监管和制度创新，部分工作走在全省乃至全国前列。

一是确立环保执法最严目标。绍兴市在 2015 年就提出了打造全省环境执法最严城市的目标，并围绕"源头把关最严、日常监管最严、行政执法最严、司法联动最严、信用管理最严"五个方面，提出了最严格的标准，以执法倒逼绍兴环境质量的提升。

二是对环境违法行为零容忍。在强化环保执法中，绍兴市提出了"五个一律"标准，全市上下齐心协力，对环境违法行为零容忍，执法力度也越来越大。

三是建立坚实的制度支撑。绍兴市出台了推进生态环境损害赔偿诉讼工作意见，建立完善信息共享、案件移送、案件会商等无缝连接的联合办案机制。市中级人民法院成立全省第一个"环境资源审判庭"，检察院还出台了建立生态环境司法修复机制的规定，"生态环境保护"专项检察工作获得最高检的肯定。在强化监管上，绍兴制定《绍兴市污染源自动监测数据适用环境行政处罚实施办法（试行）》，凡监测数据超标的一律立案，自动监控数据可以直接作为执法依据，开创全国先例。同时，大力推进移动执法系统和行政电子处罚平台应用。建立了污染源日常环境监管"双随机"（随机抽取检查对象、随机选派执法人员）抽查制度。在问责制度上，出台《绍兴市党政领导干部生态环境损害责任追究实施办法》，划出了领导干部在生态环境领域的责任红线，将"终身追究"作为党政领导干部生态环境损害责任追究的一项基本原则。

11.3.4　案例启示

严格执法是绍兴市改善水环境综合措施中的最大亮点，提出打造全省环境执法最严城市的目标，提出"五个一律"标准，对环境违法行为零容忍，同时从法律层面建章立制保障监管执法的顺利实施，采用组合拳全方位促进水环境质量提升，为其他地区提供了有益的实践经验。

11.4　湖北省丹江口水库执法保护河长实践

11.4.1　基本情况

丹江口水库是亚洲第一大人工湖，中国南水北调中线工程的水源地。水库总面积 846 km²，被称为汉江的天然水位调节器，有"亚洲天池"之美誉。水库来水 90%源于汉江，10%来源于汉江支流——丹江。丹江口大坝加高后，总库容达到 290.5 亿 m³。一期工程年均可向河南、河北、天津、北京四省市的 20 多座城市调水 95 亿 m³，有效缓解中国北方水资源严重短缺局面。

丹江口水库，库区主要位于湖北省丹江口市和河南省淅川县；域跨鄂豫两省。丹江口水利枢纽，是 20 世纪 50 年代末期国家兴建的综合开发和治理汉江流域的大型水利枢纽工程，目前为亚洲库容最大的人工淡水湖。库区水面最宽处在李官桥一带，东西宽约为 20 km；最窄处在关防滩一带，两岸夹峙不足 300 m；库区水位最深处在湖北丹江口市与河南淅川县之间台子下的省界江心，深达约 80 m。

11.4.2　特色做法

2016 年 11 月，中共中央、国务院部署全面推行河长制，要求在河湖管理中落实地方党政领导责任。实际上，从 2013 年开始，湖北省就在丹江口水库的执法中已经按照河长制的各项要求开展工作。湖北省委、省政府高度重视，十堰市委、市政府主要领导亲自挂帅，高位推进各项执法保护工作。

河长制实施后，湖北省委、省政府更是明确要求十堰市及相关区（市）落实主体责任，加大打击力度，维护丹江口水库正常水事秩序。十堰市委、市政府态度坚决，要求以最严肃的态度、最严厉的手段、最迅捷的效率组织整改。十堰市河长办跟踪督办，各地落实责任，倒排工期加快整改。十堰市郧阳区、张湾区、武当山特区、丹江口市等各区（市）主要领导把丹江口水库的执法保护工作拿在手上亲自抓，靠前指挥。郧阳区委、区政府召开专题督办会，区河长办、水务局定期巡查督办。武当山特区政府一次性划拨资金 300 万元，专项用于整改工作。丹江口市市长牵头办理重点案件的整改工作。

河长制的建立，为丹江口水库的执法保护工作提供了坚实的领导保障。落实河长制的要求，还需要采取多种措施，充分利用和发挥各方面的力量。丹江口水库多年坚持执法保护工作"一二三"，即"坚守一条底线，落实两个责任，运用三种手段"。

（1）坚持一条底线——法律底线

丹江口水库库区湖北境内涉及十堰市 5 个县，其中执法任务较重的为郧县和丹江口市，均为国家级贫困县。脱贫是民生需要。为保护丹江口水库水质，国家对库区工业发展有多种限制，曾在库区关停、迁建大批污染或潜在污染性企业。很多具有污染风险的拟建项目全部拒建。个别乡镇在带领库区群众脱贫压力的驱使上不惜铤而走险。如丹江口市某乡镇违法筑坝拦汊养鱼案，系村委会牵头组织，涉及农户 198 户，年可增收 140 万元，户均 7 000 元。这些利益是地方乡镇的眼前利益，局部利益。站在国家战略布局的角度，站在丹江口水库水质保护的角度，局部利益必须要服从整体利益，眼前利益必须要服从长远利益。执法工作容不得一丝的疏漏，一丝的宽容。湖北省在面对和处理这些矛盾和问题的时候，始终坚守着法律底线，按照法律的要求依法执法。所有的违法行为，该停工的坚决要求停工，该整改的马上组织整改，该补办手续的迅速补办手续，该拆除的坚决予以拆除。但在坚守法律底线的同时，在法律的框架内，湖北省尽量进行有情操作，站在维护当事人利益的角度，给予当事人一定的整改时间，力争将损失减到最小。

（2）落实两个责任——部门责任、基层政府责任

工作要落实到位，首先要将责任落实到位。湖北省在责任落实上，着重强化了两个责任，一是各级水利部门责任；二是基层政府责任。

库区执法保护工作水利部门责无旁贷。在水利部门内部，丹江口水库执法保护工作各级责任内容清晰，省级负总责，市级为督办责任主体，区（市）为查处执法责任主体。每一个违法项目，都有明确的整改要求和整改时限。根据这样的责任划分，在丹江口水库的执法保护工作中，各级既分工明确，各自按要求开展执法活动，又互相补台，及时发现、共同面对和处理执法工作中的难点问题和疏漏环节。

在库区开展执法工作，必须紧紧依靠基层乡镇政府。开展宣传教育，做好当事人的思想工作，需要依靠基层乡镇政府；实施强拆，组织警力，维持治安，保证稳定，也需要依靠基层乡镇政府。湖北省在夯实基层乡镇政府的责任上，紧紧依靠河长制，通过河长夯实基层乡镇政府的责任，为丹江口库区的执法保护工作提供了较有力的支撑。如郧阳区库区某弃渣案，经镇政府对村委会的动员，村委会组织对8万余方渣土自行进行了清除，并对库岸采取了植物措施进行了防护。又如某填库案，镇政府组织公安、水利、国土、移民、司法、综合执法等部门70余人进行强拆，案件顺利办结。

（3）运用三种手段——联合、联动、联席三联并举

执法工作要有底线，要落实责任，同时在具体实施过程中，还必须要有手段。湖北省创新采取系统联动、部门联合、区域联席"三联"并举的手段，有力推动

丹江口水库的执法保护工作。

一是强化了系统联动。加大库区执法队伍建设，除市、区两级设立支队、大队外，还在库区执法任务较重的丹江口市等区（市）分片组建执法中队，健全执法网络。省、市、县及乡镇密切配合，建立了反应迅速的系统联动执法模式。

二是强化了部门联合。省水利厅联合省生态环境厅、省农业农村厅、省林业厅、省公安厅下发了湖北省湖泊（含水库）保护联合执法工作制度，建立了部门联合执法的长效机制。十堰市及相关区（市）在水库保护执法工作中，与相关部门联系紧密，构建了沟通顺畅的合作机制，整合了执法力量，强化了执法效能。

三是强化了区域联席。湖北省积极参与丹江口库区组建的"1+3+5"的联席会议制度。并将长江委丹江口水库的联席会议制度扩展到十堰市各区（市）、乡镇，织就了横纵结合的水利法网。如丹江口市泗河筑坝案，在拆除工作中，市政府办牵头，横向上由公安、国土、水务等部门共同组建工作专班，成立了信访维稳、安全保障、组织强拆等多个工作组，纵向上，对乡镇压实责任，除对口各工作组的任务外，侧重抓好舆论宣传和群众的思想教育工作。区域联席的工作模式成效明显，泗河大坝顺利拆除，在库区起到了极大的震慑作用。

11.4.3　主要成效

丹江口水库是南水北调中线工程重要水源地，受到党和国家的高度关注。在水利部、长江委的领导下，湖北省高度重视，积极行动，高位推动，多措并举，取得了明显成效，丹江口水库水事违法案件的案发数持续下降，从 2013 年的 32起下降到 2014 年 16 起、2015 年的 8 起，从 2016 年至今每年发案数均仅有数起。一批大案要案处理到位，如丹江口市泗河大坝案、武当大道案，武当山特区蓝湾大坝案、白鹭观景平台案，郧阳区清凉寺桥头弃渣案等，在库区起到了较强的震慑作用。库区百姓的守法意识不断增强，库区水事秩序不断向好，为保证一库清水北送作出了较大贡献。

11.4.4　案例启示

（1）统一思想，提高认识

丹江口水库成功案例告诉我们在实践中要从上至下切实贯彻"河长制"制度，从职能部门高层到基层执行部门能够思想一致，认识到"河长制"对于水资源和环境保护的必要性和重要性，最终做到"上下一心，其利断金"。

（2）加强协同联动，实现共管共治

在形成思想高度统一的基础上，在上至湖北省下到十堰市、丹江口市的各级相关政府职能部门领导的重视下，"河长制"在丹江口切实落地并得到了充分的贯彻，做到了有法可依，有章可循。各级部门分工明确、优势互补，遇到问题积极解决，不推诿、不回避，协同办公、共同治理，实现了丹江口水库管理的良性循环。

（3）完善规章制度，层层落实责任

湖北省委省政府、丹江口市委市政府高度重视水资源保护、水环境整治等问题，并且职责分工明确，将执法监管工作落到实处，形成了党政领导负责，亲自推动工作，基层领导进行规范化管理的模式。同时，以法律为保障，制定完善的规章制度，规范水政执法监督管理行为。

11.5　河南省南阳市南召县多措并举治理河道采砂

11.5.1　基本情况

南召县河流水库较多，境内大中小河流共计 136 条，总长 1 679 km，流域面积在 100 km² 以上的河流有 9 条，其中白河、灌河、黄鸭河和鸭河口水库砂石资源储量较大而且相对集中，其他河道砂石多呈零星分布状态。近些年，随着河砂资源需求量与日俱增，供需矛盾突出，造成河砂价格一路走高，受利益驱使，县内非法采砂活动一度十分猖獗，在破坏水生态的同时，引发的社会矛盾也日益突出。自 2017 年以来，南召县在打击非法采砂方面进行了积极探索，组建了自然资源综合执法大队，对非法活动进行严厉打击和对企业进行科学管理，有效遏制了非法盗采河砂的猖獗势头。

11.5.2　特色做法

（1）高位启动，建立责任体系

为适应新形势，严厉打击非法采砂，南召县成立了由县委副书记任指挥长，县委政法委书记、县政府分管副县长、县公安局长任副指挥长，县直相关部门和各乡镇党政主要负责同志为成员的自然资源和生态环境综合管理指挥部。下设自然资源与生态环境综合执法大队，办公地点在森林公安局，以林业公安、林业稽查为基础，抽调水利、国土、交警、运管等部门执法人员 30 余人，配备专用车辆 12 台，并购买相关用品，每年县财政列支经费 100 万元。所抽人员与原单位脱钩，实行集中办公，统一指挥调度，从事专项综合执法，开展了"清河行动""雷霆行动"等整治行动。充分利用河长制平台，实行最严格的自然资源管控措施，严格落实河长责任制，建立县、乡、村三级河长体系，全县所有河流、水库实现全覆盖。各级河长积极履职，主动开展巡河、全面实施治河、长期进行护河。

（2）重拳出击，强力整治"顽症"

健全网格执法管理体系，明确监管任务和责任要求，初步建立新的监管执法机制，严厉打击各类毁坏自然资源的违法行为。县综合执法大队对各类破坏自然资源的违法活动露头就打、穷追猛打，对所有打击取缔的采砂场点案件线索开展深入细致的调查取证，对构成犯罪的依法严厉打击，从而有力地促进了整治行动向纵深发展。

（3）组织严密，科学有序管理

充分营造舆论氛围，通过河长办多次印发通告，在全县范围内借助电视台、手机报、微信公众号、电子显示屏、政府网站等媒体平台，开展广泛宣传活动，营造人人主动保护自然资源和自然生态的良好氛围。建立有奖举报制度，公布举报电话，对通过电话实名举报或者匿名举报，查实自然资源违法犯罪行为的，按照奖励规定予以最高 20 000 元奖励，并保障举报人的合法权益。实行网格化管理，在全境域建立三级巡查网络，按照属地原则对辖区内自然资源和生态环境全天候、全覆盖巡查，及时发现及时制止违规违法犯罪行为；各行政执法部门依法履职，对分管范围内自然资源和生态环境进行日常巡查，综合执法大队对群众反应强烈、举报较多的地方进行重点巡查，对非法侵占林地、耕地、河道等采挖洗选砂石、非法固砂、违规建厂等破坏自然资源的违法行为进行排查整治。在全县各出境口设立 11 个自然资源管控检查站，抽调交警、交通、相关乡镇工作人员 24 小时严格值守，扎口防范，禁止非法所得资源运输出境。

（4）落实责任，建立长效机制

按照"整合职能、划分事权、分层监管、综合执法"的思路，建立巡查、举报、处置、考核制度，形成党政同责，做到履职尽责，严肃追责问责。围绕疏堵结合、督查巡查、系统治理等建立长效工作机制，以整治为契机，处理好当前和长远、治标与治本等关系，建立科学开采、持续利用、管理规范、科学有序的运行秩序。各乡镇、产聚区（园区）对辖区进行拉网式排查，主动认领，建立台账，制定植被恢复方案，及时整改，强力整治，把植被恢复贯穿整治整改全过程，边整改边修复，逐块验收销号，维护生态平衡。县指挥部对群众反映、举报的线索及时督查督办，对拒不履行工作职责、推诿扯皮的乡镇和职能部门，指挥部领导约谈其主要负责人，直至移交纪委监委追究责任；县委、县政府对集中整治整改成效、生态修复等进行观摩评比，兑现奖惩，问题严重的追究责任。

11.5.3 主要成效

截至 2019 年 7 月，南召县共立刑事案件 36 起，侦破 27 起，刑事拘留 22 人、批准逮捕 30 人、取保候审 42 人、移送起诉 41 人，已判决 17 人；办理林业行政案件 53 起；取缔非法采砂点 75 处，砸毁拆除洗砂设备 45 台，没收砂土约 5 万 m^3，查扣钩机铲车等机械设备 48 台，查扣非法运输砂石车辆 240 台（次）；非法侵占林地、耕地、河道等采挖砂石、非法囤砂、盗伐滥伐林木等破坏自然资源的违法犯罪行为已得到有效遏制，规模性河道盗采、运输、麻岩洗砂等突出问题已得到全面控制，被毁土地的生态修复工作正在进行中。

11.5.4　案例启示

（1）管理部门高度重视，基层部门落实到位

南召县河道采砂管理能够取得成功，首先，离不开相关职能部门及领导的高度重视。启动初期，便有县委主管领导任主要负责人来全面有效推动各项管理制度和物资的建立和落实，对后续工作的开展奠定了坚实基础。其次，在上层管理机构的大力推动下，各级基层河长思想认识高度统一，充分调动了最了解实际情况的基层党员干部的工作积极性和责任心，辅以行之有效的执行手段，从而取得了理想的效果。

（2）舆论导向先行，监管机制做后盾

南召县河长办在相关职能部门的支持和配合下，充分利用多方式、多渠道，让更多的民众了解"河长制"的由来、内容和目标，在当地营造了良好的宣传氛围，为"河长制"的快速推进起到了先锋作用。在做好舆论宣传的同时，建立健全相关监督执行机制，形成有效的监督体系和明确的奖励机制，是各项环保制度执行到位的坚强后盾。

（3）责任分工明确，建立长效机制

在生态环境日益恶化的今天，环境资源保护已无小事，只有建立长期有效的管理机制，而不是抱着"三天打鱼两天晒网"的心态，环境资源保护工作才能进入良性循环，才能做到可持续性健康发展。在发展过程中，除了有章可循，还需要强有力的执行力。执行过程中要做到分工明确、责任到人，确实落实各项管理制度和措施，切忌"形而上学"，凡事只停留在口头，而不付诸行动，或者"蜻蜓点水"，不求甚解。

本章小结

　　本章通过分析典型区域的河湖执法监管模式，探索通过加大日常巡查、强化违法案件查处落实、加强联合执法、加快立法进程等先进经验，不断推进执法监管水平，为河长制的长效发展提供一定的保障。

第12章 "互联网+"河长制典型案例分析

随着互联网技术的进步和应用,水利工作正面临从传统水利向现代水利转变,"人防+技防"相结合的手段成为各地政府维护河长制成效的重要切入点。通过剖析国内典型的"互联网+河长制"的实践探索,总结经验,能够为全国河长制长效机制构建提供借鉴。

12.1 浙江省杭州市余杭区以"智水促治水"增强治水能力

12.1.1 基本情况

浙江省杭州市余杭区是典型的江南水乡,水系发达,河道交错,塘漾棋布。苕溪、运河、上塘河贯穿而过。余杭区作为杭州主城区的第一外围,有镇街级以上河道 598 条,水质水情复杂,治水任务艰巨。近十年来,余杭区经济发展势头强劲,外来人口激增,这给余杭区的生态环境带来了前所未有的压力,特别是水环境的污染与破坏。全区在治水工作上投入大量的人力、物力、精力,饱受反复治、治反复现象困扰,同时余杭又作为阿里总部所在地,在城市智慧化管理手段运用上走在全省前列。近年来,互联网、大数据、人工智能等技术在"五水共治"工作中被逐渐地推广运用,一条从水到岸全过程"数字治水"管理链条已逐步成形,余杭正以数字治水为抓手,不断增强治水能力。

12.1.2　特色做法

（1）绘制"数字管网"一幅图，实现由暗到明精细化管理

城市雨污管网一般存在体量大、管网复杂、管理粗放、底账不清等问题，余杭区则通过引入地理信息系统、互联网、大数据分析等技术，搭建集实时监控、自动预警、数据分析、辅助决策等功能于一体的"市政管网智慧管理平台"，着手解决地下管网隐蔽工程难监管问题，该技术已在东湖街道成功运行，并取得良好效果。一是大幅节约运维成本。通过在井盖端安装物联网模块的液位器预警、管道闭路电视检测改造，结合系统内水文水动力模型推算出的降雨量与管网排查数据，实时报警某地水位水量，增加管网管理预见性和计划性，大幅节约运维成本。二是助力科学管理决策。采用数据挖掘、空间分析、AI 等技术手段实施管网电子档案库，对排水管网各类运营信息进行分析，将海量的排水业务数据提炼成有价值的"信息"，为管理人员进行宏观运营决策提供有力支撑。通过历史数据可溯源的形式，对各工程单位工作成效进行监管、记录，建立长效考核机制，使地下管网工程更加"阳光"，防范地下工程施工中的廉政风险。三是实现问题实时处置。市政智慧管理平台直接与治水热线电话联通，可将相关投诉及时导入系统，系统将采集报送的问题件下派到各责任部门和主体进行快速处置，减少问题件的返回率，促进有效沟通。

（2）建设"数字河道"一张网，实现由河到岸一体化管理

运用物联网、大数据、模型模拟、遥感、地理信息和全球定位系统、3D 可视化等技术，通过在主干河道建立水质监测点，将数据同步传送智慧云平台，实时反映河道水质变化，提升河道监管水平，该技术已在未来科技城何过港、径山北苕溪全面投入运用。一是水质监测自动化。通过设置沿线智能在线水质监测系统，对降雨量、河道水位、水质，以及排水口水质、水量等要素实施在线监测，对采集数据进行处理和展示。何过港沿线闸坝、泵站、污水处理厂站等工程设施实行远程统一监控调度，通过河道全线视频监控系统，有效提升了何过港的滨水安全。

二是河道信息系统化。在何过港边上设置智能河长信息显示屏，动态显示河道概况、河长职责、河水质量等情况。河长巡河需扫描二维码签到，公众可以通过扫描二维码关注，参与河道管理。同时还可以提供所处位置、周边环境、天气预报等基础信息服务。三是河道监管电子化。通过无人机巡河拍摄，建立流域污染物的空间分布图，以此建立河流水质状况模型。为河道治水项目规划设计、建设实施、运行管理与绩效考核全过程提供信息化管控工具。

（3）打造"数字管理"一盘棋，实现由点到面智慧化管理

余杭区大力推进数字化管理手段的应用，对污水厂运维、企业污水排放、防汛监测预警、河道水质监测实施数字管理，破解了以往管理工作中存在的数据难以共享，人工管理滞后性和随意性的弊端，相关工作管理水平得以有效提升。一是厂站模型数字化。随着杭州市未来科技城的快速发展，区块内的余杭区污水处理厂面临巨大的负荷压力。为实现对该厂的提标改造，2018 年 7 月初开始，余杭区对污水厂进行数字建模，后端增设膜生物反应器工艺改造，其使用的氨氮控制技术在国内尚属首次，可以在完全不影响生产及出水水质的前提下，顺利完成扩容 2 万 t/d 污水处理量的目标，日处理能力达到 8 万 t，处理能力增加了 33%。二是排污管理数字化。通过对排污总量居前的近百家区内企业实施在线监控与刷卡排污，严管企业超标超量排污。利用数字化分析技术精准把控，全区排查出的 30 余家不符合产业导向、污染治理跟不上、排污量占比大的企业实施关停，每年减少废水排放量约 450 万 t。三是防汛体系数字化。充分利用现代物联网技术，升级改造防汛远程会商系统，建成集监测和预警一体化的山洪灾害监测预警系统，科学增设水雨情遥测站点，做到防汛信息自动监测、自动预警、实时共享。以遥测站点"数字信息"为基础，建成临平城区防洪体系，由余杭区河道建设管理中心按调度方案执行，数字信息技术极大地提升了防汛工作的科学性和安全性。

12.1.3　主要成效

截至 2018 年 10 月底，浙江省杭州市余杭区已累计投入资金 1.5 亿元，通过

建设"数字河道"、搭建"数字管网",优化"数字场站"、强化"数字管理"等一系列手段,试点建成了数字河道管理系统、数字管网运维平台、数字防汛平台、水质自动监测平台、"海牛环境建模系统"等项目,近三年来,每年减少废水排放450万t,管网养护、河道维护成本节省1 500多万元,286条镇街级以上河长制河道Ⅰ~Ⅳ类水质占比提升至68.8%。借助"智慧管网"运维平台,工作人员能实时监测管网运行情况,精准找到管网破损点,并对城市内涝、污水溢流等突发情况进行预警。经测算,"智慧管网"运维平台可以使余杭区可预计管网养护、河道维护成本以15%的比例逐年递减。

12.1.4　案例启示

科技是第一生产力,浙江省杭州市余杭区因地制宜,有效运用区域优势,将阿里云"城市大脑+智慧治水"有机结合,走出了一条有特色的水利信息化发展之路。利用物联网、大数据、云计算和"5G通讯"等智能新技术,推进水利大数据建设,推动"治水"向"智水"转变。余杭区"智水促治水"为区域现代河湖治理提供了一个生动案例,不仅要治水,也要"智水"。

12.2　浙江省杭州市高新区(滨江)借助科技优势打造全域智慧治水

12.2.1　基本情况

浙江省杭州市高新区(滨江)共有河道41条,湖泊1个,小微水体53个,水域面积155万 m^2 。自开展"五水共治"以来,浙江省杭州市滨江区发挥区域高新技术优势,大力推动"智慧治水"模式,确保治水工作有序开展。截至目前,共开工建设治水项目350余个,完成投资约23亿元;建成7个排灌闸(站),形成北塘河以南水系"两进两出"4个排灌站、以北水系"两进一出"3个排灌站。

12.2.2 特色做法

（1）创新"智慧治理"，实现剿劣工作源头管控

①引水精细化，排灌站助力"清水入城"。在华家排灌站加装水质浊度自动检测仪和絮凝剂自动投药装置，根据钱塘江江水浊度变化情况，对引入的钱塘江原水进行预处理，自动调整和优化引水预处理投药量。根据现场连续采样监测表明，新浦河中游、山北河下游在调水开始 1 小时后，水深、透明度及流速呈逐渐上升趋势，透明度在 6 小时后达到最大值 1.15 m，总磷、氨氮、COD 达到最低值。其中，总磷、氨氮达到 II 类标准，COD 达到 I 类标准，水质呈明显改善趋势。

②配水一体化，打通水体实行"生态养护"。按照"引得进、流得动、排得出"要求，打通西兴后河、风情河、四季河等断头河，加强坑塘、河湖等各类水体的自然连通。实施"设计、治理、养护"一体化模式，实现河道保洁、生态治理和长效养护。确定主要河道控制断面生态流量，科学开展引配水工程。强化河道生态化治理，加速氮磷拦截吸收、曝气充氧、生态浮床、河岸湿地等工程建设，恢复与重建河道良性生态系统。共完成河道整治 35 条（段）61 km，小微水体整治70 处。

③污水资源化，中水回用实现"水尽其用"。加强现有雨污合流管网的分流改造，完成了 65 个住宅小区（苑）截污纳管工程。在咨询专家意见基础上，启动两个中水回用设施建设项目，集中应急处理部分居民生活污水，预计日处理能力总计可达 4 万 t，有效缓解污水处理能力不足问题。污水处理达到一定标准后进行重新利用，实现污水资源化和无害化。

（2）实施"智慧监测"，助力治理工作"三位一体"

①健全物联网平台，提供决策支持。建设河道监测信息采集系统、云数据中心、综合应用平台，实现高效管控，为统一治河管河提供全面调度决策信息支持，也为健全智慧滨江物联网的统一基础服务平台、公众信息服务平台、大数据服务平台协同指挥服务平台提供基础性和应用性的信息支撑。

②铺开网格化监测，全面感知水情。在辖区河道和雨水管网的关键节点安装水质实时检测仪、河道水位水文监测仪、管网水位自动监测仪、河道视频监控仪，依靠 GIS 平台展示监测数据，采用"一张网"方式展示河道水文监测点的水情和雨情信息、河道水质监测点的水质和流量信息、排污口的分布和排水量信息、水闸和排灌站的工情信息等。目前，滨江区已建设河道水质检测站 19 个、河道流量监控站 7 个、河道水雨监测站 12 个、管网水位监测站 26 个、河道视频监控点位 29 个、智能感应井盖 628 个，网格化检测监控网络基本形成，实现对水环境、污染源、生态状况等河道环境要素的全面自动感知。

③完善云服务支撑，优化配水布局。利用云服务中心提供的云存储服务、云安全管理服务、云计算服务，建设在线监测数据库、河道信息数据库、业务管理数据库、地图数据库、多媒体数据库，为全面掌控河网水系情况、完成河道日常巡检和突发事件处理、开展工程性引配水改善河道水质提供技术支持。

（3）倡导"智慧管理"，探索科学治水长效机制

①引入高新技术，实现治水同时反哺企业。依托高新环保企业聚光科技，组建专业治水团队，采用"截污控源、环保清淤、引水预处理、水生态修复、智慧河道"五大措施科学治河。通过政府购买服务形式，拓宽高新技术环保企业发展渠道，促进环保技术升级，打造"滨江设计、滨江制造、滨江建设、滨江运维"的一体化示范应用模式，实现对企业的反哺。

②应用计算模型，实施河道泵闸联合调度。综合应用各遥测站实时水质、水位、流量信息和泵闸站运行数据，通过调度模型演算，优化水闸、泵站群联合调度方案。构建以计算模型为核心的泵闸联合调度框架、智能化管理和决策的创新应用模式，集成"实时监测、评估分析、预报预警、应急处置、决策支持"为一体的河道泵闸实时综合应用支撑，开创了感潮河网地区引水调水泵闸联合调度系统中计算模型综合应用的先例。

③绘制电子地图，落实三级河长责任制。通过电子地图将所有排水口及对应的污染源进行标注，可在地图上直接查询排水口编号、污染源类型、排水量、所

属排放口等资料，便于直接追踪至上游的污染源。编制合流管线和污染源分布图、污染源成果表、管线点成果表及成果报告。河长通过二维码扫描，就能全景式了解河道排水口上游情况，推动区、街道、社区三级河长责任制落实。

（4）强化"智慧共享"，推进全域景区化建设

①推行"河+塘+公园"模式，营造岸清水绿风情。根据水岸同治要求，对新浦河浮力森林段、冠一河沿线绿化进行补种修复，共计覆绿 3 000 m²。加强西兴过塘行码头等水乡文化遗产保护，通过官河河道清淤、驳坎修复及引配水、违章拆除和立面改造等工程，建设冠山公园、白马湖景区等水生态文化园。加强滨水绿地景观设计，按照点线结合，强化节点口袋公园建设，打造岸美水美的滨水风情。

②规划全市首家水文化长廊，彰显丰富历史内涵。规划建设由浦沿排灌站至华家排灌站的 5.5 km 沿江历史文化景观带，共涉及"治水大事记""水文化体验馆"等 15 项内容，把从古至今治水过程中形成的治水人物、科技、制度、民俗及当代的治水理念、成效等通过历史资料、虚拟现实、文化雕塑等科技艺术手段进行展示，全面挖掘水文化丰富内涵。

12.2.3　主要成效

高新企业云集的滨江区，在这场治水运动中也不囿于传统方式——借势第三方专业机构，构建一张"水陆统筹、天地一体、点面结合"的检测监控网络。在河道实时监测系统软件上，可以查看河道水温、溶解氧、浊度、氨氮含量等多项数据，这个数据每 4 小时可以检测一次，点点鼠标就能看到河道的水质情况。打开电脑上的平台，水系图上清楚标注着各个站点的位置。如果某监测点附近的水质发生变化，工作人员第一时间就能锁定位置，及时做出处置。这意味着，滨江可全面实现对水环境、污染源、生态状况等河道环境要素的自动感知。

为了对排水口进行长效管理，杭州市高新区（滨江）将排水口调查的基础资料集成到了"滨江智慧河道"中，排水口的编号、位置、管径、材质、标高、照

片，污染源的排放单位名称、污染源类型、位置、排水量、所属排放口等资料均可在地图上直接查询，通过排水口可以直接追踪至上游的污染源。通过电子地图将所有的排水口及对应的污染源进行了标注，实现挂图作战。目前，杭州市高新区（滨江）已经编制了合流管线和污染源分布图、污染源成果表、管线点成果表和成果报告。河长乃至市民只要扫下二维码，就能全景式地了解到河道排水口上游情况，为公众监督排水口提供了便捷的途径，也为管理部门对河道及排水口的监管提出了更高的要求。

12.2.4 案例启示

杭州市滨江区通过引入信息化和物联网科技手段打造智慧河道平台，不仅为统一治河提供了全面调度决策信息支持，同时也为健全智慧滨江物联网的统一基础服务平台和大数据服务平台提供了信息支撑，这种科学系统的智慧治水，也给滨江区带来显著变化。信息化的管理方式，极大地方便了对相关调查成果的利用。通过为每条河道编制了管线点、污染源成果表和调查成果报告，形成了"一河一档"。电子地图在手，各河长能清楚了解河道排水口的位置及上游污染源的分布情况，可以进行相应的重点排口整治工作，为"五水共治"目标的实现发挥了重要作用。

12.3 浙江省台州市推行"智慧河长"实现大数据治水

12.3.1 基本情况

浙江省台州市地处浙江省沿海中部，下辖椒江、黄岩、路桥 3 区，临海、温岭 2 市，玉环、天台、仙居、三门 4 县，陆地总面积 9 411 km²，其中水域面积 604 km²，水域面积率达 6.4%。为进一步提升水环境综合治理水平，台州市借力水质监测新技术，开创水质监测社会化服务新模式，由社会资本提供投资、设计、建设、运行及维护的一站式有偿服务，构建水质监测天网工程，为政府精准治污提供环境大数据。

12.3.2 特色做法

（1）创新型融合，谱写水质监测新篇章

一是联防联治，构建水质监测"反应链"。实施"水上天网"工程，实现市控交界断面水质监测自动化，取代了传统人工采样、实验室分析无法满足水体污染监控及预警要求的旧模式。第一时间发现水质异常时可及时预警预报，追踪污染源，避免下游污染扩大化，并完善流域合作机制，实现水质信息在线查询共享，为决策提供科学依据。二是严管提效，强化河长考核"紧箍咒"。水质自动监测站每4小时上传一次检测数据，全天候监测辖区内水质，为环保执法提供依据，解决了人员缺乏与监管任务繁重的矛盾。同时对各市控地表水、各考核断面水质进行实时动态监测，实现量化考核，形成常态化水质监管机制，为河长制考核提供有力的数据支撑。三是减压促改，实现环保服务"社会化"。采用分7年向第三方机构采购监测数据的模式（台州BOO模式），完成全市县域交接断面地表水水质自动监测，提高环境质量监测效率。

（2）联动式发力，呈现水质监测新局面

一是共建水质自动监测网络。由第三方机构采用标准化生产、流水化作业、一体化吊装的工作模式在全市建设微型水质自动监测站，并负责运维，提供氨氮、总磷、高锰酸盐等指标的有效数据。同时，在建设期间，各地因地制宜制定设站方案，采取现场办公等方法，做好"三通一平"基础工作。各县（市、区）采用跟标形式，采购乡镇交界断面水质自动监测数据。二是共管水质自动监测体系。采用现场运维管理第三方和当地政府共责制，日常运维管理由第三方负责实施，做好巡查记录、故障记录、试剂更换记录等相关台账工作。三是共享水质自动监测大数据。

（3）颠覆性改革，迈上水质监测新台阶

一是标准化管理，密织监测"一张网"。以治水重点区域——金清水系为中心点，分段建立乡镇交界断面水质自动监测站，逐步扩大县、乡（镇）交接断面水质自动监测范围。同时加强与环保、水利部门的协同合作，进一步完善特殊行业企业污染源的监控。根据当地产业特点，增设跟当地产业排污相关的特殊污染物监测项目；编制水质自动监测标准化管理手册，明确业主、运维方及第三方监管单位的责任，厘清三方管理流程，推进自动监测标准化。二是精准化研判，升级分析"处理器"。有效运用大数据平台，实时更新处理设备，每月对各项数据进行定人定时分析研究，提高对异常监测数据的预判决策能力。针对监测数据突然出现升高等异常情况，及时组织采样送检，追溯排查污染源。督促环保等相关部门开展环境污染调查，精准施策，火速解决，做到早发现、早预警、早追踪，将环境管理从结果管控提升至过程管控。三是信息化操作，创建公开"云平台"。逐步完善监测数据应用平台，优化人机交互模式，深入开发手机 App、微信公众号和电脑应用软件。互联互通水质信息平台与河长平台，打通水质数据 App 和河长制App 壁垒，形成门户网站、手机 App、微信、电脑软件等多种数据收集"云平台"，并逐步开放水质管理、查询平台。群众可随时了解当前水质情况，可通过相关平台举报和投诉违规排污的企业。

12.3.3　主要成效

一方面，搭建了"智慧河长"综合平台，实现大数据治水的目标。各级河长也都切实感受到了"智慧治水"的精细化。通过大数据平台发现异常，及时抄告当地治水办，每月整理形成数据月报和通报短信，定时向有关部门、县（市、区）各级河长通报，共享水质变化情况，方便及时调整治理方案。另一方面，水质检测成效显著。如玉环市在重点断面、污染源和排污口增设 50 个监测点位，每月监测 5 次；新增 5 个乡镇断面水质自动监测站，结合原有 20 监测站实时分析、动态把控、及时预警。遇停水停电等影响正常运行的问题时，由当地政府负责协调解决。同时在市生态环境局设立微型水质监测数据管理平台，选派市治水办及第三方监管机构技术骨干负责巡查。由市环科院每月抽取 40 个站点，采用现场检查、样品比对等方式对微型水质自动监测站的运维、管理、数据采集等项目进行考核，实现三方共管、第三方监管机构考核的水质自动监测体系。

12.3.4　案例启示

浙江省台州市通过购买数据的方式，搭建综合监管网络，并吸纳社会力量共同建设大数据分析平台，实现政府职能由基础设施提供者转化为监管者的转变，有效降低运维成本，减轻财政预算压力。一方面，委托第三方投资、建设和运营水质监测网络，由社会资本投资、设计、建设、运行及维护的水质监测天网工程，政府以购买数据的方式，实现低成本、高效率监管的目标；另一方面，通过搭建大数据分析平台，按照监测系统网络化、信息展现图形化、考核管理信息化、运维管控智能化、运行状态可视化的要求，根据自动监测站指标变化，统合县、乡两级监测数据，对比水文数据，针对不同需求对运行平台设定采样周期和分析周期，借力大数据采集分析技术，对水质变化趋势进行预报。

12.4　河南省南阳市淅川县南水北调水质保护"千里眼"工程

12.4.1　基本情况

南阳市淅川县位于豫鄂陕三省七县市结合部，属长江流域汉江水系，为南水北调中线工程渠首所在地。全县土地面积 2 820 km^2，境内有大小河流 470 余条，其中流域面积 1 000 km^2 以上河流 5 条，流域面积 100 km^2 以上河流 31 条，小型水库 23 座，其中丹江口水库 1 050 km^2，其在淅川县境内面积 506 km^2，水源区最核心的部分在淅川县。丹江口水库自被确定为南水北调中线水源地后，"供水"与"防洪"成为水库两大功能。淅川县是京津地区真正的"大水缸"和"水龙头"，肩负着"一库清水永续北送"的政治重任。全面推行河长制工作以来，淅川县将保护水质安全为工作抓手，探索开展"互联网+河长"，开展河湖环境综合整治，努力构建丹江生态保护屏障。

随着河长制全面推行，针对丹江口水库和河道岸线情况复杂多变，无法全方位监管等现象，淅川县委书记、县级总河长卢捍卫提出了"立足河长制工作需求，结合环保、水利、中线办的巡查机制、利用整合豫广网络资源和雪亮工程，建设信息化平台"的工作思路。淅川广电、淅川豫广紧紧围绕县委政府的中心工作，勇于担当，与淅川县水利局、淅川县生态环境局、淅川县中线办签订《淅川县保水质护运行战略合作协议》。采取政府购买服务的方式，快速地拿出了设计方案，在工程的实施过程中，淅川广电不等不靠，当作民生工程来做，积极筹措资金，打造亮点。县领导每半年听取一次"保水质护运行"工作汇报，县政府每季度召开一次工作推进会。县委书记、县长等县领导多次带队到库区和总干渠沿线专题督导水质保护及安全管理工作，对发现的问题，现场予以责任交办，有力地推进了南水北调水质保护"千里眼"建设。淅川县"千里眼"建设目标功能如图21-1所示。

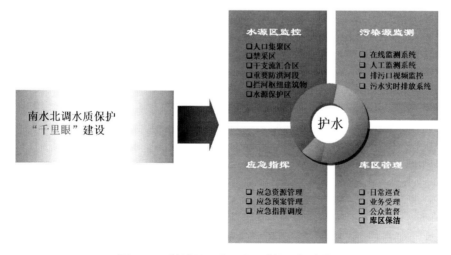

图 12-1　淅川县"千里眼"建设目标功能

12.4.2 特色做法

（1）建设淅川县豫广网络

基于河南省南阳市淅川县豫广网络基础网络逐步完成各类数据的统一管理，实现保水质护运行全业务数据集中，为保水质工作的开展提供充足的数据资源。淅川县豫广综合运用自身在物联网、移动互联网、云计算、大数据方面的技术优势，整合自身在环保、水利等生态文明建设领域长期积累的专业经验，全面贯彻淅川县政府"保水质护运行"的要求，提供一体化的南水北调中线工程"保水质护运行"信息化解决方案。通过大数据、"互联网+"等智能技术手段，集成整合水资源、水质量、排污口、河道项目管理、雨情、举报等数据，打造统一的保水质护运行平台，形成河道、库区信息综合分析能力，为水资源管理措施制定、水污染防治规划、水环境预警预报、水生态健康评估提供平台技术支撑。淅川县豫广网络建设见图 12-2。

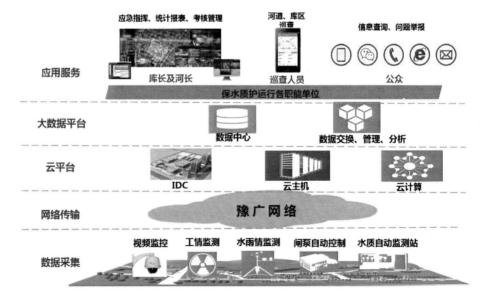

图 12-2 淅川县豫广网络建设

（2）搭建智慧淅川平台

2016 年，淅川县政府与河南省豫广网络建立战略合作，达成《智慧淅川战略合作协议》，参照"智慧敦煌"发展模式，高起点打造"智慧淅川"平台。智慧淅川顶层建设内容主要实现"一张网、一个中心、一个平台"。其中，"一张网"，即整合有线、无线、公网、专网等网络资源，提升应用服务能力，为社会公众提供高速传送、综合承载、全面覆盖、统一接入、安全可靠的智慧淅川信息化服务。"一个中心"，即建设立足淅川、辐射周边的河南广电中原云淅川数据中心，实现信息基础设施集约化管理。"一个平台"，即建设全县统一的公共信息服务平台，整合现有信息资源，消除信息孤岛，为市民提供公共交通、教育、医疗、水电气暖等智能化社会公共服务。目前，智慧党建、平安天网、智慧教育、数字城管、智慧电商、湿地监控、蓝天卫士等项目专网建设纷纷落地，初步形成信息网络互联互通组合能力平台。按照统筹规划、整合资源、统一规范、分级实施、突出重点、循序渐进的原则，淅川豫广结合"雪亮工程"建设，主要实施保水质护运行、五大河流监控、乡镇河流监控、库区监控、湿地监控等 8 个主模块 49 个子模块的建设，建设南水北调办、生态环境局、水利局分平台、分终端硬件。

（3）基础设施建设

平台建立之初，按照南水北调中线工程"保护优先、预防为主、综合施策、长效管理"的原则，以保障南水北调工程水质安全和运行为核心，投资 200 万元，逐步在淅川县境内的丹江、灌河、淇河、滔河、刁河五大河流，安装监控探头和水质感应器，增强水质质量监测水平，提升水质污染综合防治能力。通过安装监控探头，对监控点河道的日常养护管理、水质变化情况、防汛水位等进行实时监控。该项目总计划投资 1.23 亿元，完成丹江口水库（淅川区域）、丹江河、老灌河、淇河、滔河、刁河等 2 616 km²、942 km 范围内河道、1 400 km 库岸线的监控工作。建设了淅川县"保水质护运行"信息化管理平台和生态环境局、水利局、南水北调办的 3 个终端平台，对省界、县界、乡界、村村交界、主干河道和支流交界、桥梁等重点区域 1 836 个监控点位实地的勘测、线路设计施工工作，完成布放光缆约 13 200 km，并新购置县城乡镇机房专网核心交换传输设备 12 台，新建高清视频、高空瞭望等各类前端设备摄像头 1 892 个，实现对全县境内水生态环境的监测监管全覆盖。

12.4.3 主要成效

（1）有效推进河长制从"有名"到"有实"

淅川县将服务南水北调"国字号"工程作为首要政治责任，为有效服务调水大局，综治牵头，淅川广电、淅川豫广紧紧抓住中共中央办公厅、国务院办公厅印发《关于划定并严守生态保护红线的若干意见》实施，利用"雪亮工程"的信息化支撑，超前规划，与水利、环保、南水北调中线办公室等部门联手，认真落实《淅川县全面推行河长制工作方案》，率先启动实施保水质护运行监控平台建设，在全国尚属首例。

（2）有效管理河道突发事件

淅川县先后累计组织工作人员 1 200 余人次，出动车辆 260 余台次，出动巡查船只 180 余次，排查河湖范围内疑似违法行为 9 起。水利局查封取缔丹江河沿岸非法采砂场 16 处，扣押挖掘机、铲车 3 台，非法采砂船 5 只。生态环境局强化对全县重点排水、排气企业和县污水处理厂、垃圾填埋场的日常监管。国土局对重点区域、重点矿种实施专项整治，采取强制停电、查封设备、填封矿口、封死道路等强硬措施，先后关停石料场 3 家、钒土矿 1 家，煤矸石矿 1 家，石墨矿 2 家，查封非法采石点 20 处，没收非法采矿设备 30 余件（套），行政立案 14 起。

（3）有利于各部门协调联动

淅川县河长制综合信息平台建设，使其网络平台与水利、环保、南水北调办护水平台互联互通，实现静态展现重点项目进展、污染减排情况、河道等情况，也可在地图上展现污染源分布、事件分布等情况；通过数据与数据关联、数据与业务关联形成数据关系网，将水质、项目、事件、综合治理方案、治理计划、河长公示牌等信息化，使建设项目、目标、河道巡查、公众参与、业务受理等实现动态管理；水库、河道的实时情况尽在掌握之中，采用信息化手段管理河道，可以实现实时监控、动态管理、信息共享和公众参与。

12.4.4　案例启示

淅川县通过加强信息化顶层设计方案设计，实现集中部署、业务统一，精心打造综合信息服务平台，提高水利和生态环境信息集成共享程度。通过坚持"一盘棋"思想，坚持"一把手主抓"，建立领导小组和专班机制，业务部门与技术部门联动，水管平台建设纳入政府数字化转型总体方案，完成水利核心业务梳理和顶层布局工作。实现"互联网+"政务服务、"互联网+"协同办公、跨部门协同、数据归集等各项任务，推进水管理平台门户框架研发，深入开展专网改造和视联网视频会商系统建设，积极推动水利事业数字化转型工作。

12.5　河北省实现河长巡河云端管理

12.5.1　基本情况

河北省地处华北地区，环绕京津，濒临渤海，境内河流分属海河、内陆河、辽河三大流域。按照中央全面推行河长制工作的要求，河北省 2017 年年底全面建立河长制。全面推行河长制以来，河北省积极应用"互联网+"新技术和新工具，探索使用"河长云"手机 App 巡河，并通过 App 交办督办巡查发现的问题。使用"河长云"巡查，不但可以实时记录巡查轨迹，发现、交办、处理问题，还可以即时查询所巡河湖相关信息，为巡查提供技术支撑。

12.5.2 特色做法

以水利信息化促进水利现代化，是智慧水利的重要手段，也是实现"数字治水"的重要途径。河北省积极推进"云、网、端、台"基础建设，布局多台云服务器达，实现水利数据全面入库，同时迁移入"河长云"的应用系统。

（1）水利资源信息化

河北省逐步建立了覆盖大江大河、中小河流和水库的断面预报方案，完善了干支流、库堤为一体的洪水预报体系，全省大江大河、中小河流及小型水库均实现了数值化预报。推动区、市、县动态监管信息共享，进一步提高了精准监督、精准施策水平。同步整合水利、环保、气象、规划等部门优化水质、水量、水生态等数据信息，以智能自动化监测为基础，创建大数据中心，推动河库档案数字化管理、实时化监管、动态化分析，完善"河长云"系统。目前，已初步构建起"一张网""一个库""一张图"的水文信息化新格局。

（2）建立"河长云"综合信息服务平台

河北省河湖长制办公室利用"互联网+""3S"（GIS、RS、GPS）、云计算、大数据等先进技术，高效整合涉河湖信息资源，开发建设河北省河长制综合信息管理平台，全面提升全省河湖长制工作信息化水平。该平台在全国率先采用了"省级一级开发，依托政务云，实现省、市、县、乡、村五级应用"的模式。通过建设"全省河湖一张图"，打破各部门、各级之间涉河湖数据壁垒，实现了河湖信息共享。目前，河北省河长制综合信息管理平台实现了省、市、县、乡、村五级巡查问题协调处理、公文办理、移动办公、考核评估等工作任务的在线上报、指派、接收、流转、反馈、督办全过程信息化管理。河北省河长制综合信息平台如图 12-3 所示。

图 12-3　河北省河长制综合信息平台

（3）建设"河长云"手机 App 前端工具

综合信息平台搭建后，平台还以"河长云"手机 App 和微信服务平台为前端工具，搭建了"移动巡查、公众监督、云端管理"的一体化监督管理体系。河北省河长制综合信息管理平台的手机端，包括巡河湖记录、巡查管理、任务督办等功能，有 IOS 及 Android 系统两个版本。"河长云"App 开放性强、扩展方便，综合性能强大，主要功能包括综合监控、业务管理、统计分析、考核管理、通知公告、系统管理等；支持发语音、文字消息、图片；拥有完整的通信录架构，随时随地快速找到相关人员。

"河长云"App 是一款全面覆盖基础物联网、云数据中心、网络建设和河长制业务应用，采用大数据模型建立数据关联，精准挖掘横向关联信息并助力打破部门壁垒。该 App 不仅能在三维地图上实时记录河长的巡河路线、时间，还能更新各河流动态、水站的水文水质以及各级河长拍照上传的各项问题。"河长云"App专为河长提供云服务，实现全程信息化操作提升河道监测效率，并通过综合运用"互联网+河长制"、物联网、虚拟化和云计算等创新技术，建成全国首个省级"河长云"基础数据中心，及省、市、县三级"河长云"应用平台。

12.5.3 主要成效

"河长云"App 的运用最大限度地发挥了"互联网+"的优势，畅通了各级河长、职能部门、群众之间的渠道，能更高效地解决问题。"河长云"的应用减轻基层河长的工作负担，实现了巡河电子化、数据实时化、管理无纸化、资料集中化，最大限度地发挥了各级河长的作用。

（1）综合信息管理平台已初步建成

随着河北省河长制综合管理信息系统的建成和不断完善，河北省将河湖水资源治理集成为全省"一张图"，利用手机 App 显示断面数据、水功能区、河长公示牌等，河湖信息实时全掌握，实现不同流域的河长协同办公，开启掌上治水新模式。河北省河长制综合信息管理平台运行以来，注册用户已达 4.7 万人，累计访问量 48.4 万次。以水位、雨量、流量、水质、墒情、计量、视频、地下水埋深、水保、蒸发等采集端由点向线、由线向面扩展，呈现出几何增长态势。

（2）河湖长巡河云端管理已初见成效

通过开展培训，使各级河长都能熟练操作"河长云"App，大力保障广大基层河长十几分钟就能学会操作，方便巡河。河长湖长利用"河长云"手机 App 巡查，实时记录巡河湖轨迹、查询相关河湖信息、记录交办发现问题。"河长云"App 让河长巡河更高效，从发现问题到处理问题只需极短时间，大大提高了工作效率和河湖治理效果。App 便于河长巡河过程中及时发现并处理问题，发现问题及时拍照上传，及时共享给上级河长，实现交办和留档，无须再填表上报问题。"河长云"App 能够实时记录河长的巡河路线，便于上级部门监督管理。同时，省、市、区河长制办公室都能看到上传河流问题是否已在期限内整改，便于上级河长办通过"河长云"客户端实现对问题落实情况的督办和审核。目前，河北省市、县、乡三级河长利用"河长云"开展巡河湖 9.34 万次，发现并交办问题 2 400 多件，已整改解决 1 100 多件。

（3）促进公众参与和监督

大力推进移动应用，建设手机 App、微信公众号等掌上应用系统，吸纳社会公众参与。社会公众通过微信服务号"随手拍"功能，可对发现的河湖问题实时定位，在线上传问题图片、文字描述，即便与公众参与监督举报，又为相关职能部门提供第一手信息。

12.5.4　案例启示

（1）扎实做好基础信息填报和顶层设计

数据是信息化管理的基础，做好水质保护运行信息化管理，必须做到将与库区、河流、湖泊等水体相关的数据进行全量集中；同时将河湖长履职尽责信息进行填报和信息化处理。2018 年全国河（湖）长制管理信息系统正式上线后，完成了 30 万余名乡级以上河长的基础信息填报，结合河湖"清四乱"专项行动开展的河湖管理突出问题遥感监测应用取得实效，为推动河长制从"有名"向"有实"转变提供支撑。随着各个省级河长制信息系统建成，便于开展河湖精细化监管提供了信息技术保障，推动河湖管理进入"互联网+河长制"的数字化时代。

（2）搭建综合信息平台

各个省市应根据实际情况，解放思想、担当实干、改革创新，以"互联网+"为核心，以电子政务平台建设为重点，以智慧水利为目标，充分利用关于智慧城市、云计算、云平台安全、新一代物联网、大数据等信息前沿技术，夯实基础设施，优化网络结构，打通"瓶颈"节点，努力实现监控采集广泛互联、基础设施集约高效、信息资源融合共享、业务管理有效协同、综合应用知识智能的现代化体系，促进智慧水利的建设。实现多级协同，跨部门数据横向共享互通互用，建立了上下联动、信息共享、各级协同的工作格局，从传统管理模式到全面信息化管理，开创了多级协同监管的新模式。

（3）充分运用"互联网+"新手段

通过信息化工具提升各级河长河湖治理能力，实现"互联网+"的全覆盖。引入卫星、RS 航空遥感、GIS 地理信息系统、GPS 全球定位系统、无人机、移动通信、智能终端等信息化手段辅助水生态文明建设和监督管理，助力打赢蓝天碧水保卫战。助力各级河长精细化巡河管理，对区域部分生产建设项目进行重点核查、加密监测频次，精准捕捉水土保持违法违规行为，同时将有关信违法息纳入信息平台，记入档案，实行联合惩戒。

本章小结

　　全面推行河长制过程中"互联网+"的内涵丰富，主要是利用现代信息通信技术和互联网平台创新治理手段，打造新的治理模式，要求网络平台和互联网工具与传统河湖治理深度融合，形成更广泛的以互联网为基础设施和实现工具的河湖治理新形态。利用遥感地图进行事件识别和智能分析、利用无人机开展定期或不定期巡检、利用"千里眼"开展实时监控、利用数据平台方便河长巡河和公众参与等，都是"互联网+"的实践探索形式。未来各地应充分发挥互联网在"人防+技防"中的集成作用，充分运用大数据技术完善信息获取、管理、分析、应用机制，不断提升河湖治理的创新力，更好实现全面推行河长制的任务目标。

第13章 河长制补偿机制典型案例分析

生态补偿是环境治理的重要手段，其以保护和可持续利用生态系统服务为目的，协调生态环境保护中各种利益关系，也成为河长制工作开展的重要一项内容。根据"损害者赔偿、受害者得到补偿，受益者付费、保护者得到补偿"的原则，充分调动上下游和左右岸的积极性，形成共享绿色发展共治一片流域的良性格局。

13.1 新安江生态补偿试点

2012 年，安徽和浙江两省在财政部、环境保护部的大力支持下，建立了全国首个跨省流域的生态补偿机制试点，两省合力使得新安江流域的水质大幅提升，生态改善效果显著。

13.1.1 基本情况

新安江发源于黄山市休宁县六股尖，地跨皖浙两省，为钱塘江正源，是安徽省内仅次于长江、淮河的第三大水系，也是浙江省千岛湖最大的入湖河流。新安江干流长度约 359 km，其中安徽省境内 242.3 km，大小支流 600 多条。流域总面积约 11 452.5 km²，其中安徽省境内流域面积 6 736.8 km²，占流域总面积的 58.8%；黄山市境内流域面积为 5 856.1 km²，占流域总面积的 51.1%，宣城市绩溪县流域面积为 880.7 km²，占流域总面积的 7.7%。新安江经千岛湖、富春江、钱塘江在杭州湾入东海。省界断面多年平均出境水量占千岛湖年均入湖总水量的60%以上。

千岛湖集水面积 10 442 km²，正常水位 108 m 时，库容 178.4 亿 m³，水域面积 580 km²，其中 98%在浙江省淳安县境内，是浙江省重要的饮用水水源地，也是整个长三角地区的战略备用水源，承担着大型湿地所特有的调节小气候、降解污染、维护生物多样性等生态功能。千岛湖及新安江流域不仅是浙皖两省的重要生态屏障，也事关整个长三角地区的生态安全，战略地位举足轻重。

多年前，由于上游水质不稳定，千岛湖水环境污染问题日趋加重。2012 年，安徽、浙江两省建立了我国首个跨省流域生态补偿机制，在新安江开始试点。

13.1.2　特色做法

在新安江流域生态保护补偿机制酝酿并实施的过程中，皖浙两省不断统一思想、深化认识，以习近平生态文明思想为指引和根本遵循，牢固树立"绿水青山就是金山银山"的理念，以生态保护补偿机制为核心，把保护流域生态环境作为首要任务，以绿色发展为路径，以互利共赢为目标，以体制机制建设为保障，坚定不移走生态优先、绿色发展的路径。

（1）建立权责清晰的流域横向补偿机制框架

为确保试点顺利开展，财政部、原环境保护部统筹协调，制定并出台了《新安江流域水环境补偿试点实施方案》等政策文件，有效解决两省存在的意见分歧，统一思想理念，推动皖浙两省及时签订补偿协议，明确细化责任，为试点的高效实施和整体推进提供了政策保障。试点实施方案突出新安江水质改善结果导向，基于"成本共担、利益共享"的共识，坚持"保护优先，合理补偿；保持水质，力争改善；地方为主，中央监管；监测为据，以补促治"四项原则，以原环境保护部公布的省界断面监测水质为依据，通过协议方式明确流域上下游省份各自职责和义务，积极推动流域上下游省份搭建流域合作共治的平台，实施水环境补偿，促进流域水质改善。

根据《新安江流域水环境补偿试点实施方案》的精神，皖浙两省建立联席会议制度，加强合作，协力治污，共同维护新安江流域生态环境安全。在中央组织协调下，上下游联合开展水质监测，每年由原环境保护部发布上年水质考核权威结果。第一轮以高锰酸盐指数、氨氮、总磷和总氮四项水质指标 2008—2010 年 3 年平均浓度值为基准，第二轮和第三轮四项指标以 2012—2014 年 3 年平均浓度值为基准，每年与之对比测算补偿指数，妥善解决了湖泊总磷与河流总磷水质标准的分歧。补偿措施主要体现在对上游流域保护治理的成本进行补偿，同时完善市场化补偿措施，第一轮、第二轮试点中央财政共出资 20.5 亿元，均拨付给安徽，用于新安江治理。每年新安江跨界断面水质达到目标，浙江按协议要求划拨安徽相应补偿资金，否则安徽按协议要求划拨浙江相应补偿资金；第三轮试点中央财政退出补助，皖浙两省实现横向跨省补偿。

（2）加强流域上下游共建共享，打造合作共治平台

①共编规划，强化精准保护。按照"保护优先、河湖统筹、互利共赢"的原则，浙皖两省积极沟通协商，配合相关部委编制了《千岛湖及新安江上游流域水资源与生态环境保护综合规划》，并经国家批准，进一步强化流域的共保共享。浙皖两省政府作为该规划实施的责任主体，分别制定并实施流域水资源与生态环境保护方案，共同承担规划目标和重点任务的落实。

②共设点位，强化信息共享。为实现交界断面水质监测的长期性和科学性，经浙皖两省及相关县市共同商定，以浙江淳安环境保护监测站和安徽黄山市环境监测中心站为主体，在浙皖交界断面共同布设了 9 个环境监测点位。采用统一的监测方法、统一的监测标准和统一的质控要求，获取上下游双方都认可的跨界断面水质监测数据，并每半年对双方上报国家的数据进行交换，真正做到监测数据互惠共享。

③共建平台，强化保护合作。浙皖两省分别建立多个层级联席交流会议制度，部门之间定期或不定期地举行交流活动，建立起相互信任、合作共赢的良好局面。杭州市与黄山市共同制定《关于新安江流域沿线企业环境联合执法工作的实施意见》等文件，建立双方共同认可的环境执法框架、执法范围、执法形式和执法程

序，制定完善边界突发环境污染事件防控实施方案，构建起防范有力、指挥有序、快速高效和统一协调的应急处置体系。淳安县与黄山市歙县共同制定印发《关于千岛湖与安徽上游联合打捞湖面垃圾的实施意见》，并建立每半年一次的交流制度，通报情况，完善垃圾打捞方案。

④共谋合作，强化区域协同发展。新安江上下游以生态补偿为契机持续深化合作共识，不断扩大生态补偿的内涵和外延，通过第三轮《补偿协议》，进一步明确了在货币化补偿的基础上，两省继续探索多元化的补偿方式，推进上下游地区在园区、产业、人才、文化、旅游、论坛等方面加强合作。在操作层面，黄山与杭州多层面互动，两市围绕双方签署的"1+9"合作协议，在生态环境共治、交通互联互通、旅游资源合作、产业联动协作、公共服务共享领域等方面不断深化区域协同发展，实现共建大通道、共兴大产业、共促大民生、共抓大保护的局面，在设施全网络、产业全链条、民生全卡通、环保全流域等方面取得新突破。

（3）实施新安江流域山水林田湖草系统保护治理

①强化水源涵养和生态建设。黄山市深入实施千万亩森林增长工程和林业增绿增效行动，累计建成生态公益林 535 万亩，退耕还林 107 万亩，森林覆盖率达82.9%，以"遍地青山"涵养出"一江清水"，并被授予"国家森林城市"称号，突出湿地涵养，湿地保护率达 43.17%。总投资 30 亿元的国家重大水利工程、新安江综合治理控制性工程——月潭水库即将建成蓄水，完成新安江上游 16 条主要河道综合整治，疏浚和治理河道 123 km，治理水土流失面积约 540 km^2。

②强化农业面源污染防治。在种植业污染防治上，黄山市大力推广生物农药和低毒、低残留农药，在全省率先建成农药集中配送体系，建成 455 个农药配送网点，建立有机肥替代化肥减量示范区 67 个，2018 年，全市配送生物低残农药655 t、使用率提高到 80%以上，回收废弃包装物 1 600 多万个、回收率达 95%以上；2018 年，商品有机肥 1.68 万 t，比 2017 年增加 0.18 万 t。以精准有力的措施织就了严密高效的防控网络。

在网箱养殖污染治理上，黄山市在新安江干流及水质敏感区域全面推行网箱退养，拆除网箱 6 300 多只，并建立渔民直补、转产扶持、就业培训等退养后续扶持机制，一批批渔民"洗脚上岸"，做到"退得下、稳得住"。

在畜禽养殖污染防治上，2018 年黄山市加大投入，在畜禽养殖废弃物资源化利用累计投入 4 000 余万元，改造畜禽规模养殖场 136 家，关闭禁养区外无法治理的养殖户 133 家。初步构建起了以畜禽养殖废弃物综合利用为关键点的畜牧业循环经济产业链。全市畜禽粪污资源化利用量 128 万 t，资源化利用率达 87%。废旧地膜结合农药化肥配送网点进行回收；农村秸秆综合利用率为 90.22%。全市规模养殖场配套任务数 287 家，完成配套数 257，畜禽规模养殖场粪污处理设施装备配套率为 89.6%。

③强化工业点源污染治理。根据流域水质目标和主体功能区规划要求，黄山市建立水资源、水环境承载能力监测评价体系，实施产业准入负面清单制度。2018年，继续实施企业关停并转、搬迁及园区基础设施建设等项目，累计关停淘汰污染企业 220 多家，整体搬迁工业企业 90 多家，拒绝污染项目 192 个，意向投资额近 170 亿元，优化升级项目 510 多个。投资 57.78 亿元加快黄山循环经济园区建设，实现供热、脱盐、治污"三集中"。

④强化城乡垃圾污水治理。黄山市结合美丽乡村建设和农村"三大革命"，大力推进农村改水改厕工作，2018 年全市完成农村自然村卫生改厕 16 043 户，完工率达 106.95%。以农村垃圾、污水 PPP 项目为抓手，因地制宜、分类推进农村环境综合整治，2018 年实施 19 个乡镇政府驻地和 46 个省级中心村污水处理设施建设项目，完工率 100%；农村垃圾治理方面，2018 年，利用原有农村生活垃圾治理环卫体系，共清理农村生活垃圾 18.67 万 t，涉及农村人口为 928 949 人、覆盖面积为 9 188 km^2，实施卫生填埋 16.91 万 t，无害化处理率达 90.57%。为进一步完善农村生活垃圾治理体系，市委、市政府决定在全市范围内实施农村生活垃圾治理 PPP 项目，项目区域包括"三区四县"城市建成区以外所有农村地区，日治理垃圾量达 434.55 t；项目首期新增建设投资约 2.12 亿元，运营期 15 年，设施设备更新投资总共约 3.09 亿元。目前，该项目已建成投入运营，基本实现了农村生

活垃圾无害化处理率 100%。

为坚决防控水上污染，组建 16 支干流打捞队常态化开展河面打捞，全面实施船舶污水收集上岸。2018 年，实施客运船舶污水上岸改造 23 艘，河面清洁度显著提升。

（4）创新流域保护治理体制机制

①转变发展理念。安徽省把新安江综合治理作为生态强省建设的"一号工程"，建立了由省委、省政府领导主抓、各有关部门参与的工作机制，加强同浙江省的会商对接，统筹协调和推进试点工作。对黄山的考核指标调整至侧重于生态保护，引导地方党委、政府科学发展。浙江淳安县在对乡镇部门业绩考核体系中，建立了以千岛湖生态保护为核心的考核导向机制，突出生态保护、生态经济指标设置，其中两项生态指标比重约占总分的 70%。

②强化责任落实。黄山市制定落实《党政领导干部生态环境损害责任追究实施办法》，坚持开展领导干部自然资源资产离任审计，深入实施河（湖）长制、林长制，健全环保信用评价、信息强制性披露、严惩重罚等制度，加大政府目标管理绩效考核中环境保护和节能减排权重，对不合格的实行"一票否决"，倒逼环保责任落到实处。结合中央和省环保督察反馈问题整改，动真碰硬，从严问责。

③成立专门机构。安徽省成立了安徽省新安江流域生态保护补偿机制领导小组，黄山市成立了由市委书记和市长担任组长的新安江流域综合治理领导组和生态保护补偿机制试点工作领导小组，专门在市、县两级财政设立新安江流域生态建设保护局，负责新安江流域水环境保护的日常工作，建立并完善与环保、水利、农业等部门相互协调的运行机制，累计出台《关于加快新安江流域综合治理的决定》等 70 多项政策文件。

④加强区域联动。上下游通过建立跨省污染防治区域联动机制，统筹推进全流域联防联控，水环境保护合力逐渐形成。皖浙两省通过补偿协议进一步明确了各自的责任和义务，建立了"环境责任协议制度"，坚持上下游定期协商，完善联合监测、汛期联合打捞、联合执法、应急联动等横向联动工作机制，共同治理跨

界水环境污染，预防与处置跨界污染纠纷。

⑤完善管理制度。黄山市以生态保护补偿为契机，加快健全流域生态文明建设法规体系，出台了《黄山市促进美丽乡村建设办法》《黄山市河湖长制规定》《黄山市农药使用管理条例》，制定了《新安江流域突发事件应急方案》等文件，加强督导实施力度，进一步健全流域管理体系。淳安县委、县政府专门出台推进千岛湖综合保护工程、千岛湖水环境管理办法等 200 余项政策规定。

⑥推进全民参与。黄山市把新安江生态建设与民生工程有机结合，推行村级保洁和河面打捞社会化管理，优先聘请贫困和困难户作为保洁员。健全市、县、乡三级志愿保护机制，组织党员干部、工青妇、民兵预备役和广大市民成立 76 支专门志愿者队伍，围绕政策宣讲、清理河道垃圾、送生态保护文艺下乡、环保教育、生态科普等志愿服务活动，影响、带动全体市民融入生态文明建设。

（5）深入推动新安江流域绿色发展

①绿色规划引领。坚持把科学规划作为高水平推进治理的重要支撑，上游地区深入贯彻落实《安徽省新安江流域水资源与生态环境保护综合实施方案》，编制《黄山市新安江生态经济示范区规划》，支撑省级层面的《安徽省新安江生态经济示范区建设总体规划》，积极对接杭州都市圈，进一步形成优势互补、互利共赢格局，推进流域上下游的一体化保护和发展。

推进新安江绿色发展基金转型。深入谋划建立基金项目库，加快基金投放进度，加强基金管理运行和风险防控，确保基金有序有效运转，充分发挥绿色基金示范引领作用，加快促进黄山市产业转型和绿色发展，实现由末梢治理向源头控制转变、生态资源向生态资本转化，努力走出一条社会化、多元化、长效化保护和发展模式，建立可持续的良性循环的投入机制。推进专精特新基金尽快完成首期基金 50%的出资，登记注册国元种子基金，积极推进文旅基金招标和设立。

②优化产业结构。黄山市为发挥试点资金的放大效益，与社会资本共同设立新安江绿色发展基金，并争取 1 亿美元亚行贷款项目支持，努力把生态、资源优势转化为经济、产业优势。着力做好"茶"文章，推进茶叶种植生态化、加工清

洁化改造，走出一条"产出高效、产品安全、资源节约、环境友好"的现代茶产业发展新路，茶产业核心竞争力全面提升，茶叶产值 34.28 亿元，小罐茶业有限公司跻身中国茶叶品牌传播力和中国茶企双"十强"；着力做活"水"文章，积极传承徽州历史传统和"森林—溪塘—池鱼—村落—田园"生态系统观念，利用资源优势，发展泉水鱼经济，市场价格比普通鱼平均高出 3 倍，综合产值达 4 亿元，实现了"草鱼变金鱼"，探索了山区精准脱贫的新路子，同时还引进和培育康师傅矿泉水、六股尖山泉水等一批项目，打造百亿水产业。

加快传统产业升级改造，近年来累计优化升级工业项目 510 余个并加快发展高新产业。2018 年，市经济开发区的高新企业引进、知识产权申报、研发经费归集、科技项目对上争取、高企申报、知识产权抵押贷款、高新技术产业产值在总量和增加值上同比进一步上升。

③转变生活方式。黄山市大力倡导节约适度、绿色低碳、文明健康的生活方式和消费模式，推动形成全社会共同参与的良好风尚。新安江流域全面推广"生态美超市"，打造"垃圾兑换超市"升级版和拓展版，目前已设立 142 家，村民带着 20 个塑料瓶可以兑换一包盐，一纸杯烟蒂可兑换一瓶酱油，村民不再乱扔垃圾，环境更加清洁。通过制定《村规民约》，规范文明行为。继承和发扬老徽州美德和优秀传统文化观念，制定符合村情特色的《村规民约》，全覆盖规范和引导流域内村民行为；部署开展"保护美丽家园从我做起"和十星级文明标兵户、特色家庭标兵户、卫生清洁户等乡风民风评议活动，推动农村传统生产生活方式积极转变。

13.1.3　主要成效

（1）保育了新安江流域的绿水青山

新安江流域总体水质为优并稳定向好，跨省界断面水质连年达到考核要求，保持地表水二类标准，每年向千岛湖输送约 60 亿 m³ 洁净水，千岛湖水质同步改善，富营养化趋势得到扭转。千岛湖列为首批五个"中国好水"水源地之一。

（2）推动了新安江绿水青山向金山银山转化

①经济总体保持快速发展。①试点实施以来,流域上游绿色经济发展态势良好。2012—2018 年, 上游黄山市地区生产总值逐年递增, 由 424.9 亿元上升至 677.9 亿元。按产业分类来看, 第一产业增加值 56.9 亿元, 增长 3.1%；第二产业增加值 236.6 亿元, 增长 10.2%；第三产业增加值 384.4 亿元, 增长 6.6%。人均 GDP 为 48 579 元（折合 7 341 美元）, 比上年增加 4 328 元。

三次产业结构比例由 2012 年的 11.4∶46.3∶42.3 调整至 2018 年的 8.4∶34.9∶56.7。2018 年, 三次产业对经济增长的贡献率分别为 3.7%、53.4%和 42.9%, 其中工业对经济增长的贡献率为 42.0%。黄山市近年来地区生产总值及其增速如图 13-1 所示。

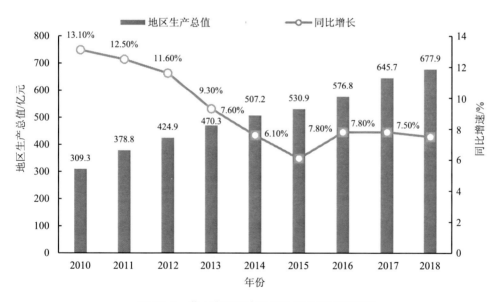

图 13-1　黄山市近年来地区生产总值及其增速

---

① 2010—2017 年数据来源为《黄山市统计年鉴》, 2018 年数据为《2018 年黄山市国民经济和社会发展统计公报》。

②环境保护倒逼产业结构不断优化。三次产业结构得到有效调整。2010—2018 年，黄山市三次产业结构比例由 12.7∶44.1∶43.2 调整至 8.4∶34.9∶56.7，实现由"二三一"向"三二一"的产业结构模式转变。绿色食品、绿色软包装、汽车电子、精细化工四大主导产业实现产值占全部规上工业的 45.7%，同比增长 14.4%，拉动全市工业增长 6.6 个百分点。战略性新兴产业产值增长 16.6%，占规模以上工业比重达 32.1%。全市规模以上高新技术产业产值比上年增长 20.9%，增加值增长 16.8%。

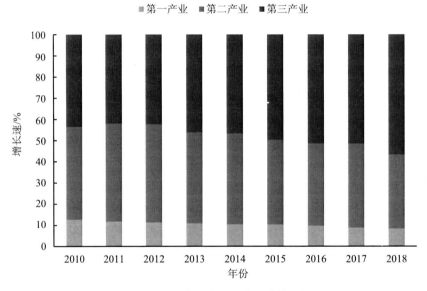

图 13-2　黄山市三次产业结构比例

单位 GDP 能耗有所降低。根据《2018 年黄山市统计年鉴》相关数据，2011—2017 年，黄山市单位地区生产总值能耗与单位工业增加值能耗总体呈下降趋势，反映了黄山市经济发展对能源的依赖程度逐渐降低，也间接反映了产业结构状况正在逐步优化。《2010 年国民经济和社会发展统计报告》指出六大高耗能行业在黄山市整个工业企业中所占比重较小，其单位工业增加值能耗指标逐年下降，也间接反映了其产业结构得到了优化调整，经济增长方式主要依靠科技进步和提高劳动者素质，提高生产的效率和效益，经济持续、快速、健康地发展。黄山市近几年能耗消耗指标值见表 13-1 和图 13-3。

表 13-1　黄山市近几年能耗消耗指标值　　　　单位：t 标准煤/万元

年份	单位地区生产总值能耗	单位工业增加值能耗
2011	0.456	0.3
2012	0.447	0.251
2013	0.428	0.199
2014	0.408	0.17
2015	0.365	0.167
2016	0.326	0.173
2017	0.311	0.187

注：由于 2019 年黄山市统计年鉴尚未正式出版，因此两项指标数据截至 2017 年。

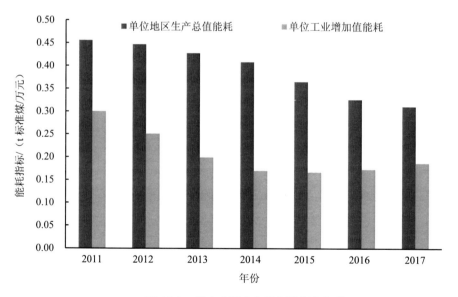

图 13-3　黄山市近几年能耗消耗指标值

万元工业总产值污染物排放强度有所下降。采用 2010—2018 年黄山市环境统计数据分析，2012—2018 年黄山市万元工业总产值 COD、氨氮排放强度相比于

2010—2011 年，总体有所下降。黄山市近几年万元工业总产值污染物排放强度见表 13-2。

表 13-2　黄山市近几年万元工业总产值污染物排放强度　　　单位：kg/万元

年份	万元工业总产值 COD 排放强度	万元工业总产值氨氮排放强度
2010	1.99	0.38
2011	1.93	0.36
2012	1.02	0.11
2013	1.07	0.12
2014	0.91	0.10
2015	0.89	0.10
2016	1.40	0.15
2017	0.51	0.05
2018	0.89	0.11

数据来源：2010—2018 年黄山市环境统计数据。

（3）提供了上下游互利共赢的"新安江模式"

新安江流域是生态补偿机制建设的先行探索地。试点以来，皖浙两省将生态文明建设融入经济、政治、文化、社会建设各方面和全过程，走出了一条上游主动强化保护、下游支持上游发展的互利共赢之路，探索出了一批可复制、可推广的生态文明制度机制，形成了"新安江模式"。"新安江模式"是以生态补偿为核心，以生态环境保护为根本，以绿色发展为路径，以互利共赢为目标，以体制机制建设为保障的生态文明建设模式，展现出了强大的生命力。

第二轮、第三轮试点与第一轮试点相比，通过建立健全工作机制强化了"用制度保护生态环境"。通过一系列"制度组合拳"，包括综合协调、"河长"管理、生态美超市、农药化肥集中配送、断面水质考核、创新资金投入、项目管护机制、流域上下游之间的跨区域水污染防治联动机制等，使新安江流域上下游生态建设与保护成为一个有机的整体，能够充分调动各部分主观能动性，充满干劲和活力。试点入选全国"改革开放 40 年地方改革创新 40 案例"，亮相中央"砥砺奋进的五年"大型成就展。跨省流域生态保护补偿机制也为促进流域上下游经济社会协调发展开拓了全新路径。2018 年 2 月 1 日，在重庆市由财政部、环保部、国家发展改革委、水利部联合召开长江经济带生态保护修复暨推动建立流域横向生态补偿机制工作会议上，新安江流域上下游横向生态补偿机制试点经验做专题发言和视频播放，为全国横向生态保护补偿实践提供了良好的示范和经验。

13.1.4 案例启示

（1）习近平生态文明思想是指导生态保护补偿机制建设的根本遵循

推动皖浙两省开展磋商协调，一度因为分歧较大难以推进，2011 年习近平总书记关于千岛湖的重要批示精神为试点工作指明了方向。新安江流域是我国生态保护补偿机制建设的先行探索地，是习近平生态文明思想的重要实践地。习近平生态文明思想内涵丰富、博大精深，开辟了马克思主义人与自然关系论断的新境界，其中在新安江横向生态保护补偿机制建设中，一些重要论述直接为改革谋划、工作推进提供了坚强有力指导，包括：生态兴则文明兴、生态衰则文明衰；"绿水青山就是金山银山"；良好生态环境是最普惠的民生福祉；山水林田湖草是生命共同体；用最严格制度保护生态环境；全社会共同建设美丽中国等。

习近平生态文明思想来源于实践、指导实践，并在实践中经受检验，得到丰富和发展。新安江流域横向生态保护补偿机制建设中，政府发展理念转变，科学合理的补偿机制框架搭建，上下游紧密联动，流域生态环境全要素系统治理，保护与发展双赢，协调配合的若干管理机制，全民参与格局的形成，新安江流域生态保护补偿试点取得的这些成效与经验，无不印证了习近平生态文明思想的正确性、引领性。

（2）生态保护补偿机制是实现绿水青山变成金山银山的有效途径

新安江补偿试点实现了流域上下游发展与保护的协调，充分表明保护生态环境就是保护生产力，改善生态环境就是发展生产力。在流域水环境质量保持为优并持续向好的同时，黄山市经济社会也得到了长足的发展，生态产业化、产业生态化特征日益明显，以生态旅游业为主导、战略性新兴产业和现代服务业为支撑、精致农业为基础的绿色产业体系基本形成，服务业增加值占比居全省首位，绿色食品、汽车电子、绿色软包装、新材料等产业加快发展，使绿水青山的自然财富、生态财富变成社会财富、经济财富，更好地造福人民群众。2018 年皖浙两省新签署的补偿协议提出，要推进杭州市与黄山市在园区、产业、人才、文化、旅游、论坛等方面加强多元合作，推动全流域一体化发展和保护，黄山市将全面融入杭州都市圈，"绿水青山"与"金山银山"将在更高的水平上实现有机统一。

（3）构建全民参与、社会监督的行动格局，实施信息公开，是试点顺利实施的重要手段

新安江生态保护补偿试点坚持增进生态环境质量改善这个最普惠的民生福祉，充分彰显习近平生态文明思想的基本民生观。以提供优良生态环境、促进群众增收致富为出发点，黄山市通过政府门户网站信息平台、微信公众平台等方式，实施补偿试点信息公开，及时公布试点工作动态；通过开展新安江流域生态保护征求意见活动，请社会各界积极建言献策，参与到环境保护的决策中来；通过各种宣传活动，开展公众教育，以村规民约等形式引导公众转变生产、生活方式，进一步提高公众环保意识，切实减少农业农村面源污染。新安江生态保护补偿试点的成功，充分证明了执行党的群众路线、构建全民参与格局的重要性。

（4）健全工作机制是生态补偿实施的重要保障

新安江补偿试点中，通过不断健全工作机制强化责任意识，调动各方积极性，保障试点顺利实施。在流域水污染防治方面，皖浙两省建立了上下游定期沟通协商、联合监测、联合打捞、联合执法、应急联动等常态化工作机制，推动了流域上下游协同共治，增强了流域环境监管和行政执法合力。上游黄山市严格落实河湖长制、林长制，突出抓好中央及省环保督察反馈问题并做好整改工作，严格执行党政领导干部生态环境损害责任追究制，构建了齐抓共管的工作格局。

在绿色发展方面，着力完善绿色发展制度，颁布施行黄山市《松材线虫病防治条例》《农药安全管理条例》等地方性法规，制定出台综合治理目标管理、规范

试点资金使用、区县断面水质考核等 70 多个规范性文件。

在生态生活方面，积极倡导绿色生活方式。成立 76 支志愿者队伍，常态化开展政策宣讲、典型宣传、科普培训等活动。创新设立 142 家"生态美超市"，推动形成"户分类、村收集、乡运转、县市处理"垃圾处理生态链条。流域企业创办民间水环境保护基金会，累计向优秀保洁员、环保先进者发放"生态红包"61.2万元；流域 489 个村均将环保理念植入村规民约，"同护一江水、共保母亲河"已成为流域广大群众的高度自觉。

13.2　京津冀地区生态补偿协作机制

京津冀地区是中国的"首都经济圈"，包括北京市、天津市以及河北省的保定、唐山、廊坊、石家庄、邯郸、秦皇岛、张家口、承德、沧州、邢台、衡水 11 个地级市。实现京津冀协同发展是国家一个重大战略，生态环境保护、交通一体化和产业升级转移是三大重点建设领域，而生态环境保护是重中之重，"绿水青山就是金山银山"的理念已经深入人心，京津冀地区在跨区域联合保护生态环境方面走在了全国的前列。

13.2.1　基本情况

北京市属于海河流域，全市共有 16 个区，2018 年末常住人口 2 154 万人。根据北京市第一次水务普查数据，全市共有流域面积 10 km² 以上的河流 425 条，河流总长度 6 414 km，总流域面积 16 410 km²，分属 5 大水系，其中蓟运河水系 42条、潮白河水系 138 条、北运河水系 110 条、永定河水系 75 条、大清河水系 60条。另外，北京市有大中型水库 88 座，总库容 93.77 亿 m³；水面面积 0.1 km² 以上的湖泊 41 个，水面总面积为 6.88 km²。

天津市地处中国华北地区，东临渤海、华北平原东北部、海河流域下游，是海河五大支流南运河、子牙河、大清河、永定河、北运河的汇合处和入海口，素有"九河下梢""河海要冲"之称。下辖 16 个区，共有街道、乡、镇 245 个，2018年末常住人口 1 559.60 万。天津市多年平均降水量 575 mm，水资源总量为 15.69亿 m³，人均水资源占有量约 100 m³，仅为全国人均占有量的 1/20，属资源型缺水地区，也是全国人均水资源占有量严重偏少的城市之一。流经天津市境内的一级行洪河道 19 条、二级河道 143 条，另有沟渠 7 000 余条、天然湖泊 1 个、湿地 4处、水库 23 座、开放式景观湖 81 个、2 万余个坑塘。

河北省境内共有河流 4 891 条，天然湖泊 35 个。境内河流分属海河、内陆河、辽河 3 个流域。其中海河流域面积 17.16 万 km²，占全省流域总面积的 91.4%，主要有永定河、大清河、子牙河、漳卫南运河、北三河、滦河及冀东沿海诸河、黑龙港及运东地区诸河七大水系；内陆河流域面积 1.17 万 km²，占全省流域总面积的 6.2%，主要是内蒙古高原东部内流区，仅涉及张家口张北、沽源、尚义、康保4 个县；辽河流域面积 0.44 万 km²，占全省流域总面积的 2.4%，主要是辽河、辽东湾西部沿渤海诸河，仅涉及承德围场、平泉东部。根据第一次全国水利普查成果，河北省共有流域面积 50 km² 及以上河流 1 386 条，总长度为 40 947 km。其中：流域面积 100 km² 及以上河流 550 条，总长度为 26 719 km；流域面积 1 000 km²及以上河流 49 条，总长度为 6 573 km；流域面积 10 000 km² 及以上河流 10 条，总长度为 2 575 km。常年水面面积在 1 km² 及以上标准湖泊 23 个，水面总面积364.4 km²，包括淡水湖 6 个，咸水湖 13 个，盐湖 4 个。其中，面积 1~10 km²的湖泊 18 个，水面总面积 46.6 km²；面积 10~100 km² 的湖泊 4 个，分别为衡水湖、南大港、安固里淖、察汗淖，水面总面积 147.8 km²；面积 100 km² 以上的湖泊 1 个，为白洋淀，水面总面积 170 km²。

京津冀三地地理位置紧密相连，水系相互交织，共处一个生态单元，共享一地自然资源。作为水生态脆弱、环境保护压力巨大的区域，水资源短缺已成为制约京津冀地区经济社会可持续发展的主要因素之一，因此京津冀三地开展补偿协作成为必然选择。

13.2.2　特色做法

2015 年 9 月 11 日，中共中央政治局开会审议通过了《生态文明体制改革总体方案》，其中第三十二条完善生态补偿机制中规定，探索建立多元化补偿机制，逐步增加对重点生态功能区转移支付，完善生态保护成效与资金分配挂钩的激励约束机制，推动在京津冀水源涵养区开展跨地区生态补偿试点。

2015 年 9 月，国务院批复的《环渤海地区合作发展纲要》中提出，"鼓励地区间探索建立横向生态补偿制度，在流域生态保护区与受益区之间开展横向生态补偿试点""京津冀要协同发展、互利共赢，在生态环境联防联治等重点领域取得实质性突破"。

根据国家的文件精神，京津冀三地在生态环境联防联治、建立生态补偿机制方面签订了战略合作协议，具体情况如下：

（1）河北省和天津市签订《关于引滦入津上下游横向生态补偿的协议》

引滦入津工程动工于 1982 年 5 月，1983 年 9 月正式供水，其为天津提供了安全可靠的饮用水，结束了 70 万人长期饮用高氟水的历史，同时也为天津提供了充足的生态环境用水。

该工程的取水口在大黑汀水库，而水库中的水主要来源于上游 30 km 处的潘家口水库，潘家口水库与大黑汀水库合称潘大水库。潘大水库的库区移民以及引滦入津干渠沿线的居民，人均耕地只有 0.12 亩、生活补助也只有 600 元/年，年均收入远低于当地县市的平均水平。为尽快脱贫致富、改善当地人民的生活水平，在国家及地方政策的支持下，当地居民充分利用水库资源发展网箱养鱼产业，从而带动了饲料加工、水产品加工、物流运输等产业集群，创造了大量的就业机会，对当地的社会经济起到了较大的促进作用。但是同时不可避免地对水环境造成了一定的污染，如水体的氮磷超标，富营养化日趋严重。

为统筹兼顾上下游的经济利益与水环境之间的关系，改善潘大水库的水质，保障引滦入津工程的作用，河北省与天津市在原环境保护部与财政部的主导和倡议下，双方针对水质监测断面及标准、生态补偿的支付方式及标准等开展了多轮磋商，最终达成一致意见，共同签订了《关于引滦入津上下游横向生态补偿的协议》。

《关于引滦入津上下游横向生态补偿的协议》中明确：河北省、天津市共同出资设立引滦入津水环境补偿资金，资金额度为两省、市2016—2018年每年各1亿元，共6亿元。河北省通过开展面源污染治理，清理潘家口、大黑汀水库网箱养鱼，开展水库沉积物污染物污染调查与环保清淤评估和清理，编制潘家口、大黑汀水库生态环境保护规划等污染治理和生态保护工程建设，确保水质达到考核目标并稳步提升。协议要求需使入津的黎河、沙河跨界断面水质年均浓度都达到《地表水环境质量标准》（GB 3838—2002）Ⅲ类水质标准。2016年、2017年、2018年月监测结果水质达标率分别达到65%、80%、90%。若考核年度水质达到或优于考核目标，天津市该年度资金全部拨付给河北省。中央财政根据水质考核目标完成情况，每年最多奖励河北省3亿元，用于污染治理。

（2）河北省和北京市签订《密云水库上游潮白河流域水源涵养区横向生态保护补偿协议》

密云水库位于北京市密云县城北13 km处，库容40亿 m^3，平均水深30 m，是首都北京最大的饮用水水源供应地。密云水库有两大入库河流，分别是白河和潮河。白河起源于河北省沽源县，经赤城县，延庆县，怀柔区，流入密云水库；潮河起源于河北省丰宁县，经滦平县，自古北口入密云水库。

为保障首都供水安全，北京市与河北省水源涵养区生态环境保护补偿机制建立工作于2017年正式启动。目前两省市已经就京冀流域生态补偿事宜基本达成共识，并签订《密云水库上游潮白河流域水源涵养区横向生态保护补偿协议》（以下简称《协议》）。

《协议》商定，补偿实施年限为2018—2020年，考核依据为水量、水质、上游行为管控三个方面。相对以跨境考核断面水质情况作为考核依据的以往做法，该协议拓展了水源地生态保护补偿的内涵。

《协议》建立了考核与激励相结合的机制。北京市对密云水库上游潮白河流域河北省承德市、张家口市相关县（区）进行生态保护补偿，对污染治理工作成效进行奖励。水质考核在国家规定的高锰酸盐指数、氨氮、总磷三项指标外，增加了总氮指标，对总氮下降幅度给予奖励。水量考核方面，则在 2000 年以来多年平均入境水量的基础上，实行多来水、多奖励的机制。

根据《协议》的规定，京冀协同水源保护由单纯资金项目支持转向综合政策支持。补偿协议签订后，将现有对上游地区的项目支持改为补偿政策支持，给张家口、承德两市及相关五县（沽源、赤城、丰宁、滦平、兴隆）更大的自主权，其有利于上游统筹做好水环境治理、水生态修复及水资源保护等工作。

为积极推进《协议》落实，两省市商议，北京市财政于 2018 年年底前，先行向河北省预拨补偿资金 2 亿元，河北省财政配套 1 亿元，下一年根据目标考核情况进行清算。

同时，两地将在密云水库上游 1.6 万 km^2，包括北京市的延庆、怀柔、密云三区和河北省张家口、承德两市五县，开展"山水林田湖草"一体化保护试点工作，开展生态清洁小流域建设、河滨带、库滨带生态治理、污水处理与再生水利用、农业面源污染治理、尾矿污染治理等工作，发展绿色产业，让当地群众有获得感。

13.2.3　主要成效

（1）《关于引滦入津上下游横向生态补偿的协议》成效

通过协议的启动与实施，有效改善了引滦入津沿线水环境质量。河北省加快实施潘大水库库区网箱养鱼清理工作，加大引滦入津沿线污染治理力度。截至 2017 年 5 月，潘大水库网箱清理工作已全部完成，共清理网箱 79 575 个、库鱼 0.865 亿 kg。唐山、承德两市针对直接影响引滦水质的环境问题，深入实施了多项重点水污染防治工程，除了网箱养鱼、工业污水、生活污水、农业废弃物等直接污染，还有不合理耕作导致水土流失，水库防洪能力降低、供水无保证、泥石流和滑坡等问题。

自 2016 年 9 月签署《协议》以来，黎河桥断面和沙河马各庄大桥断面 pH、高锰酸盐指数、氨氮、化学需氧量、总磷 5 项指标年均值均满足《地表水环境质量标准》（GB 3838—2002）Ⅲ类水质要求，月度断面水质达标率为 100%，水质有了显著改善，基本达到水环境功能要求，滦河水面清澈，水生态环境大幅改观。

（2）《密云水库上游潮白河流域水源涵养区横向生态保护补偿协议》成效

承德市作为习总书记定位的"京津冀水源涵养功能区"，肩负着为京津冀"涵水源、阻沙源"的政治责任和历史重任。《密云水库上游潮白河流域水源涵养区横向生态保护补偿协议》签订后，承德市委、市政府坚持转型发展、落实功能区规划、修复"绿水青山"、守住资源生态红线为目标，把建立完善河长制作为改善和提升承德水环境质量的重要抓手，创新机制，夯实责任，狠抓落实，全面改善和提升水生态环境质量，全力为京津冀提供优质水资源，筑牢承德永续发展的根基命脉。各县区制定"生态立县""以水强县"的战略目标，针对不同类型的河湖污染，突出重点施治，破解河流水体污染顽疾，依法划定管理范围，水质提升与流域修复同步进行，实现生态立县目标。依托河湖岸线特点，做好招商引资工作，催生优质绿色企业项目落地生根，打造生态景观，实现以水生"金"。

13.2.4　案例启示

水环境治理是一个系统工程，对于长期积累形成的环境污染问题，必须要花大力气改变原有的生产和生活方式，也必然会触及企业或地方的一些利益，但是为了安全可靠的水源、优美的自然环境，国家或地方政府必须要拿出壮士断腕的勇气坚决治理。

根据《水污染防治法》的规定："地方各级人民政府对本行政区域的水环境质量负责"，地方政府是跨省界水体的责任主体。对于生态效益外溢性强、维系区域生态环境安全具有重要意义的跨省界水体，将其保护治理作为中央和地方政府的共同事权较为适宜。京津冀地区的生态安全至关重要，一方面地方政府对辖区内的水环境质量负责；另一方面中央从国家层面予以指导和支持，尤其是两部门牵头协调，开展顶层设计，统筹构建流域生态保护补偿政策框架，为流域保护治理提供了强有力的政策保障。

13.3　浙江省金华市流域水质生态补偿

13.3.1　基本情况

浙江省金华市位于浙江省的中部，为省辖地级市，南北跨度 129 km，东西跨度 151 km，土地面积 10 941 km²。金华市域内江河分属钱塘江、瓯江、曹娥江、椒江 4 大水系，流域面积分别为 9 332.73 km²、949.71 km²、341.6 km² 和 293.96 km²，分别占全市总面积的 85.5%、8.7%、3.1% 和 2.7%。集雨面积在 100 km² 以上的江溪有 40 多条。2016 年 1 月，金华市在全省率先建立了市县两级之间"双向补偿"的流域水质考核奖惩制度。

13.3.2　特色做法

（1）按水质达标情况，实行双向补偿

按照"谁保护谁受益，谁污染谁赔偿"的原则进行"双向补偿"，即流域上下游之间，明确以水质达到功能区要求为基准，凡是交界断面水质达标的，下游给上游补偿；水质超标的，上游给下游赔偿。通过这种办法，给县（市、区）套上水质改善的紧箍咒，如果出境水质没有达到功能区要求，就不断地给下游补偿，因此县（市、区）始终面临保持水质、改善水质的压力，水质一旦达到要求了，马上享受到保护带来的好处——从原来的赔钱给下游县市区，变为从下游拿钱。通过这种始终处于动态转换的压力，推动各县（市、区）持续不断地进行保护和治理，最终推动流域总体水质根本性改善进而稳定达到标准要求。

（2）按交界断面考核，明确属地责任

由于河流往往流经多个区域、干支流复杂，治水主体、区域责权、补偿范围和谁补偿谁的问题难以明确，横向补偿机制落地非常困难。以金华江为例，金华江干流源头在磐安，流经东阳、义乌、金东、婺城后，在兰溪汇入兰江，同时金华江还存在支流在两地间多次穿插，双方互为上下游的情况，极易造成两地互相推诿，形成治水"盲区"。对此，金华市明确了地方政府对本辖区内流域水质的主体责任，实行按域内所有交界断面水质情况综合考核，奖罚金额按当地所有出境断面奖罚合计。当合计奖金高于罚金的，市政府按差额拨付奖金；当地所有出境断面的罚金高于奖励的，需按差额向市政府缴纳罚金；其他情况不奖不罚。

（3）按水质改善幅度，科学核算补偿金额

浙江省金华市的补偿原则是达到Ⅰ类、Ⅱ类的断面及达到功能区要求且3项常规指标（高锰酸盐指数、氨氮和总磷）的浓度相比前三年保持稳定或变好的Ⅲ类断面给予生态补偿金，劣于功能区要求或达到Ⅲ类但3项常规指标的浓度相比前三年变差的断面，需缴纳生态补偿金。此外，金华市的补偿金额计算既考虑水质类别，又同时考虑断面水量，即在相同水质类别下，断面水量越大补偿金额越高；相同的水量下，水质越差，补偿越多，水质越好，受偿越高。这充分体现了水环境容量的价值。奖罚计算公式定为［（标准限值－断面实测浓度）×水量］/标准限值×补偿系数。

13.3.3 主要成效

自浙江省金华市建立市县两级之间"双向补偿"的流域水质考核奖惩制度以来，金华市全域水质改善显著，Ⅲ类水质达标率从2015年的67.5%提高到2017年的100%，2015年，市财政需收取罚金2 326万元，实施考核后，2017年市财政支出奖励金额6 892万元。2018年7月，金华经过前期经验积累，突破目前国家和省实行的补偿试点局限于单独的上下游县（市）现状，率先建立了全市全流域上下游生态补偿机制，成为目前全国唯一实现全流域上下游生态补偿的地区，这标志着金华市流域水质生态补偿提前进入"第二季"。

13.3.4　案例启示

（1）统一考核，破补偿难题

上下游双方互相协调"对赌"的生态补偿模式，由于缺少统一的标准，出于对本地利益的考量，在补偿金额和计算方式上会锱铢必争，难以协调。以金华市为例，涉及的上下游关系多达 16 组，各地诉求不一，标准不明、责任不清，协调难度更大。为此，金华市采取由市政府坐镇，对各县（市、区）统一考核，明确了上、中、下游治水责权和补偿标准，按流域交界断面考核，让横向生态补偿机制得以真正落地，促进了流域水环境持续改善。2018 年，金华市界出境断面考核结果为优秀；地表水断面、县（市）交界断面、省控断面Ⅲ类水质达标率分别较2015 年提高 33.3%、10%、31.6%；符合奖励条件的县（市、区）从 2015 年的 3个增加到 7 个。

（2）奖优罚劣，补机制短板

目前，《浙江省跨行政区域河流交界断面水质保护管理考核办法》只对水质改善进行奖励，对"先污染后治理"的发展模式约束不大。此外，上游治水力度大，下游出水水质提高的地市区也同样受奖，等于是下游地区免费享受上游地区提供的生态红利，这样难以体现公平公正。对此，金华市对流域区域水质开展标准化考核奖惩补偿，以跨县（市、区）河流交界断面、市界出境断面水质达到水功能区要求为基准，科学设置污染评价因子和奖罚基准系数，有效统一了奖惩尺度，弥补了机制短板。截至目前，金华市共发放流域水质补偿奖励 12 457.5 万元，收取罚金 516.7 万元，其中磐安累计获取补偿奖励 4 491.7 万元。

（3）约谈督办，堵懒政漏洞

金华市将"双向补偿"考核结果直接和党政领导干部绩效挂钩，对出境断面主要污染物指标浓度连续 2 个月同比上升超过 10%的，由市生态环境局对所在县（市、区）人民政府进行预警通报；累计 4 个月同比上升超过 10%的，由市政府对县（市、区）人民政府主要负责人进行约谈，并对重点污染河段和突出环境问题进行挂牌督办；连续两年出境水质达不到功能区要求的，进行严肃问责。2018 年，金华市共预警通报 2 次，挂牌督办 1 个县（市、区）。

13.4 浙江省嘉兴桐乡市生态补偿机制

13.4.1 基本情况

浙江省嘉兴桐乡市位于浙江省北部、杭嘉湖平原腹地，东连嘉兴市秀洲区，南邻海宁市，北毗德清县、杭州市余杭区，西北接湖州市南浔区，北界江苏省吴江区，居沪、杭、苏金三角之中。

自 2014 年起，嘉兴桐乡市在全市实践探索"生态有偿、生态补偿、生态赔偿"机制，2016 年又在此基础上进一步深化"生态三偿"机制，探索建立了桐乡市镇级区域"五水共治"生态补偿机制，该机制以镇级交界断面水质考核结果为依据，对各镇（街道）"五水共治"工作进行奖励或处罚。自试行以来，该机制充分发挥了经济调节作用，形成了各区域共同协作治水、全域水质稳定提升的良好治水局面。

13.4.2 特色做法

（1）以水质考核为基础，为生态补偿提供科学依据

一是建立水质考核机制。2014 年 4 月，桐乡市印发《桐乡市镇级跨行政区域河流交界断面水质保护管理考核办法》，在嘉兴市范围内率先建立了镇级交界断面水质考核机制，该机制以高锰酸盐指数、氨氮、总磷三项为主要考核指标，考核结果分为优秀、良好、合格及不合格四个等次，并将该考核纳入市政府对各镇（街道）工作目标责任考核体系，实现考核内容由工作任务落实向工作目标实现和水质有效改善的转变，以治理结果评判"治水英雄"。

二是科学设置监测点位。桐乡市属平原河网，水文特征复杂，部分断面容易发生倒流、滞流，针对这一现象，桐乡市在选取水质监测点时，综合河道大小、河水流向等科学设置监测点位，并根据实际情况及时进行调整，目前监测点位已经从最初设置的 106 个新增调整至 148 个。所有数据均由委托具备资质的环境监测机构采样监测，确保专业性、合理性及准确性。

三是定期通报水质情况。各交界断面监测点水质每半月监测一次，并将各点位本期情况与上期、上年同期进行对比，绘制高锰酸盐指数、氨氮、总磷变化曲线图，印发水质监测半月报；在此基础上，结合市控以上断面水质、市级河道水质数据，每月编制印发水环境质量月报，分析大环境水质变化情况，及时发现问题，研究改善方案。截至 2018 年，全市共印发水质监测半月报百余期，水环境质量月报 50 余期。

（2）以经济激励为依托，为生态补偿提供有效手段

一是启动生态补偿机制。为促进镇级各区域共同发展，实现经济社会发展与生态环境保护双赢的目标，2016 年 2 月，桐乡市制定实施方案，启动镇级区域"五水共治"生态补偿工作，每年度镇级跨行政区域河流交界断面水质考核结果公布后一个月内，由市"五水共治"指挥部办公室会同财政局、生态环境局共同报市政府审理实施，补偿范围涵盖全市所有镇（街道）。

二是设立财政专项资金。每年设立"五水共治"生态补偿专项资金，根据年度镇级交界断面水质考核结果，对考核优秀、良好或合格的，分别给予 200 万元、100 万元、50 万元的工作经费奖励；对考核不合格的，处罚 50 万元。2016 年共拨付生态补偿资金 1 650 万元，2017 年共拨付生态补偿资金 2 400 万元。并要求各镇（街道）将补偿资金合理运用到河道的治理和水质的改善工作中，确保专款专用。三是探索跨县（市）生态补偿。如今，在桐乡市域内镇级生态补偿机制日趋完善、治理效果日渐显现的基础上，由桐乡市河山镇与德清县新市镇对接，探索试点跨县（市）的"五水共治"生态补偿机制，主要针对河道保洁、水葫芦打捞等工作，按照"谁受益谁补偿"原则，由河山镇对上游新市镇给予一定的生态

补偿，共同推进两地"五水共治"工作，协同做好河道水质的改善工作。

（3）以机制建设为支撑，为生态补偿提供坚强保障

一是完善联防联治机制保障。桐乡市自2013年起探索跨区域水环境联防联治工作机制，经过试点和推广，2015年全市已实现镇域间联防联治的全覆盖。各相邻镇（街道）细化交界河道的划分，明确治理责任区和治理对象，消灭管理盲区盲点，建立定期联合执法巡查制度，根据交界河道水质监测情况，开展专项联合执法行动，对联合执法、联合督查中发现的问题，两地共同研究，科学制定相应整治方案，明确治理目标和治理时限，做到同步整改，同步推进。

二是完善考核评价机制保障。抓好镇级跨行政区域河流交界断面水质监测考核工作，考核结果作为各镇（街道）综合考核评价的重要依据。对连续两个月考核不合格的，所在镇（街道）必须进行不合格原因分析，落实应急措施和长效整改措施；连续三个月考核不合格的，市政府领导将对该镇（街道）主要负责人进行约谈，并实施挂牌督办；全年考核不合格的，取消镇（街道）及主要负责人"五水共治"工作年度评优评先资格。

三是完善水质监测机制保障。扩大水质监测范围，委托第三方机构对全市河道进行定期监测，其中市级河道与跨行政区域交界断面河道点位每半月监测一次，对镇级河道每月监测一次，对治水美村考核河道每季度监测一次，全年实现全市2 366条河湖水质监测全覆盖，并对可能存在劣V类水反弹隐患的河道进行定期监测。全盘掌握全域水质的整体情况，实时关注河道水质，精准开展执法督查，及时分析问题成因，进行有针对性的整治提升工作，实现全市水质的稳定改善。

13.4.3　主要成效

近年来，桐乡市的蓝天出现次数逐年增多，河水越来越清澈，生态环境逐步变好得到越来越多当地人的认可，并先后被评为中国优秀旅游城市、国家级生态示范区、国家园林城市、国家卫生城市等。这得益于桐乡市不断探索转型发展，在全省率先开展的"企业排污得有偿、破坏环境须赔偿、保护生态有补偿"的"生

态三偿"机制，使环境质量保持稳定并逐步趋好。

13.4.4　案例启示

（1）排污有偿环境要素得到有效配置

环境保护与经济发展相辅相成、相互促进。桐乡市的"生态三偿"机制不仅让企业排污告别了免费时代，也实现了对区域环境资源要素总量和新增环境资源要素指标增量的双控，对环境资源要素进行指标量化管理。

生态有偿机制使当地的污染物排放总量得到了有效控制，有需求的企业通过有偿使用方式获得发展，以市场化机制盘活排污权存量，使环境资源要素得到更有效率的配置。另外，生态有偿机制不是所有企业"一刀切"，而是运用差别化的排污有偿使用价格，将企业分为四个档次，重污染企业获得排污指标需要付出更多的代价，倒逼企业提档升级。

（2）污染赔偿破坏环境代价高昂

违法成本低、守法成本高的情况往往会使企业主铤而走险。生态赔偿机制就是悬挂在企业主头上的一把"利剑"，让企业的违法成本大大高于守法成本。在从严执法的同时，桐乡市还创新推出了绿色保险、绿色信贷以及将环保纳入企业信用等监管措施。建立绿色信贷与企业信用评价机制，对排污企业实施信用评价，排污企业需为自己的环境欠债"埋单"，信用评价低的企业将被停止放贷或取消相关优惠政策。

（3）生态补偿设立生态基金优化环境

桐乡市除了探索建立污染赔偿及修复机制外，还对保护生态环境的行为进行补偿，耕地水源地保护、生态公益林建设、农村污染治理等十多项有益于生态环境建设的行为，都可获得补偿。该市设立了生态基金，专用于环境保护和生态建设。除了上级专项资金和本市的生态补助资金外，排污费资金、环境违法罚没款、排污权交易资金、公共环境的污染损害赔偿费以及社会生态捐助资金等都将存入生态基金，实现专款专用。

13.5 浙江省衢州市龙游县生猪保险实现四方受益

13.5.1 基本情况

浙江省衢州市龙游县县域总面积 1 143 km²，辖 6 镇 7 乡 2 街道，人口 40.4 万。全县境内有县级河道 13 条，主要河流为衢江和灵山江，境内衢江流长 28 km，流域面积 1 053 km²。龙游县地处钱塘江源头衢州出境水的最后一道关口，2017 年龙游县全面打响剿灭劣 V 类小微水体攻坚战，以更铁的决心、更实的举措、更大的担当去实现"一江清水出衢州"的庄严承诺。衢江出境水全年水质均在Ⅲ类以上，灵山江水质保持Ⅱ类水标准。治水三年，龙游县两次获得"大禹鼎"。

龙游县位于浙江省西部，是一个传统农业大县，也是全国生猪调出大县和全省农业特色优势产业畜牧强县。畜牧业在保障畜产品有效供给、促进农业增效和农民增收方面作出了重要贡献。但是，由于生猪养殖整治前养殖户无害化处理设施落后，部分农户环保、法制意识淡薄等诸多原因，养殖户随意丢弃、交易病死猪现象时有发生，对农村生态环境造成极大影响，也对重大动物疫病防控、公共卫生安全保障构成巨大威胁。

2013 年的"黄浦江漂浮死猪"事件，把养猪业推到了舆论的风口浪尖，如何处理病死猪，成为各级党委政府和社会舆论关注的焦点。龙游县地处钱塘江上游，病死动物无害化处理监管责任大、压力重。为从源头上彻底解决病死猪丢弃贩卖和漂浮死猪现象的发生，严防动物疫病传播，确保公共卫生安全和畜牧业生产安全，龙游县政府相继出台《龙游县病死动物无害化处理管理办法》《龙游县生猪保险全覆盖实施方案》等一系列规范性文件和工作方案，把生猪保险与无害化处理联动工作列入当地政府主要工作和为民办实事项目，专门成立工作领导小组。通过各种媒介积极宣传生猪保险工作的意义，营造工作氛围，提高农户参保积极性，为全面开展生猪保险与病死动物无害化处理联动工作创造有利的条件。

13.5.2　特色做法

龙游县按照"政府监管、企业运作、财政补贴、保险联动"的工作要求，实行"统一收集、集中处理"模式，建成了全县域病死动物集中无害化处理中心，建立完善了病死动物收集处理运行机制和监管制度，探索形成了一套对病死生猪源头收集、集中处理、保险理赔的全程监管系统，实现对病死生猪流向可控、可追溯管理的"集美模式"，形成"一个模式"，做到"两个创新"，达到"三个确保"，实现"四方共赢"。

（1）一个模式

扩大农业政策性保险范围，在原先只有能繁母猪纳入保险的基础上，将所有生猪（包括 10 kg 以下生猪）纳入统保范围，率先试点生猪保险全覆盖，并通过提高保费补贴比例、修改理赔条款等方式，激发养殖户投保的积极性；吸引工商资本进入，承担病死动物无害化处理中心建设和运营；建立生猪保险赔付处理挂联机制，实施生猪保险全覆盖与无害化处理联动模式，构建政府监管、企业运作、财政补贴、保险联动的"集美模式"。

（2）两个创新

一是创新保险制度。2013 年 10 月，中国人民财产保险股份有限公司浙江省分公司针对龙游生猪保险条款进行了突破性的修订并得到中国银保监会批准。一是实施生猪保险全覆盖，将所有生猪纳入统保范围。能繁母猪头数按实际存栏数，生猪保险按母猪存栏头数的 1∶20 比例确定保险头数。二是修改保险理赔标准。出险生猪按尸长尺寸规格分 5 个等级进行理赔，55 cm 以下可赔付 30 元/头；55～80 cm 赔付 70 元/头；80～100 cm 赔付 160 元/头；100～130 cm 赔付 350 元/头；130 cm 以上的可赔付 600 元/头，不论大小，见死就赔。

二是创新工作机制。龙游县畜牧局、人保公司与无害化处理中心三方就承保收费方式、收集方式、查勘理赔等环节进行充分讨论，共同制定养殖业管理、保险和无害化处理无缝对接流程。畜牧部门与保险公司的结合，确保保险率 100%。

保险公司借助县畜牧部门县、乡镇（街道）、村三级畜牧兽医网络，对全县生猪饲养量进行普查，并登记造册，同时发放告知书，告知投保事项，协助收取保费，使生猪保险与无害化处理工作家喻户晓、不留死角。各养殖场与处理中心的结合，确保收集率 100%。根据龙游县政府出台的《龙游县病死动物无害化处理管理办法》，养殖场要做好病死动物的预先收集工作。各养殖场户必须配备可容纳 1 个月以上病死猪的冷库或冷柜，对死亡生猪进行集中存放，存满后由无害化处理中心统一上门收集，从源头控制病死猪流向，改变病死生猪收集难的现状。保险公司与处理中心的结合，确保理赔率 100%。保险公司与处理中心同时到达现场，实施现场勘察、交接、收集等工作，填写一式四联的收集处理凭证。处理中心、保险公司与养殖场户签字后各执一份作为病死动物收集处理、部门监督、保险理赔的原始依据。保险公司依据此凭证，按照"快捷、周到、细致"的服务标准，及时向全县养殖户支付相应赔款，为病死动物无害化处理提供保障。畜牧部门与处理中心的结合，确保处理率 100%。畜牧局派出专门工作人员进驻处理中心，对处理头数进行核实，确保数据准确，病死动物 100%得到处理。同时建立"日处理台账"，载明处理时间、处理头数、处理方法、处理人员等内容，以利于溯源监管。

（3）三个确保

一是确保畜产品安全。通过将无害化处理作为保险理赔的前置条件，使病死猪变成养殖户舍不得丢弃的"钱"，有效切断了病死猪交易链条，杜绝了非法销售病死猪的现象，确保畜产品安全。

二是确保生态环境改善。由于所有生猪全部纳入保险，各养殖场都配备相应的冷柜、冷库，预先收集后再由无害化处理中心进行集中收集，从源头上解决了病死生猪随意丢弃问题，有效改善农村生态环境。

三是确保降低养殖风险。养殖户只需支付保费的 15%，出险进行无害化处理后就可以按 5 个不同标准得到理赔；通过生猪保险全覆盖，不论大小，见死就赔，一定程度弥补了养殖户的损失；通过自备冷柜、冷库将病死猪预先收集，有效降低生猪疫病的发生率，极大地降低了养殖风险。

（4）四方共赢

一是养殖户。生猪参保，各级财政承担了85%保费，养殖户只需支付15%，一旦出险，在进行无害化处理后可以按5个不同标准得到保险公司理赔，有效降低了养殖风险，也省去了养殖户自行处理带来的环境及畜产品安全风险。

二是保险公司。通过响应政府号召，实施生猪保险全覆盖，激发了养殖场户参保的积极性，提高了参保率。保险公司对生猪保险条款进行完善和修订，理赔依据由原先的重量改为尸长，避免养殖场户通过注水进行获利的风险，同时将无害化处理作为保险理赔的前置条件，依据收集处理凭证进行理赔，杜绝重复理赔；保险公司与处理中心同车出险，降低勘察成本。

三是处理中心。养殖户配备冷柜、冷库自行收集，再由处理中心制定线路、统一收集，有效降低了收集成本。实施生猪保险全覆盖，并将无害化处理作为保险理赔的前置条件，保证了运营单位的处理量，财政部门根据处理量给予一定补贴，确保企业的正常运行。

四是监管部门。通过处理中心的"400"智能网络管理系统，政府监管部门的管理更加便捷高效、发现疫情更加及时、数据更加准确、畜产品安全更有保障、监管工作更加到位。将病死猪作为理赔依据，养殖场户不再随意丢弃、交易病死猪，而是主动打电话给处理中心来收集，从被动处理变为主动接受、配合，有效降低了政府的监管成本、疫病的传播率和重大疫情的发生率[92]。

13.5.3 主要成效

从2014年正式启动实施至今，龙游县生猪保险与病死动物无害化处理相结合的"集美模式"已实现病死动物收集点全覆盖。"集美模式"启动一年累计处理病死猪80.4万头，保险赔付3 545.4万元，真正实现了全县域病死猪集中无害化处理。

13.5.4　案例启示

通过"集美模式"的开展，养殖户已把病死猪当成舍不得丢弃的"钱"，对病死猪的处理工作由被动变为主动，从源头上彻底解决了病死猪丢弃、销售带来的公共卫生安全隐患，美化了生态环境，实现了多方共赢。

本章小结

生态保护补偿机制分为纵向和横向两种，本章选取了五个案例详细介绍了横向补偿机制的典型做法，以国控断面的水质为依据，根据"损害者赔偿、受害者得到补偿，受益者付费、保护者得到补偿"的原则，充分调动上下游和左右岸的积极性，形成共享绿色发展共治一片流域的良性格局。总结先进经验，以期为丰富发展河长制提供借鉴。

第14章　民间参与河长制案例分析

14.1　浙江省舟山市"民间河长"引领全民护河

14.1.1　基本情况

近年来，浙江省舟山市在深化河湖长制基础上，积极探索长效管理有效途径，充分发挥"民间河长"先锋引领作用，在治管护并举、营造全民治水氛围方面走出了一条新路子。目前，舟山的"民间河长"已经从最初的 200 多人发展到如今的 1 142 人，巡查范围也从 50 条河道拓展到 123 条，"民间河长"已成为舟山全民治水的一支重要生力军。

14.1.2　特色做法

（1）政府搭台，完善机制强管护

一是建立管理体制。由舟山市治水办牵头，媒体全程协作策划，每年向社会公开征集"民间河长"，鼓励全社会有志于此的个人和团队参与到河道管护治理中来。出台民间河长管理办法，每年组织开展民间河长培训，安排官方河长和"民间河长"面对面座谈交流，组织民间河长视察治水成果。

二是建立引导机制。每年在"五水共治"宣传工作经费中，安排专项资金用于"民间河长"巡河和活动开展需要，两年累计落实专项资金 20 余万元。出台舟山市新居民居住证积分入户、入学政策，把参与社会公益和全民治水工作纳入积分加分内容。

三是建立激励机制。每年组织"最美治水人""优秀民间河长"评选活动，通过"民间河长"的先进榜样和典型事迹，激励、引领全民治水。2017 年"民间河长"被舟山市委、市政府评为年度全市"剿劣"先进集体，30 名"最美民间河长"获得表彰，同时，"民间河长"（团队）被选为"最美舟山人——舟山魅力 2017 年度最具影响力人物"，获得了全市人民的点赞，2018 年舟山市十大"最美河长"评选中民间河长占三席。

（2）群众唱戏，当好"五员"显成效

当好巡查员。对河道进行巡查，采用双休巡河、亲子巡河、交叉巡河、联合巡河等不同的巡河方式巡查河道保洁情况，同时监督周边工业企业或小餐饮、小宾馆、小洗浴等六小行业污水排放情况，发现河面漂浮物、河岸垃圾、偷排偷倒等问题及时上报，2018 年舟山民间河长累计巡察六小行业 500 余家次，发现河道各类问题 398 个。

当好宣传员。在巡河、护河的同时协助宣传河湖管理保护、生态环保方面的法律法规，引导全社会积极参与河道的管理保护工作，累计开展各类宣传活动 260 余次。

当好参谋员。充分发挥熟悉环境与民情的优势，在各级政府相关河道措施、项目实施前，提出合理化建议 320 余条，使各项措施项目的推进更加符合群众意愿。

当好联络员。在组织相关群众共同巡河治水的同时，及时向相关部门以及责任河长反馈周边群众对于治水的意见和建议，搭建起政府与群众的沟通桥梁。

当好示范员。带头巡河护水、遵守治水护水法律法规，从自身做起，作出表率，鼓励更多的市民、学生、企业参与到治水治污大会战中来，共同打造水清、岸绿、景美的海上花园城。

（3）媒体助推，全民参与壮声势

认真组织，精心策划。围绕"五水共治"阶段性重点，进行整体策划，制订相关工作实施方案和报道计划，确保主题报道层层递进、持续升温、不断壮大主流舆论。挖掘一批鲜活生动、有影响力的新闻和专题报道。先后推出"寻找'民间河长'""我要当'民间河长'""千名河长大巡河"等大型新闻行动，策划"优秀民间河长""最美治水人"等系列宣传报道活动。

集中报道，形成声势。将"五水共治"与公众视角有机结合，通过整体策划、密集发声、融合互补的传播方式，广泛凝聚社会共识，营造全民治水、比学赶超的浓厚氛围。先后开展"百名记者治水千岛行""治水宣讲基层行""治水调查一线行"等六大行动。累计刊发各类报道 900 余篇（次），推出"民间河长"事迹 64 人，连载"民间河长"日记 51 篇。

舆论监督，助推共治。充分发挥媒体舆论监督作用，通过舟山电视台《电视问政》《新区聚焦》和舟山日报《亮相台》等栏目，先后曝光各类问题 140 余处，揭示问题成因、中肯提出建议，有力助推了"五水共治"工作开展。

14.1.3　主要成效

舟山市通过发挥好"民间河长"的先锋引领作用，在深入推进全民治水、巩固提升水质防反弹方面走出了一条新路子。"民间河长"队伍也从最初的 200 余人发展到 1 141 人，巡查范围也从 50 条河道拓展到全市 123 条河道，"民间河长"成为推动舟山全民治水的重要力量。在"民间河长"的精心呵护下，一些黑臭水体不见了，一些河道蜕变成了水清、岸绿、景美的景观河，一些地方"望得见山，看得见水，记得住乡愁"的场景又回来了。

14.1.4　案例启示

舟山市针对岛屿分散管理难、河道径流短、水质易反弹现状，积极探索长效管理有效途径，持续深化河长制工作。通过政府搭台、群众唱戏、媒体助推，舟山市"民间河长"在全省也有了一定的影响力，已成为"五水共治"不可或缺的生力军，在剿劣防反弹、治水治污方面发挥了越来越重要的作用。

14.2 浙江省温岭市箬横镇"河管家"志愿队护河治河模式显成效

14.2.1 基本情况

在浙江省"五水共治"行动中，除"河长""河小二"这些常规职务外，温岭市箬横镇则出现了"河管家"的概念。

自 2018 年 7 月 26 日以来，浙江省温岭市箬横镇正式启动"河管家"聘用暨公益护河活动。此后，该镇"河管家"志愿队护河治河模式便开始发挥出显著的成效。各个"河管家"志愿队坚持不懈地活动在箬横镇的大大小小的河道之中，通过清理河道垃圾、发放倡议书、劝阻不文明行为，努力提升着当地村民的爱护水环境意识，也极大地助力当地环境保护工作的开展。

14.2.2 特色做法

（1）因地制宜，探索河道管理新模式

治水必须依靠群众，才能够发挥最大的力量。箬横镇区域内水资源非常丰富，全镇有河道 237 条，总长 300 多 km，占全市河道总数的 1/6，其中池塘、沟渠、城市内河等小微水体共 1 403 个，整体而言规模不小。近年来箬横镇"五水共治"工作量大面广，能否充分引导群众参与治水护水，充分发挥主人翁精神，提高生态环保意识，是该镇的治水关键。

因此，该镇在河长制的基础上，积极探索，创新实践"河管家"管理模式，通过发挥志愿者和公益团队的力量，聘用志愿队认领河道，担任"河管家"，做到为河道环境治理提供更大的帮助。

截至目前,"河管家"管理模式已初具规模。箬横镇包括朝阳志愿队、爱心联盟、乡村七巧板、春芳妇女儿童工作室、慈善义工箬横队、舜浦党员志愿队、申林党员志愿队、箬横镇文联、晨光志愿队在内的 9 支公益志愿队已成功被聘为"河管家",并在河道认领后有序地开展着相关治理工作。

(2)深化责任,他们是坚守岗位的"治水公益人"

开展日常巡河、护河活动,每月至少组织一次日常巡河、垃圾清理活动,对各类污染进行监督,发现问题及时处理或报告镇治水办,严格做好活动记录。对于"河管家"志愿队的成员们来说,"河管家"不单是一个新头衔,更是一份深深的责任,在认领河道后,都会建立一套完备的管理制度,有效规范地开展护河治河工作。

"河管家"志愿者队伍通过专门制定活动标识、服装、旗帜、公益认领牌等,借助微信工作群相互交流河道管理情况、定期召开会议进行工作总结,从而保障工作能够顺利展开实施。

近年来,箬横镇春芳妇女儿童工作室、晨光、朝阳志愿队等多支"河管家"志愿队伍积极开展常态化护河,有的每周开展一次活动,有的在春节期间仍坚守岗位,他们认领的河道在保洁、水质方面常年均保持良好,起到了示范和榜样的作用。

春芳工作室负责人江春芳今年还当选全国妇联大会代表、浙江省党代表,在参加会议时她仍心系河道保洁情况,呼吁志愿队的其他成员定期开展巡河护河行动。会议结束后,自己也立即投身到河道整治的工作中。

(3)呵护一方碧水,哪里都离不开他们的身影

2018 年 3 月,温岭市发出"清河、净河、美河"大行动号召后,箬横镇各"河管家"志愿队积极响应,组织志愿者到各自认领的河道开展活动,助推当地河道保洁和河道整治工作。

8 月,箬横镇治水办联合镇妇联、镇团委、乡村七巧板等志愿队,组织 40 多名巾帼国志愿者和小候鸟在老街开展"污水零直排区"建设宣传活动,通过向沿

街住户、商家宣讲污水零直排的意义、发放宣传册资料、现场邀请签订污水零直排承诺书等方式，号召大家参与"污水零直排区"建设，共同助力"五水共治"。

10月，朝阳、晨光、乡村七巧板志愿队成员参与镇污水零直排宣讲团宣讲活动，走进生活小区发放宣传海报、悬挂横幅，为"污水零直排区"建设的顺利开展营造了良好的舆论氛围。与此同时，朝阳志愿队除了定期清理所属的河道外，还经常组织志愿者到花芯水库、东海塘捡拾清理垃圾，开展志愿公益服务；乡村七巧板志愿队组织学生参观污水处理厂、测试水质、巡河、画河等，开展系列社会实践活动。

14.2.3 主要成效

志愿活动受到了社会的普遍认可，直到现在，各大新闻媒体平台上还能看到各支"河管家"志愿者队伍们活动的身影。在他们的共同努力下，2017年箬横镇已全面完成劣Ⅴ类水剿灭，断面也顺利通过温岭市剿灭劣Ⅴ类水的验收，2018年还在巩固剿劣成果的基础上，开展"污水零直排区"创建和美丽河湖创建，极大推动着当地水环境资源的优化改善。

短短一年多时间里，"河管家"在劣Ⅴ类水剿灭战、"两提升、两创建"等重点工作中发挥了积极的作用，不但认领的河道水质和保洁情况有了明显提升，而且还带领了身边更多的群众加入志愿护水治水中，获得了良好的社会影响和社会效应。

14.2.4 案例启示

"河管家"的出现，标志着市民意识到保护生态环境的重要性和必要性，自愿配合地方政府为改善生态环境贡献自身的力量，是坚决拥护党中央和国务院关于全面推行河长制的具体表现。保护生态环境关乎所有公民以及其他生物的身心健康，所以全体公民要自觉树立保护生态环境的意识，从自身做起，从小事做起，全民参与，共创美好未来。

14.3　浙江省绍兴市柯桥区推行企业河长共促河道管理

14.3.1　基本情况

浙江省绍兴市柯桥区由滨海工业区和马鞍镇组成，辖区面积约 120 km²，辖区具有"三多一大"的特点，即河道数量多，达到 106 条，全长 221.74 km；流动人口多，2018 年登记发证数超过 19 万人；企业数量多，接近 1 000 家，其中规模以上企业 256 家，印染、化工、热电等重污染行业为主导产业，为柯桥区印染产业集聚区，同时又具有处于下游水质变化大这一特点。

长期以来，企业被置于政府环境监管的对立面，污染排放企业多、监管人员少，环保监管部门总是感到人手不够、力不从心，"猫抓老鼠"的办法、人盯人的战术弊端凸显。2016 年，当时的滨海工业区（马鞍镇）面对企业多，印染产业集聚的现状，经过深入调研，以省级河道曹娥江为试点，推出了"企业河长轮值制"。选出 12 位素质高、责任心强，有行业影响力的印染、化工、热电等企业老总担任企业河长，运行效果良好，实绩明显。

2017 年以来，马鞍镇再接再厉深化"河长制"工作，继而提出了深化"企业河长制"，企业河长制工作全面铺开。在借鉴曹娥江流域"企业河长轮值制"成功经验的基础上，聘请 163 名同志担任企业河长，实现企业河长全覆盖。另外，根据行业、地域等特点，特聘请各行各业的领军企业老总担任行业河长、区域河长、轮值河长和联盟河长。一方面压实企业责任；另一方面又重塑企业形象，正人先正己，治水先治己，整个面上河道水质明显提升，河道环境明显改观。

14.3.2　特色做法

"企业河长制"推进"两大转变"，实行"三大机制"，发挥"四大作用"，成效明显。

（1）推进"两大"转变，实现身份"专职化"

一是推进企业从"治水旁观者"向"治理责任者"转变。通过调查走访，挑选和排定有责任心、有担当、行业口碑好的企业负责人作为河长，制定和出台河长轮值制的具体实施方案和操作细则，部署落实，调动起企业河长参与治水的积极性和责任心。

二是推动企业从"被动治水"向"主动治水"转变。首先是企业带头自律，主动落实自己企业治水护水责任，通过技术改造、强化内部管理等方式控制工业废水和生活污水排放总量，不断探索节能减排、清洁生产新措施，做到企业自身发展与环境保护同步推进。通过治水倒逼企业转型升级，减少企业在发展中对环境的破坏，从而有效缓解企业与社会大众的紧张关系。其次是企业切实肩负起轮值流域的巡查、监督、治理责任，由相应的职能部门负责，对轮值企业在自我管理、定期巡查、及时整治、广泛宣传和交流互动等方面进行督查监管，并在河道周边竖立"企业河长公示牌"，公开责任河长姓名和联系方式，广泛接受社会各界监督，使工作透明公开，治理全面有力。

（2）实行"三大"机制，实现管理"规范化"

一是实行定期巡查机制。各企业河长在自己所在的"河长制"单位建立专门的河道巡逻队伍，开展每日一次的巡查任务，发现问题及时记录取证，将相关巡查记录在《"河长制"管理工作台账》上。同时，各企业河长加强主动联系反馈，根据问题解决难易程度，做好主动处理、联系处理和上报处理，保证问题早发现，解决无遗漏。

二是实行企业河长优先机制。对责任落实到位、工作成效显著、具有示范引领作用的企业河长，在荣誉授予、资源匹配、政策奖励等方面给予优先考虑，进一步激发企业的参与治水的热情，激励企业更好地参与到治水带来的机遇与竞争之中，吸引更多的企业加入治水队伍中来。

三是实行自动淘汰机制。对在轮值期间，发现企业自身存在环保违法事件被查实的、未完成节能环保任务、治理工作不积极主动、整改未及时到位、履职不到位被举报等情况的，自动淘汰企业河长，并选取其他企业进行轮值，确保整治不流于形式，治理取得实质性效果。

（3）发挥"四员"作用，实现治水"专业化"

一是发挥"守门员"带头保护作用。通过让企业担任河长，要求企业切实坚守法律底线，杜绝各类环保违法行为，加强技术改造，控制工业废水和生活污水排放总量，探索节能减排和清洁生产新措施，真正从源头上改善水质。

二是发挥"监督员"主动巡查作用。首先在做好"一天、一旬"巡查工作，敢担责、勤履职，敢于做"恶人"，及时制止各类有害水质的不良行为，其次是做好信息互通工作，通过治水微信群，及时上传巡查中发现的环保违法线索。

三是发挥"参谋员"献计献策作用。充分利用企业河长情况熟悉、专业性强、实践经验丰富等优势，发挥好企业治水联盟作用，通过微信群、企业河长会议等，适时联络，取长补短，相互交流治水经验，献计献策共同治水。

四是发挥"信息员"宣传引导作用。企业建立专业治水团队，通过企业内部例会、厂刊厂报、公告栏、QQ 群、企业河长微信群等载体，强化企业内部职工治水、护水和节水意识，同时，发挥轮值企业引领作用，带动周边更多的企业结成"企业治水联盟"，加强联络，取长补短，开好河道治理"诸葛亮"会，共同投入到治水战役中，营造全民治水的良好氛围。

14.3.3　主要成效

近年来，浙江省绍兴市柯桥区全面深化河长制工作，高效化、标准化和协同化推进河长制，为实现河道湖泊管理常态化、长效化提供重要保障，使全区河湖水环境质量得到持续提升和明显改善。2018 年，全区 28 个区控及以上考核断面全部达到III类及以上水，水功能区达标率为 100%。

14.3.4　案例启示

浙江省绍兴市柯桥区通过建立巡查处置、激励优先和落后淘汰的三项机制，进一步明确了"企业河长"的工作规则，推动"企业河长制"落在实处。"企业河长"组织员工建立专门河道巡查队伍，对发现的问题及时取证记录并登记。工业区治水办与各"企业河长"定期联络，及时进行问题反馈处置。专门出台配套文件，规定对责任落实到位、工作成效显著、具有示范引领作用的"企业河长"，在企业技改（上市）、资源匹配、政策激励等方面给予优先考虑。与每位"企业河长"签订责任书，竖立公示牌亮身份，接受社会监督。对未完成节能减排任务、治理不积极、整改不及时、履职不到位的"企业河长"予以淘汰。

14.4 浙江省衢州市常山县推行"骑行河长"助力民间治水

14.4.1 基本情况

2017 年，浙江省衢州市常山县委、县政府积极响应省市"全域剿灭劣Ⅴ类水"的部署，聚焦小微水体整治提升，全速全域推进剿劣攻坚战。常山县以村中塘、沟渠等为代表的小微水体遍布各处，在县乡两级力量有限的情况下，面临的剿劣压力不小。常山山地自行车蓬勃发展带动骑行爱好者队伍的持续壮大，骑行爱好者们希冀在"绿水青山"间惬意穿行，在锻炼身体的同时欣赏美景。县委、县政府乘势而为、积极谋划、整合力量，成立常山县"骑友"志愿服务联盟，组织骑行爱好者充实到"骑行河长"队伍中，充当"治水剿劣"的"眼睛"，进一步充实了"五水共治"民间治水力量。至此，"骑行河长"开展成为常山官方河长力量强有力的补充。

党的十九大报告提出，像对待生命一样对待生态环境，统筹山水林田湖草系统治理，实行最严格的生态环境保护制度，形成绿色发展方式和生活方式。通过运动式的治水剿劣，常山县全域水质实现了"剿Ⅴ清四"目标，但如何巩固确保长效是横亘在县委县政府眼前亟待解决的难题。常山县深入贯彻党的十九大精神，结合县情，全面总结推行"骑行河长"制度，将绿色骑行生活方式、志愿者文化与深化河长制工作有机融合，引领群众参与，进一步凝聚起群众共治力量，为巩固治水剿劣成效筑起坚实的屏障。

14.4.2　特色做法

（1）统筹多方力量，促参与全民化

一是引领示范先行。出台《常山县"骑行河长"常态化工作方案》，明确工作目标，细化工作机制。乡、村两级河长先行加入乡镇"骑行河长"队伍，以骑行方式开展"五水共治·河长制"满意度宣传和宣讲活动，县级挂联部门成立河道"骑行河长"队伍，以骑行方式巡河，示范带动群众参与。

二是择优配强队伍。由县治水办牵头，14 个乡镇（街道）、26 条河道挂联部门联动协作，通过文件、微信公众号、电视等多种渠道向社会公开广泛征集"骑行河长"，以"自愿、择优"为原则，鼓励具有环保意识、责任心、公益心的骑行爱好个人或团队参与到河道管护治理中来。

三是借力赛事效应。主动与中国山地自行车公开赛组委会对接，设立"骑行河长"专赛组，将其纳入中国山地自行车公开赛总决赛事固定赛事议程中，借力国家级大赛宣传效应，提升"骑行河长"媒体关注度、社会影响力，鼓励更多社会大众加入"骑行河长"队伍。

（2）注重精准发力，促监管专业化

一是成立"智囊团"专家库。采用个人申请和单位推荐的方式，累计遴选熟悉水质监测、污水处理、渔政执法、畜禽管理等专业背景的专家和业务骨干 15 名，组成"骑行河长"智囊团，并根据其特长，分配到相应治水任务较重的乡镇"骑行河长"队伍中，为开展活动提供技术支撑和决策参考。

二是强化业务培训。通过组织环保、农办、水利等方面专家授课，讲解河道保洁、污水处理要求等专业知识，提高"骑行河长"履职监督能力和问题处理能力。

三是实行"建账销号式"整治。以问题为导向，河道"骑行河长"每月一次、乡镇"骑行河长"每半月开展一次巡查，做好巡查记录。巡查发现问题，落实专人处理，复杂问题，列入挂号清单，由"骑行河长"智囊团把脉问诊，制定"一题一策"，联系结对相关部门处置后，对账销号。截至目前，"骑行河长"已有效处置各类问题 1 500 余个。

（3）健全工作机制，促运行规范化

一是建立保障机制。探索建立多元化投入保障机制，26 条河道挂联部门、14个乡镇（街道）每年落实一定的活动经费，同时与金华银行、农村信用社等社会团体互助合作，争取部分工作资金支持。制作"骑行河长"标识，统一配备巡河装备和"共享"单车，由 94 个包村治水结对部门为每位"骑行河长"购买意外保险。

二是建立管理机制。成立"骑行河长"联盟，建立健全履职承诺、志愿积分、巡查、结对共治、信息管理等 6 项运行制度。"骑行河长"队伍以团体会员的形式加入"骑行河长"联盟，接受联盟指导，开展巡河活动。联盟对"骑行河长"工作成效实行量化积分评价，年终召开"骑行河长"竞评大会，通过"亮积分、晒成效"，评选优秀"骑行河长"团队、最美"骑行河长"。

三是建立激励机制。设立"骑行河长超市"，结合乡镇"垃圾超市"一并管理，"骑行河长"人手一本"志愿存折"。各队员参加活动，根据参与活动频数、巡查发现问题、整治问题、发动群众参与等成效积累不等积分，年终可凭"存折"兑换与之对应的物品奖励。

14.4.3　主要成效

常山县倡导"公益治水、志愿巡河"理念，全面推行"骑行河长"，通过统筹多方力量、注重精准发力、健全工作机制，促进了志愿者治水参与全民化、监督专业化、运行规范化，推动了绿色骑行生活方式、志愿者文化与河长制工作深度融合。目前，常山县"骑行河长"队伍人数已扩充至 3 000 人，成为推进全民治水的重要支撑力量。

"骑行河长"，有效弥补了官方河长在日常巡河、信息收集方面的不足，示范带动了一大批公众参与水环境保护与治理，成为巩固治水长久成效的不竭动力。自各队伍成立以来，有效反馈群众治水意见建议 560 余条，处置各类问题 1 500 余个，成为治水工作的新"主角"。

14.4.4　案例启示

"骑行河长"推动了绿色骑行生活方式、志愿者文化与河长制工作深度融合，是常山县在"河长制工作"深化实践中成功创新探索，为常山进一步拓展全民共治新载体积累了新经验。

本章小结

　　共建共享是关键。水环境治理作为一项庞大的社会生态系统工程单靠行政手段推动，运动式治水、阶段式治水并非根本之策，需要社会共同参与。只有持续强化宣传力度，浓厚全社会治水氛围，因势利导，培养公众自觉自为意识，将社会公众从旁观者变成参与者、监督者，变政府治水为全民共治，才能为"五水共治"与河长制工作注入不竭动力。

　　因地制宜是核心。各地成立"民间河长""河管家""骑行河长"等，是基于当地文化传统、风土人情等的现实情况而成立的民间志愿组织，是群众参与"河长制"载体成功拓展的创新，为公众参与共治开辟新渠道，将治水过程与群众日常生活方式（如体育健身、大众娱乐）高度融合，进而上升到文化层面，在寓教于乐中，不断教化群众自觉自为意识，才能变"要我治"为"我要治"。

　　社会参与是主体。各"民间河长"的招募加入，无疑为水环境治理引入了一支生力军。对于水污染防治，他们带动了更多群众参与其中，对现实情况耳聪目明，可以化解信息迟缓和监管失灵问题，监督环境污染行为更加实时迅速。他们中有许多是某些方面的专家，在工作实际中不仅能发现问题，更能有针对性地提出参谋意见，"民间河长"绝不是"治水配角"。让其成为"治水主角"，在多方面激励和提升其参与监督热情，才能进一步凝聚起守护绿水青山强大合力。

第15章　河道采砂管理案例分析

15.1　全国河道采砂管理形势

　　河道砂石有两个属性，首先河道砂石是河床的重要组成部分，河道采砂直接关系到河势的稳定、防洪和通航的安全、涉河工程的正常运用以及生态与环境保护；其次河道砂石作为一种有限的资源，是重要的建筑材料，合理开发利用河道砂石资源，对于缓解建筑市场砂石供需矛盾，促进经济社会发展意义重大。

　　采砂是人为改变河床自然形态的一项活动，必须遵循河道及砂石资源的自然演变规律。对采砂活动的管理，首要且更重要的是河道安全管理的问题，其次才是资源管理的问题。资源管理和安全管理相比，安全是第一位的。河道采砂管理的性质不是一项以资源利用为主的开发性管理，而是一项对采砂活动进行控制与引导的限制性管理。河道采砂管理的目的是以维护河势稳定，保障防洪和通航安全，满足生态与环境保护的要求，保证涉河工程正常运用为前提，做到统筹兼顾、科学合理、有序开采、有效监管、适度利用砂石资源。混乱采砂带来的严重危害突出表现在五个方面：一是造成局部河势恶化、严重危及堤防和防洪安全；二是堵塞航道、引发海损事故；三是损毁过江电缆、严重影响涉水工程和设施安全运用；四是严重破坏水生态环境、影响饮水安全；五是引发采砂纠纷甚至械斗、严重影响社会治安和稳定。

　　随着经济社会不断发展，城乡建设、交通和水利等基础设施建设都需要大量砂石，砂石需求居高不下，加之河流、湖泊总体来沙量持续减少，巨大的供需矛盾致使河砂价格不断上涨，一些单位和个人受巨大利益的驱动，非法乱挖滥采河砂。长期的无序、超量采砂，造成河床高低不平、河流走向混乱、河岸崩塌、河堤破坏，严重影响河势稳定，威胁桥梁、涵闸、码头等涉河重要基础设施安全，影响防洪、航运和供水安全，危害生态环境。

从 20 世纪 90 年代末开始，随着经济社会快速发展，建筑市场砂石需求量大幅增加，国内砂石开采量骤增。据中国砂石协会统计，我国砂石用量从 1981 年的不足 5 亿 t 发展到 2018 年的 200 亿 t，年产量增长了 40 倍。受供需矛盾影响，不法分子铤而走险，偷采、盗采河砂现象时有发生，非法采砂呈现多发频发态势。由于缺乏专门法规，很多地方存在多部门管理、各自为政、责权不明，重收费、轻管理现象，采砂管理不仅十分薄弱，而且也十分混乱。国务院领导专门对河道采砂作出 20 多次重要批示，要求各地政府和有关部门采取断然措施，迅速整治采砂乱象。河道采砂管理是保护江河湖泊的重要内容，当务之急是刹住无序开发，依法从严从快打击非法采砂等破坏沿岸生态行为。2019 年 2 月 22 日，水利部印发了《水利部关于河道采砂管理工作的指导意见》，明确要求切实提高政治站位，高度重视河道采砂管理；以河湖长制为平台，落实采砂管理责任；水利部门对河道采砂统一监管。

各省市及各流域管理部门纷纷采取工程措施与管理措施加强河道采砂科学有序、安全稳定和合理资源化管理。特别是，长江水利委员会出台了我国首个《长江河道采砂管理条例》，使长江河道采砂管理取得的显著成效。河南省痛定思痛，连续组织开展两轮专项整治，省水利厅在安排全省水利整体工作时强调"河砂管理不出丑"是全省水利部门的一条底线。河南各市县领导都意识到，整治河道非法采砂不仅仅是河道问题、生态问题，更是一项政治任务，在强力推进专项整治的基础上，与华北水利水电大学开始探索寻求治本之策。

15.2 河南省信阳市潢川县智能化助力河道采砂全流程监管

目前，河道采砂管理制度逐步制定、落实，取得了一定成效，但是河道采砂存在问题依然很多。如何正确处理河湖保护和经济发展的关系，如何兼顾河道采砂管理工作的重要性、紧迫性、艰巨性、复杂性和长期性，将是一个巨大难题。

各地针对河道采砂管理采取了多种信息化手段，包括无人机巡检、视频监控等，但是效果不明显。河道采砂必须科学有序进行，不能只靠"堵"的方式，因为"堵"在限制社会发展的同时，会导致非法采砂更为猖獗，应由"堵"到"疏"，以达到河道生态、社会发展相对和谐的目的。河道采砂应当结合河道整治、水生态修复来开发利用河道中的砂石资源，而不应当单纯从经济利益出发在河道进行大量开采。经合理规划，科学论证的河道采砂活动，不会明显影响河道运行的安全，但大规模无序或非法的河道采砂，会导致河床变形，河势不稳，河道原有功能丧失或弱化，以及河道两侧防洪工程稳定受到严重威胁。河道砂石管理的应围绕参与主体和砂石产业链这两条主线，通过两条主线的要素明确工作重点。

15.2.1 基本情况

潢川县位于河南省的东南部，信阳市中部，南依大别山，北临淮河，地处豫、鄂、皖三省的连接地带。全县辖 17 个乡镇、4 个办事处和 1 个国有农场，总人口88.24 万人，总面积 1 666.1 km^2。潢川县自然资源丰富，产业特色突出，主要支柱产业和特色优势产业有鸭、花、鳖、猪、羽毛、水产和优质粮油等，素有中国"优质糯米之乡"、豫东南"小苏州"和"鱼米之乡"美称。潢川县是全国生态建设示范县、全国花木生产基地县、全国肉类产量百强县、全国基本农田保护示范县、全省畜牧重点县、全省渔业重点县、全省粮食生产先进县、全省生猪出口基地县、全省 26 个推进城镇化重点县（市）和首批 23 个对外开放重点县（市）之一、全省 35 个扩权县（市）之一，2005 年又被省委、省政府列入"十一五"发展成为具有区域性影响力的中等城市的 6 个县（市）之一。

潢川县境内河道砂石资源丰富，主要集中分布于潢川县境内的淮河、潢河和白露河上，（易）盗挖河砂地点范围大、分布广，其中：白露河潢川县境内全长 65 km，全河段弯道 50 处，（易）盗挖河砂地点 40 处；淮河潢川县境内全长 38.37 km，全河段弯道 17 处，（易）盗挖河砂地点 18 处；潢河潢川县境内全长 56 km，全河段弯道 33 处，（易）盗挖河砂地点 46 处。潢川县砂石生产、销售、财务以及磅房数据统计方面管理混乱，砂场每天车辆多、人员结构复杂、地磅数量多、过磅量大，人工管理成本高。潢川县储砂点整体呈现出"多、散、乱"的特点，集约化程度不高，管理部门人员数量较少，很难实现对区域的全面管理，单纯依靠人力打击辖区非法采砂活动存在现实困难。

15.2.2 特色做法

河道砂石具有自然资源和河床组成要素的双重属性。从自然矿产资源的角度看，河道砂石具有较大的经济价值，市场需求量巨大，不能只靠"堵"的方式，因为"堵"在限制社会发展的同时，会导致非法采砂更为猖獗，应由"堵"到"疏"，河道采砂科学有序进行，以达到河道生态、社会发展相对和谐的目的。

潢川县河道采砂监管大数据平台依托于先进的移动互联网平台，借助互联网、云计算、智能分析、视频监控、GPS 定位、传感器和 RFID 射频识别等技术充分实现互联网在资源配置过程中的集成和优化作用，实现了对河道砂石勘查、规划、审批、开采、存储、销售、运输、使用、修复九大关键环节全生态链的网络化、数字化和智能化监管。主要包括以下五个子系统。

（1）采砂监管视频分析系统

①系统功能。采砂监管视频分析系统是在（易）盗挖河砂地点安装智能水利监测仪，采集系统主要实现视频数据、监测数据的采集与上传，配合前端水利设备的视频行为分析功能，可以实现水位监测、闸门状态监测、河道漂浮物监测、河岸垃圾检测、盗采河沙等功能。视频行为分析技术是对采集到的视频上的行动

物体进行分析，判断出物体的行为轨迹、目标形态变化，并通过设置一定的条件和规则，判定异常行为，它糅合了图像处理技术、计算机视觉技术、计算机图形学、人工智能、图像分析等多项技术，具体如图 15-1 所示。

图 15-1 采砂监管视频分析系统基本模块

②系统特点。

a. AI 智能检测分析。AI 智能视频分析技术是实现"视频创造价值"（从大量视频资源中挖掘有价值的东西）的重要手段。从概念来讲，视频行为分析技术是对采集到的视频上的行动物体进行分析，判断出物体的行为轨迹、目标形态变化，并通过设置一定的条件和规则，判定异常行为，它糅合了图像处理技术、计算机视觉技术、计算机图形学、人工智能、图像分析等多项技术。

b. 智能分析技术。智能视频分析技术源自计算机视觉技术，它能够在图像及图像描述之间建立映射关系，从而使计算机能够通过数字图像处理和分析来理解视频画面中的内容。

如果将摄像机看作人的眼睛，智能视频系统则可看作人的大脑，相对于硬件而言，软件的地位尤为重要。作为一项被誉为引领监控革命的技术，它改变了两种状况：一是将监控人员从烦琐而枯燥的"盯屏幕"中解脱出来，由计算机来完成这部分工作；二是在海量的视频数据中快速搜索到想要找的图像。并且可以在降低工作人员劳动强度的同时，实现移动侦测、物体追踪、面部/车牌识别、人流统计等功能。在很大程度上具备先知先觉的预警功能，提高报警的精确度，节省网络传输带宽，有效扩展视频资源用途。具体如图 15-2、图 15-3 所示。

图 15-2　采砂监管视频监控系统建设效果近视图

图 15-3　采砂监管视频监控系统建设效果全视图

（2）智慧砂石营销管理系统

①系统功能。智慧砂石营销管理系统是以河长制研究为背景，对潢川县成品砂石销售管理现状进行深入调研与需求分析，为解决成品砂石交易监管现状研发本系统。本系统包括以下功能：录入购买合同详情；进行车辆智能化管理；空车过磅称重；装砂过磅称重等。

a. 录入购买合同详情。买方与砂石公司签订购买合同，将购买合同详情（如买方基本信息、买方车辆车牌号、河砂单价、购买河砂总量等）录入主机数据库，具体如图 15-4 所示。

图 15-4　砂石营销合同管理系统

b. 进行车辆智能化管理。对所有准许经营砂石运输的车辆进行智能化管理，要求每一辆进场运载的车辆配发一张专用 RFID 标签和载重系统，该专用标签存有运输车车主姓名、皮重/车牌号/材料类型/净重/装货地点/目的地/打印时间年月日等信息。在运输的路线中设置两个 RFID 识别点，并在加工区地磅进出方向的唯一路口设置道闸，系统自动判定道闸开闭，防止工作人员串通操作，具体如图 15-5 所示。

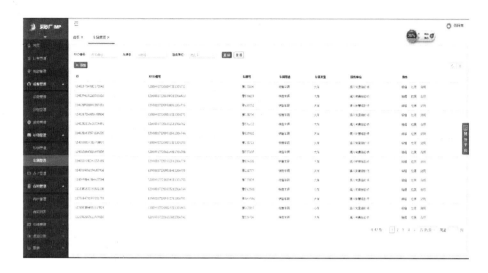

图 15-5　砂石营销车辆管理系统

c. 空车过磅称重。贴有 RFID 准入标签的车辆可将运输车驶入加工厂磅房地磅通道进行称重，安在道口的车辆检测器感应有车驶入后将信号传给前方道闸，道闸立即关闭，同时要求称重仪和读写器开始工作，具体如图 15-6 所示。

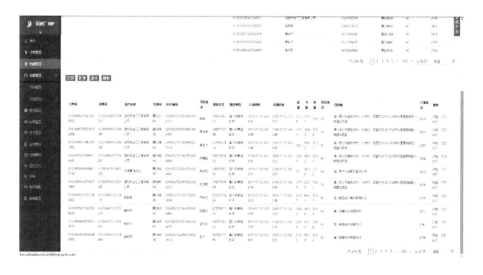

图 15-6　砂石营销重量管理系统

d. 装砂过磅称重。运输车装砂后需再次驶入地磅道进行称重，安在道口的车辆检测器感应有车驶入后将信号传给前方道闸，同时要求称重仪和读写器开始工作。当车辆检测器检查车辆完全上磅且 RFID 标签被读写器读到后，读写器将该车的信息传送给主机，指令电子衡开始传送该车重量信息，同时摄像机抓拍车辆图像。当主机收到 RFID 卡号和重量信息后，准确记录和完成计算，当系统结算系统反馈扣费完成通知后，然后打出指令打开道闸，运输车驶离地磅，具体如图15-7 所示。

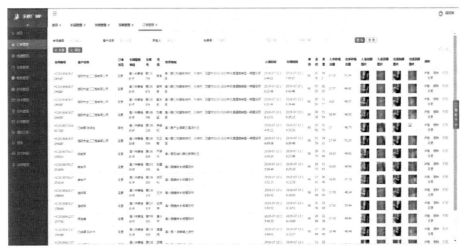

图 15-7　砂石营销称重管理系统

e. 视频监控。在车辆进出场口安全视频监控前端，对出入口实行 24 小时监控。

②系统特点。

a. 过磅智能化。大量的砂石运输车辆进出，需要进行停车、登记、称重等程序，本系统采用较为前沿的 RFID 电子车辆识别技术，通过先进的智能化过磅衡重管理系统，较大限度地解放人工、规范操作流程、提高工作效率，有效杜绝人为误差，防止作弊等情况的发生。地磅器输出的称重数据和安装在运输车上的电子标签卡号，通过相关设备处理后传给计算机。计算机显示这部车所拉载的货物重量，并存储在计算机的数据库中。用户可根据需要进行查询、汇总、打印等操作，从而实现了信息采集自动化。

b. 产销一体化。实现以销定产、以产定销等经营模式，根据订单、产能和销售预测来选择生产路线；安排生产计划、优化库存结构；提供准确的生产进度、完工情况信息，提供人员、关键设备、部门等资源信息，提供准确的库存管理记录。

c. 成本精细化。成本的动态化管理、精细化管理；强调与业务管理的集成，强调成本信息与销售信息的同步和实时性；加强成本计划，强调成本监控，支持分析优化；财务系统同步企业和生产系统资金使用信息，随时控制和指导经营生产活动，为生产控制和管理决策提供依据。

d. 流程一体化。再造企业的基本流程，销售与开采相衔接，使砂石销售、开采的实时数据及历史数据无缝集成到上层信息化系统中，使上层管理人员可通过图表、报警等机制实时了解到销售、开采状况。

e. 资料协同化。关注资源的协同管理：生产管理，对企业的有限资源进行合理配置；业务计划、中长期以及短期计划的集成与协同管理；提高设备利用率和劳动生产率，对变化的市场能够及时反应，满足客户多样化的需求。

f. 财务集中化。快捷顺畅的结算管理、集中的会计核算、严格的资金管理，要求资金必须统一核算、管理、集中调度。

g. 管控一体化。以数据、文字、画面、图表等手段的整合，实现管理信息化与生产自动化控制、过程监视和基础自动化控制相结合，实现管理与控制一体化联动。

h. 避免人为操作漏洞。由于采取了自动读取数据的方式，所有过衡车辆均实现自动化操作，免除了人工干预，自动记录数据，自动核放，避免出现砂石销售数据不匹配的问题。缩短各个操作环节的操作时间，提高计量系统的接卸能力，减轻劳动强度，节省人力成本。

（3）智慧砂石监管系统

①系统功能。

智慧砂石监管系统是以河长制研究为背景，对潢川县河道砂石监管现状进行深入调研与需求分析，针对河道砂石无序、超采、乱采和盗采等现状，为确保河道采砂行业管理秩序稳定、局势可控、有效遏制非法采砂行为，水利大数据分析与应用河南省工程实验室在先进的监控技术和网络技术基础上研发本监管系统。本系统包括以下功能：在（易）盗挖河砂地点安装水利影像监测仪，基于影像智能识别盗采河砂行为；划定电子围栏规范开采区域，防止采砂作业超时段、超区域；指定原料运输路径，实时监控原料运输车辆的作业运行轨迹；利用运输车辆预先安装的 GPS 定位系统和载重系统联合预警，防止中途卸载。具体如图 15-8、图 15-9 所示。

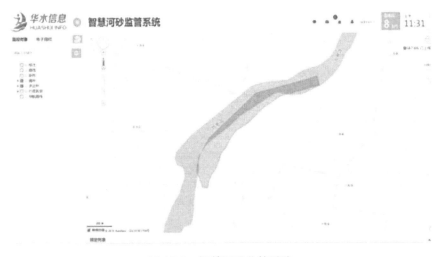

图 15-8　智慧河砂监管系统

图 15-9　智慧河砂监管系统

a. 智能识别盗采河砂行为。在（易）盗挖河砂地点安装水利影像监测仪，基于影像智能识别盗采河砂行为。水利前端对河道实时监测，当发现有车辆船只通过禁行区域时，会触发水利前端的报警，分析仪对画面进行实时抓拍，并将报警信息和抓拍图片上传至管理平台，为管理人员提供有力证据。智能前端设备内置扬声器并支持外接拾音器，可对现场声音进行收集，同时具备语音对讲功能。

b. 开采区电子围栏。划定电子围栏规范开采区域，在采砂机械上安装 GPS 前端定位并在开采区域安装视频监控前端，实时监控采砂机械的作业运行轨迹，防止采砂作业超时段、超区域。

c. 车辆实时监控。指定原料运输路径，在原料运输车辆上安装 GPS 前端定位并在运输路径安装视频监控前端，实时监控原料运输车辆的作业运行轨迹。利用运输车辆预先安装的 GPS 定位系统和载重系统联合预警。系统预先设定采砂场至加工厂的运输时间，车载 GPS 将实时定位并记录行车位置和轨迹，超过设定时间限制将触发报警系统，提示运输时间超时。运用载重系统实时监测运输车辆装载的重量并在系统中记录行程曲线轨迹，如果所载重量低于系统设置的值，将存在中途卸载风险，将触发报警系统报警。

d. 视频监控。在生产厂区、储砂仓库安装视频监控前端对其 24 小时监控。

②系统特点。

a. 图侦智能化。在（易）盗挖河砂河段或敏感河段安装智能水利影像监测仪，对水面（河岸）实时监测，当发现有船只（车辆）通过禁行区域时，会触发水利前端的报警，分析仪对画面进行实时抓拍，并将报警信息和抓拍图片上传至管理平台，为管理人员提供有力证据。

b. 警告智能化。智能水利影像监测仪内置扬声器并支持外接拾音器，可对现场声音进行收集，同时具备语音对讲功能。前端设备内置有警告语音，在检测到有非法船只（车辆）闯入禁区时进行预警，同时播报预先设置好的语音警告进行驱赶，播报的语音内容可由用户进行自定义录制，具备较好的灵活性。

c. 定位智能化。在采砂船及运砂车辆安装 GPS 设备实时监控目标的行为轨迹，后端平台对前端 GPS 信号进行分析处理，判断目标是否在合法采砂区域、运输区域、划定的路线中作业，若目标超出规划区域将根据告警规则对目标异常情况及时向前端发送信号进行报警。其功能还包括实时位置监控、历史轨迹回放等。

（4）惠民砂石电商系统

①系统功能。

优惠购砂政策惠及潢川县所有居民，提升了群众的认可度，降低了建房和装修等建设成本，但是群众每次购砂都需要到公司签订合同，缴纳预付款，在用砂结束后，还要到公司结算余额，同时还有审批材料不齐全等问题，导致一次购砂群众需要往公司跑很多趟的情况，不仅增加了办公人员的工作压力，还造成服务效率低下，群众体验差等问题。水利大数据分析与应用河南省工程实验室的电商营销系统立足于用户体验，解决潢川县群众购砂的问题，通过在线购砂、在线支付和结算、订单跟踪、线上签收等功能，实现全面信息化管理，使购砂成为一个随时随地都能完成的操作。

系统功能包括用户管理、合同管理、订单管理、物流管理、财务管理、审批管理、报表管理、砂场管理、商品管理、广告管理、内容管理、意见管理、短信管理等模块。

②系统特点。

a. 整合性。将企业的商品、订单、客户信息整合，比传统单一的系统更具功能性。

b. 集中的数据存储。将原先分散的数据整合起来，使数据得以一致性，并提升其准确性。

c. 便捷性。通过系统应用，客户随时随地下单，企业立即获取信息安排车辆运送。

d. 提升运行效率。售砂系统使整个企业内部协作更紧密，部门作业更流畅，提升运营效率。

（5）采购竞价系统

①系统功能。

随着砂石监管系统和砂石销售管理系统的建设，潢川县已经充分享受信息化管理带来的好处，业务全面有序地进行，每日售砂量基本稳定在 3 000 t。政府工作重心从监管向惠民转移，开始实施惠民购砂政策，向装修、自建房等群众小户提供优惠购砂制度，而群众小户购砂普遍没有运输车辆、缺乏有效的运输渠道，为解决运输问题，同时避免运输垄断，潢川县扶持县内各物流公司业务健康发展，水利大数据分析与应用河南省工程实验室为潢川县设计了招采竞价管理系统。

该系统是针对砂石企业项目招采竞价的信息化管理系统，支持批量发布竞价招标，自动化管理公告发布，短信实时通知，同时需多级部门审核，保证了竞价项目的合规性。供应商在线参与投标报价，代替线下冗杂的操作，数据全部信息化管理，项目合规、数据准确、管理便捷、运行高效迅捷。

系统配备严密的竞价流程，编辑招标、部门审核、发布公告、供应商报价、封标评标、稽核部稽查、中标公告。企业内部发布竞价招标，多级审批，智能发布公告，防止人为操纵，使企业招标透明、严格、合规。

②系统特点。

a. 实现快速发布竞价项目，集成基础数据，1 分钟即可完成发布。

b. 实现多级审核，建立审批机制，多级审核联动，内部管理高效协作。

c. 实现稽核介入，保证竞价公平、公正、透明。

d. 实现短信消息通知，一键通知竞价商，竞价速度效率大大提高。

e. 实现竞价商快速报价，一人一账号，快速报价，系统智能推荐最优竞价商。

f. 实现竞价全流程线上化，资料数据准确无误，易查询、易保存。

15.2.3　主要成效

潢川县采砂监管视频监控系统涉及白露河、淮河和潢河。2019 年，为巩固河道采砂治理整顿成果，建立长效监管机制，按照省、市部署，潢川县委、县政府认真落实"河长+警长""人防+技防"工作机制。县财政投资 400 万元，以"智慧河砂"为主要内容，建立河长制视频监控平台，对重点河段设立电子围栏，通过大数据分析和人工智能技术，对盗采河砂船只、机械、人员进行图像提取分析，实行自动报警。县水利局成立视频监控中心，实行 24 小时轮流值班，成立河砂综合执法中队，县视频监控中心对发现的问题，及时向执法中队下达指令并第一时间赶赴现场调查处理。形成"依法、规范、科学、有序"的河砂开采局面。

潢川县水利部门认真落实《河南省河道采砂现场管理暂行规定》，在现场制作河道采砂公示牌，对采砂点埋设开采界桩，对禁采区在明显的位置设立标识牌。组织管理人员进行驻点监督，如实记录现场情况。潢川城投建材有限公司投资建设砂石营销管理系统和智慧砂石监管系统，包括视频监控系统、销售称重查询系统、电子围栏及运砂车定位系统，实现"专车专运、专路线运输销售"，所有运输车辆采取车厢密封措施，形成了"统一规划、统一管理、统一票证、统一纳税"的企业管理模式，有效稳定了潢川县砂石市场价格，成为助推潢川经济发展的有力臂膀。

充分应用采购竞价系统。竞价时，由砂石企业发布竞价标书，事先约定最低价中标，并主持整个竞价过程。经过砂石企业资格预审合格的供应商，根据运输总量和运输距离在封标之前上报运输单价，供应商在封标之前可以任意修改报价，符合预设中标条件的供应商最终中标。中标结果公示后供应商可以查到中标结果和各供应商的报价，如有异议可以及时向砂石企业提出申诉。采购竞价系统的上线节约了砂石企业的人力、物力、财力，同时避免运输垄断，扶持县内各物流公司业务健康发展，使广大购砂群众用最低的价格享受到最优的运输服务。

智慧砂石电商系统是为砂石营销管理企业专业定制的一款电商系统，基于砂石企业的自身特性，将销售线上化，极大地提升了购砂、售砂的便捷性，提高企业运行效率，降低人工成本。系统支持用户在线随时随地购砂，通过系统数据处理，将供需双方需求快速匹配，一键派车，每笔订单实时结算，保证了整个销售体系的准确性和实时性。智慧砂石电商系统上线后极大地方便群众购砂，节省了购砂时间，简化购砂审批流程，深受广大群众好评。

15.2.4　案例启示

（1）明确河砂所有权及管理主体

河砂作为河道自然资源，所属权应归为国有。将河道砂石权属主体设在县一级政府上，即以县级政府作为河道砂石收益权的主体，同时也是河道采砂管理的主体。自然资源属性部分，可由自然资源部门组织勘察、登记。河道砂石的处分权归河道管理机关，由其对河道进行采砂实行统一管理，包括制定河道采砂规划、颁发河道采砂许可证、制定采砂收益分成规则，以及有关组织、协调、监督和指导工作。要大胆借鉴各地成功经验，实施河道砂石资源经营国有化为主体的改革，坚决遏制河道采砂乱象。

（2）实行砂石资源国有化统一管理模式

潢川县委、县政府积极借鉴各地河砂治管的先进经验，结合潢川实际，及时、科学地制定出"五统一"的管理运作模式，即将河砂资源全部收归国有，统一规划、统一开采、统一运输、统一销售、统一管理，根据《河南省河道采砂管理办法》，将全县河砂资源的开采与经营授权给县建投公司（国有全资公司）；成立由县长任组长的潢川县河砂资源管理综合整治领导小组办公室，下设一办四组：办公室、规划许可组、生产经营组、监督管理组、依法整治组，明确各成员单位的职责任务，把河砂资源管理和河道综合治理相结合，形成河砂管理"统一组织协调、部门各司其职、监督管理到位、生产运营规范"的工作格局。

（3）形成合理的利益分配机制

河道采砂利益分配应兼顾国家、地方政府、沿河居民与企业几方面的利益。河道砂石收益权属原则上由沿河市县共有，并由河道管理机关负责制定砂石出让收益分配方案，以及河道采砂实行许可制度，河道采砂管理实行地方人民政府行政首长负责制。

河道中砂石资源归国家所有，对其加以科学规划利用也不能让国家利益受到损失；河道管理的责任在地方政府，管理成本是需要地方政府承担的，使地方财政得到一定程度的补充，也有利于调动地方政府加大管理投入，加强管理力度的积极性；需充分考虑沿河居民的相关利益，确保社会安定；采砂企业的赢利空间也是必定要考虑的。建议采砂企业设立采砂发展基金，用于沿河居民的生产生活环境改善，减少社会矛盾，维护社会稳定。

（4）加强采砂规划和环评

河道采砂规划要按照《河道采砂规划编制规程》相关要求进行编制。落实保护优先、绿色发展的要求，坚持统筹兼顾、科学论证，确保河势稳定、防洪安全、通航安全、生态安全和重要基础设施安全，严格规定禁采期，划定禁采区、可采区，合理确定可采区采砂总量、年度开采总量、可采范围与高程、采砂船舶和机具数量与功率要求。采砂规划要按照水利规划环境影响评价的有关要求，编写环境影响篇章或说明。

（5）加强信息化建设，提升整体技防水平

各地政府在河道采砂管理的理念上以习近平生态文明思想为指导，坚持人与自然和谐共生的基本方略，牢固树立"绿水青山就是金山银山"的发展理念，以保护为主、以开采为辅，在保护好生态的前提下，科学、合理、有序开采。各地统筹管理，吸纳各方力量，整合建设开放式的河道采砂监管大数据平台，对"勘测、规划、审批、开采、存储、销售、运输、应用、修复"九个关键环节和"采砂业主、采砂船舶和机具、堆砂场、运输工具、使用单位"五个关键要素进行全流程的监管，加强对用砂企业的合法砂源监管。大力推进 GIS 技术、卫星定位技术、物联网、图像识别、无人机、无人船等技术在河道采砂过程中的应用，大力开展河道采砂监控，逐步实现河道视频监控无死角，砂石开采严格限域限量限时，提高采砂管理执法响应能力。

参考文献

[1] 陈雷. 落实绿色发展理念 全面推行河长制河湖管理模式[J]. 水利建设与管理，2017，37（2）：1-3.

[2] 王东峰. 全面推行河长制管理 加快建设美丽天津[J]. 中国水利，2017（4）：2-4.

[3] 马慧琳. 整体性治理视角下的内蒙古河长制研究[D]. 内蒙古大学，2019.

[4] 宋刚勇. 开展"五水行动"让河长制精准落地[J]. 重庆行政（公共论坛），2017，18（3）：59-60.

[5] 任俊霖，彭梓倩，匡洋，等. 基于文献计量可视化图谱分析的河长制研究现状[J]. 长江科学院院报，2019，36（1）：139-144.

[6] 孙继昌. 河长制湖长制的建立与深化[J]. 中国水利，2019（10）：1-4.

[7] 左其亭，韩春华，韩春辉，等. 河长制理论基础及支撑体系研究[J]. 人民黄河，2017，39（6）：1-6，15.

[8] 程雨燕. 从生态服务视角看"全面推行河长制"——以美国流域地方治理经验为借鉴[A]. 中国法学会环境资源法学研究会、河北大学. 区域环境资源综合整治和合作治理法律问题研究——2017 年全国环境资源法学研讨会（年会）论文集[C]. 中国法学会环境资源法学研究会、河北大学：中国法学会环境资源法学研究会，2017：4.

[9] 王灿发. 新《环境保护法》实施情况评估研究简论[J]. 中国高校社会科学，2016（4）：108-114.

[10] 李慧玲，李卓. "河长制"的立法思考[J]. 时代法学，2018，16（5）：15-23.

[11] 戚建刚. 河长制四题——以行政法教义学为视角[J]. 中国地质大学学报（社会科学版），2017，17（6）：67-81.

[12] 刘芳雄，何婷英，周玉珠. 治理现代化语境下"河长制"法治化问题探析[J]. 浙江学刊，2016（6）：120-123.

[13] 史玉成. 流域水环境治理"河长制"模式的规范建构——基于法律和政治系统的双重视角[J]. 现代法学，2018，40（6）：95-109.

[14] 王利. 我国水生态补偿制度现状及完善对策分析[J]. 商丘师范学院学报，2019，35（5）：80-85.

[15] 周建国，熊烨. "河长制"：持续创新何以可能——基于政策文本和改革实践的双维度分析[J]. 江苏社会科学，2017（4）：38-47.

[16] 沈坤荣，金刚. 中国地方政府环境治理的政策效应——基于"河长制"演进的研究[J]. 中国社会科学，2018（5）：92-115，206.

[17] 柴巧霞，张筠浩. 微博空间中环境政策的传播与公众议程分析——基于河长制的大数据分析[J]. 湖北大学学报（哲学社会科学版），2018，45（4）：160-165.

[18] 任敏，李玄. 合法利用与有效探索：机构改革中的地方新部门如何实现真正整合？——基于F市自然资源和规划局的案例研究[J]. 北京行政学院学报，2019（5）：35-43.

[19] 徐艳晴，周志忍. 基于顶层设计视角对大部制改革的审视[J]. 公共行政评论，2017，10（4）：5-23，192.

[20] 姜明栋，沈晓梅，王彦滢，王蕾. 江苏省河长制推行成效评价和时空差异研究[J]. 南水北调与水利科技，2018，16（3）：201-208.

[21] 熊烨，周建国. 政策转移中的政策再生产：影响因素与模式概化——基于江苏省"河长制"的QCA分析[J]. 甘肃行政学院学报，2017（1）：37-47，126-127.

[22] 沈晓梅，姜明栋. 基于DPSIRM模型的河长制综合评价指标体系研究[J]. 人民黄河，2018，40（8）：78-84，90.

[23] 赵津. 基于问题导向和流程再造的河长制业务化服务研究与实现[D]. 西安理工大学，2019.

[24] 李文杰. 政府购买养老服务中的老年人参与问题研究[D]. 华东师范大学，2018.

[25] 沈满洪. 河长制的制度经济学分析[J]. 中国人口·资源与环境，2018，28（1）：134-139.

[26] 贾超然，戴亮. 社会主义生态文明系统论的自组织性研究[J]. 理论界，2018（11）：1-9.

[27] 李恩，赵琼. 浅论河长制在流域水环境治理与管理中的作用[J]. 科技创新导报，2019，16（7）：152-154.

[28] 中共中央办公厅，国务院办公厅. 关于全面推行河长制的意见[J]. 中国水利，2016（23）：4-5.

[29] 王志堂. 绿色永州背景下高校学生生态文明教育路径研究[J]. 环境教育，2018（12）：46-49.

[30] 陈勇，王雅凤. 农林类高等院校践行习近平生态文明思想建设实证——以福建农林大学安溪校区生态文明建设为例[J]. 高校后勤研究，2019（6）：74-76.

[31] 徐政华. 区域生态经济发展与财税政策研究[D]. 青岛大学，2010.

[32] 段莉. 坎特合作理论与组织效率[J]. 经营管理者，2011（11）.

[33] 财富文摘[J]. 财务与会计（理财版），2011（7）：69-72.

[34] 胡明光. 高校内部控制体系优化——基于整体性治理视角的分析[J]. 科教文汇（中旬刊），2019（8）：14-15.

[35] 崔会敏. 整体性治理：超越新公共管理的治理理论[J]. 辽宁行政学院学报，2011，13（7）：20-22.

[36] 曾维和. 协作性公共管理：西方地方政府治理理论的新模式[J]. 华中科技大学学报（社会科学版），2012，26（1）：49-55.

[37] 全面建立河长制新闻发布会[J]. 新疆水利，2018（4）：33-43.

[38] 吴启莲. 路基水稳层混合料施工中技术问题的分析[J]. 城市道桥与防洪，2017（8）：159-161，17-18.

[39] 葛平安. 高标准推进河长制 建设美丽浙江大花园[J]. 水资源开发与管理，2018（4）：1-7，15.

[40] 《江苏省河道管理条例》2018年1月1日起施行[J]. 城市规划通讯，2017（21）：12.

[41] 姚毅臣，黄瑚，谢颂华. 江西省河长制湖长制工作实践与成效[J]. 中国水利，2018（22）：31-35.

[42] 李静. 贵州省河长制立法研究[D]. 贵州民族大学，2018.

[43]　张治国. 河长制立法：必要性、模式及难点[J]. 河北法学，2019，37（3）：29-41.

[44]　芦妍婷，邱静，谭超. 广东省全面推行河长制实践经验探索[J]. 中国水利，2019（8）：21-22.

[45]　刘满华. 新时代基层党建工作创新发展路径分析[J]. 新西部，2019（12）：83-84.

[46]　蔡建和. 全面加强党的组织体系建设[J]. 新湘评论，2019（10）：24-25.

[47]　陈雷. 落实绿色发展理念　全面推行河长制河湖管理模式[J]. 中国水利，2016（23）：1-3.

[48]　俞慧斐. 流域治理机制改革中河长制的探索实践——以浙江省长兴县为例[J]. 桂海论丛，
　　　2019，35（1）：100-104.

[49]　章运超，王家生，朱孔贤，等. 典型沿海城市河长制与三防工作的互动关系研究——以深
　　　圳市为例[J]. 广东水利水电，2019（7）：96-100.

[50]　刘鸿志，刘贤春，周仕凭，等. 关于深化河长制度的思考[J]. 环境保护，2016，44（24）：
　　　43-46.

[51]　孙忠英. 扎实推进河长制　打好水污染防治攻坚战[J]. 环境保护与循环经济，2019，39
　　　（2）：4-6.

[52]　鄂竟平. 推动河长制从全面建立到全面见效[J]. 中国水利，2018（14）：1-2.

[53]　史有萍. "河长制"实践的困境及对策研究[D]. 南京大学，2018.

[54]　孙继昌. 河长制湖长制的建立与深化[J]. 中国水利，2019（10）：1-4.

[55]　王丽洁. 岗位分析理论及应用[J]. 中国培训，2014（6）：54-55.

[56]　石大郎，吴太军. 南召县向自然资源领域违法违规行为"亮剑"[J]. 资源导刊，2019（8）：28.

[57]　杨爽. 秦皇岛市汤河流域治理中的河长制运用与完善研究[D]. 燕山大学，2018.

[58]　王浩，陈龙. 从"河长制"到"河长治"的对策建议[J]. 水利发展研究，2018，18（11）：
　　　10-13.

[59]　杨树燕. 基于协同治理视角的"河长制"探析[D]. 河南师范大学，2018.

[60]　李尤，邱苏闽，朱永华，等. 城市河道"一河一策"方案编制方法探讨——以北京市清河
　　　流域为例[J]. 中国农村水利水电，2019（3）：50-54.

[61]　吴志广. "一河（湖）一策"方案编制经验浅析[J]. 中国水利，2018（14）：8-9，11.

[62]　沈伟方. 河长制河道"一河一策"实施方案研究[J]. 四川水泥，2017（12）：307.

[63] 李世有. 绿春县金场河一河一策方案编制思路及要点研究[J]. 水资源开发与管理，2018（5）：4-7.

[64] 陈鹏，徐顺青，逯元堂，等. 美国联邦财政环保支出经验借鉴[J]. 中国环境管理，2018，10（3）：84-88.

[65] 刘宁宁，盛雷，刘志峰. 山东省全面实行河（湖）长制工作进展及建议[J]. 山东水利，2019（8）：1-3.

[66] 沈晓梅，刘熙宇，夏语欣. 河长制下农村河道治理资金保障研究[J]. 水利发展研究，2019，19（2）：17-19，34.

[67] 人民智库水利风景区建设与管理社会调查课题组. 水利风景区建设如何更好服务高质量发展——昆明九乡明月湖水利风景区专题调研报告[J]. 国家治理，2019（24）：4-17.

[68] 陈清. 绿色教育隐喻诠释：哲学"三论"视角[J]. 湖南第一师范学院学报，2018，18（6）：67-70.

[69] 庞小华，唐铭. 桂江干流水环境问题排查与防治对策[J]. 广西水利水电，2019（3）：63-66.

[70] 林必恒. 构建科学的河长制考核机制[J]. 河北水利，2017（10）：32，39.

[71] 方国华，林泽昕. 河长制考核机制探讨[J]. 中国水利，2018（10）：12-14.

[72] 刘晓光，谭林山，高园园. 漳卫南运河河长制实施现状、问题及建议[J]. 水利发展研究，2018，18（3）：6-9.

[73] 吉林省全面推行河长制实施工作方案[N]. 吉林日报，2017-05-04（05）.

[74] 田芳. 山西省河长制运行研究[D]. 山西财经大学，2019.

[75] 熊晨. 论我国河长制的问题与完善[D]. 湘潭大学，2018.

[76] 章龙飞，俞侃，禹滨. 浙江省河长制工作的实践和探索[J]. 水资源开发与管理，2019（6）：63-67.

[77] 李昂. 检视与完善：对我国河长制的制度化研究[D]. 西南大学，2018.

[78] 浙江省河长制规定[N]. 浙江日报，2017-08-11（06）.

[79] 余佳龙，余晓燕，戴海炎. 杭州市黑臭河治理长效管理问题与对策[J]. 现代农业科技，2017（20）：161-163.

[80] 李汉卿. 行政发包制下河长制的解构及组织困境：以上海市为例[J]. 中国行政管理，2018（11）：114-120.

[81] 黑龙江省提前半年全面建立河长制[J]. 城市规划通讯，2018（5）：14.

[82] 洛阳市全面推行河长制实施方案[N]. 洛阳日报，2017-07-28（03）.

[83] 贵州省全面推行河长制总体工作方案[N]. 贵州日报，2017-04-26（08）.

[84] 高红霞. 建立健全河（湖）长制 切实守护陇原大地的河流湖泊——甘肃省总河长会议纪实[J]. 发展，2018（7）：7-9.

[85] 全面推进河长制湖长制"落地生根"——访内蒙古自治区水利厅厅长刘万华[J]. 内蒙古水利，2019（1）：15-16.

[86] 焦泰文. 推进长江大保护 落实河湖长制 构建健康河湖体系[J]. 长江技术经济，2018，2（4）：1-9.

[87] 刘琳，孙华林. 苏浙两省河长制工作的经验对山东省的启示[J]. 水资源开发与管理，2018（3）：11-14.

[88] 郑盈盈. 河长履职实现有法可依[N]. 中国水利报，2017-10-19（03）.

[89] 丁兴根. 发挥媒体作用 助力"五水共治"——《绍兴日报》推进河长制报道的实践探索[J]. 传媒评论，2018（7）：77-79.

[90] 柳志锋. 湖北丹江口水库的河长制执法保护实践[J]. 中国水利，2019（2）：56-57.

[91] 薛亮，王海波，刘永亮. 响水县水功能区达标整治初探[J]. 治淮，2018（12）：63-65.

[92] 项炳义，吴东. 温州市"互联网，河长制"信息管理技术的应用[J]. 浙江水利水电学院学报，2019，31（3）：27-33，37.

[93] 李娜. 聚焦重点 高位推动 扎实推进河湖长制落地见效[J]. 河北水利，2019（8）：16-17.

[94] 林慧，马永欢. 生态补偿制度的改革路径[J]. 中国土地，2019（5）：26-28.

[95] 段建坤，郑君玲. 京津冀协同发展背景下的艺术设计类人才培养模式研究[J]. 现代教育，2019（5）：51-52.

[96] 龚宁，汤晓燕. 浅谈地下空间设计——以天津滨海新区于家堡金融区地下空间规划为例[J]. 中外建筑，2019（8）：136-138.

[97] 全力打造首都饮用水安全屏障[J]. 环境保护, 2013, 41 (12): 30-32.

[98] 青海省水利厅 青海省统计局. 青海省第一次水利普查公报[N]. 青海日报, 2013-05-28 (06).

[99] 卢少少. 土地发展权视角下生态补偿机制的实证研究——以佛山市顺德区西南片区为例[A]. 中国城市规划学会. 杭州, 2018.

[100] 焦欢. 区域高质量一体化发展的新时代实践[J]. 国家治理, 2019 (17): 2-14.

[101] 着眼长远发展 创新机制建设 严格落实河长责任制全面提升水环境质量[J]. 河北水利, 2018 (8): 10, 12.

[102] 舒志涛. 集中建厂, 统一收集, 专人监管处理流程[J]. 兽医导刊, 2014 (17): 15-17.

[103] 张铁亮, 张永江, 韩巍, 等. 东部发达地区农业废弃物资源化利用的路径选择与分析——以浙江省为例[J]. 农业部管理干部学院学报, 2016 (2): 68-71.

[104] 贺震. 以环境信用倒逼企业环境自觉[J]. 环境保护, 2013, 41 (9): 70.

[105] 钱夙伟. "企业河长制"值得推广[N]. 证券时报, 2018-12-24 (A03).

[106] 王璐. 生态文明视域下环境工程专业人才培养模式改革[J]. 创新创业理论研究与实践, 2018, 1 (16): 95-96.